Faktor 7

Mathematik

Realschule

Herausgegeben von

Max Schröder

Bernd Wurl

Alexander Wynands

Schroedel

Faktor 7

Mathematik

Realschule

Herausgegeben und bearbeitet von

Kerstin Cohrs-Streloke, Klaus Frankenberg, Karl-Heinz Hasemann, Dr. Martina Lenze, Anette Lessmann, Hartmut Lunze, Ludwig Mayer, Jürgen Ruschitz, Dr. Max Schröder, Prof. Bernd Wurl, Prof. Dr. Alexander Wynands

in Zusammenarbeit mit der Verlagsredaktion

Zum Schülerband erscheinen:	Lösungen:	Best.-Nr. 84383
	Materialien:	Best.-Nr. 84389
	CD Rund um ... :	Best.-Nr. 84395

ISBN 978-3-507-**84377**-6

Druck A [3] / Jahr 2007

Alle Drucke der Serie A sind im Unterricht parallel verwendbar.

Illustration: Hans-Jürgen Feldhaus
Zeichnungen: Michael Wojczak
Satz-Repro: More*Media* GmbH, Dortmund
Druck und Bindung: westermann druck GmbH, Braunschweig

Hinweise zum Umgang mit dem Buch

Merksätze
Merksätze stehen auf einem grauen Hintergrund und sind durch rote Balken gekennzeichnet.

Beispiele
Musterbeispiele als Lösungshilfen stehen auf einem grauen Hintergrund und sind durch einen gelben Balken gekennzeichnet.

Tipp
Nützliche Tipps und Hilfen sind besonders gekennzeichnet.

TIPP

Testen, Üben, Vergleichen (TÜV)
Jedes Kapitel endet mit einer TÜV-Seite, bestehend aus den wichtigsten Ergebnissen und typischen Aufgaben dazu. Die Lösungen dieser Aufgaben sind zur Selbstkontrolle für die Schülerinnen und Schüler am Ende des Buches angegeben.

TESTEN · ÜBEN · VERGLEICHEN

Diagnosetest, Diagnosearbeit
Zur Vorbereitung auf Klassenarbeiten gibt es nach der TÜV-Seite eine Seite mit Grund- und Erweiterungsaufgaben zu Inhalten des jeweiligen Kapitels. Die Grundaufgaben sollten dabei ohne Hilfsmittel, insbesondere ohne Taschenrechner, bearbeitet werden. Am Ende des Schülerbandes findet sich eine umfangreiche Diagnosearbeit zu den Inhalten des gesamten Schuljahres. Die Lösungen dieser Aufgaben sind zur Selbstkontrolle am Ende des Buches angegeben.

DIAGNOSETEST

Lesen, Verstehen, Lösen
Die mit diesem Logo versehenen Seiten oder Aufgaben schulen besonders die allgemeinen Kompetenzen Argumentieren, Problemlösen, Modellieren und Kommunizieren.

LVL

Bleib fit
Zum Wiederholen gibt es regelmäßig Aufgabenseiten zu Inhalten aus früheren Kapiteln. Die Aufgaben sollten möglichst ohne Hilfsmittel, insbesondere ohne Taschenrechner, bearbeitet werden.

Bleib FIT!

Differenzierung
Bei besonders schwierigen Aufgaben ist die Aufgabennummer mit einem gelben Quadrat unterlegt.

4.

INHALTSVERZEICHNIS

1. Brüche und Dezimalbrüche 6

Bruchteile von Größen 8
LVL: Bauklötze 10
Zeit 11
Addition und Subtraktion von Brüchen 12
Addition und Subtraktion von Dezimalbrüchen 13
Vervielfachen und Teilen von Brüchen 14
Multiplikation von Brüchen 15
Division durch einen Bruch 16
Vermischte Aufgaben 17
Vervielfachen und Teilen von Dezimalbrüchen 18
Multiplikation und Division eines Dezimalbruchs mit 10, 100, 1000 19
Multiplikation mit einem Dezimalbruch 20
Division durch einen Dezimalbruch 21
Vermischte Aufgaben 22
TÜV 23
Diagnosetest 24

2. Zuordnungen 25

LVL: Formel 1 auf dem Hockenheimring 26
Tabellen und grafische Darstellungen 28
Proportionale Zuordnungen 30
Grafische Darstellungen bei proportionalen Zuordnungen 31
Dreisatz bei proportionalen Zuordnungen .. 32
Vermischte Aufgaben 34
LVL: Denkmäler und ihre Proportionen 36
Stundenlohn und Stückpreis 37
Proportionalität und Quotientengleichheit .. 38
Weg, Zeit, Geschwindigkeit 39
Volumen, Masse, Dichte 40
Bleib fit 41
Antiproportionale Zuordnungen 42
Dreisatz bei antiproportionalen Zuordnungen 43
Antiproportionalität und Produktgleichheit . 44
Vermischte Aufgaben 45
LVL: Achtung – aufgepasst 46
LVL: Ausflug in den Safaripark 48
LVL: Sport 50
TÜV 51
Diagnosetest 52

3. Zeichnen und Konstruieren 53

Figuren im Koordinatensystem 54
LVL: Geometrie mit dem Computer 55
Mittelsenkrechte 56
Winkelhalbierende 57
LVL: Konstruieren und Messen mit dem Computer 58
Winkelpaare 59
Winkelsumme im Dreieck 60
LVL: Übertragen von Dreiecken 61
Dreieckskonstruktionen (WSW) 62
Dreieckskonstruktionen (SWS) 63
Dreieckskonstruktionen (SSS) 64
Dreieckskonstruktionen (SsW) 65
LVL: Dreieckskonstruktionen mit dem Computer 66
Dreieckstypen 67
Vermischte Aufgaben 68
Bleib fit 70
Kongruente Figuren 71
Parkette 72
Schrägbilder 73
TÜV 75
Diagnosetest 76

4. Prozentrechnung 77

Prozentsätze 78
Prozentsätze und Brüche 80
Vermischte Aufgaben 81
Grundwert und Prozentwert 82
Berechnung des Prozentwertes W 83
LVL: 7-Meter-Schützen für das Handballturnier gesucht 84
Berechnung des Prozentsatzes p% 85
Berechnung des Grundwertes G 86
Vermischte Aufgaben 87
Bleib fit 88
Preisnachlass – Preiserhöhung 89
LVL: Tabellenkalkulation 91
Brutto – Netto 92
Streifendiagramm 93
Kreisdiagramm 94
Vermischte Aufgaben 95
LVL: Immer nur Schule 96
LVL: Alles Müll 98
TÜV 99
LVL: Diagnosetest 100

5. Rationale Zahlen 101

LVL: Zahlen unter Null in unserer Umwelt . . . 102
LVL: Temperaturen in Europa 103
Temperaturen 104
Positive und negative Zahlen – Zahlengerade 105
Ordnen von rationalen Zahlen 106
Betrag – Zahl und Gegenzahl 107
Das vollständige Koordinatensystem 108
Addition mit Hilfe von Modellen 109
Addition 110
Subtraktion 112
Vermischte Aufgaben 113
Klammerregeln für Addition und Subtraktion 114
LVL: Wetterwerte vom Feldberg/ Schwarzwald 116
Bleib fit 117
Vervielfachen und Teilen 118
Multiplikation 119
Division 120
Vermischte Aufgaben 121
Multiplikation von Summen 122
Vermischte Aufgaben 124
TÜV 125
Diagnosetest 126

6. Flächeninhalt und Volumen 127

Flächeninhalt und Umfang von Rechteck und Quadrat 128
LVL: Niedersachsen 130
Aus Rechtecken zusammengesetzte Flächen 131
Flächeninhalt des Dreiecks 132
LVL: Ein neues Wartehäuschen 136
Bleib fit 137
LVL: Ein Schluck aus dem Steinhuder Meer . . 138
Volumen des Quaders 140
Oberfläche des Quaders 142
Vermischte Aufgaben 143
Zusammengesetzte Körper 144
TÜV 145
Diagnosetest 146

7. Terme und Gleichungen 147

LVL: Spiel mit x 148
LVL: Rechenwege aufschreiben 150
Terme mit Variablen 151
Bleib fit 153
Lösen von Gleichungen durch Probieren 154
Lösen von Gleichungen mit Tabellenkalkulation 155
Lösen von Gleichungen mit Umkehroperatoren 156
Ordnen und Zusammenfassen 157
LVL: Rechengeschichten 158
TÜV 159
Diagnosetest 160

8. Daten und Zufall 161

LVL: Flugverbindungen von Köln aus 162
LVL: Die Seriennummern auf den Euroscheinen 164
LVL: Sessellift 165
Baumdiagramme 166
Mittelwert (Durchschnitt) 167
LVL: Rund ums Glücksrad 168
Wahrscheinlichkeit 170
Bleib fit 172
LVL: Hausaufgaben 173
LVL: Befragung mit Computerprogramm GrafStat 174
TÜV 175
Diagnosetest 176

Taschenrechner 177

Rechenketten mit und ohne Klammern 178
Spielen, Staunen und Entdecken mit dem TR 179

Diagnosearbeit 180

Lösungen zu den TÜV-Seiten 183
Lösungen zu den Diagnoseseiten 185
Bildquellen 190
Formeln 191
Stichwortverzeichnis 192
Maßeinheiten 193

1 Brüche und Dezimalbrüche

1. Rechne im Kopf.

a) $634 + 99$; $1\,357 + 99$; $837 + 101$

b) $784 \cdot 10$; $123 \cdot 100$; $321 \cdot 20$

c) $520 - 99$; $2\,730 - 199$; $1\,345 - 499$

d) $350 : 5$; $3\,500 : 50$; $6\,600 : 60$

2. Überschlage das Ergebnis.

a) $386 + 427$; $102 + 47 + 983$

b) $314 \cdot 49$; $784 \cdot 102$

c) $7\,237 - 1\,942$; $5\,398 - 942 - 87$

d) $609 : 29$; $3\,504 : 48$

3. Rechne geschickt. Was erkennst du?

4. In welchem Fass landet der Ball nach seiner Bahn?

5. Zauberei? Die Summe der Ergebnisse ist jeweils 4 000.

a) Punktrechnung vor Strichrechnung

$1\,800 \cdot 2 - 1\,800 =$

$650 + 500 + 21 \cdot 50 =$

$45\,000 : 45 - 100 \cdot 10 =$

Summe: 4 000

b) Klammern zuerst ausrechnen

$60\,000 : (24 + 6) =$

$980 - (53 + 47) =$

$(85 - 29) \cdot (17 + 3) =$

Summe: 4 000

6. Der kleinste kommt ganz nach oben.
Was ist die Botschaft, wenn alle an der Stange sind?

Bruchteile von Größen

LVL **1.** Beantwortet in Partnerarbeit die Fragen in den beiden Bildern, und präsentiert eure Lösungen.

LVL **2.** Erarbeitet in Gruppen ein Lernplakat mit einer Regel, wie man Bruchteile von Größen berechnet. Das Lernplakat soll auch Beispiele enthalten und mindestens eine Zeichnung, die die Regel erklärt. Vergleicht die Lernplakate der Gruppen, sprecht über ihre Vor- und Nachteile. Wählt das gelungenste Plakat aus, und hängt es in eurer Klasse auf.

3. Ordne den Aufgabenkärtchen (orange) die passenden Antwortkärtchen (grün) zu.

$\frac{1}{3}$ von 60 min | $\frac{1}{5}$ von 2 m | $\frac{1}{8}$ von 2 h | 15 min | 20 min | 20 g
$\frac{1}{4}$ von 2 h | $\frac{1}{8}$ von 2 m | 25 cm | 40 cm | $\frac{1}{2}$ h | 400 m
$\frac{1}{10}$ von 2 kg | $\frac{1}{4}$ von 3 km | 750 m | 200 g

TIPP
1 km = 1000 m
1 m = 100 cm
1 cm = 10 mm
1 h = 60 min

4. Bestimme die halbe Länge. Schreibe in der nächstkleineren Einheit.
a) 1 km b) 1 m c) 1 cm d) 1,2 km e) 2,6 m f) 7,4 cm g) 1,25 km h) 0,7 m i) 0,8 cm

5. Schreibe die Zeit in Minuten.
a) $\frac{1}{2}$ h b) $\frac{1}{5}$ h c) $\frac{1}{4}$ h d) $\frac{1}{3}$ h e) $\frac{3}{4}$ h f) $\frac{5}{6}$ h g) $1\frac{1}{2}$ h h) $2\frac{1}{3}$ h i) $4\frac{3}{4}$ h

6. Wie lang ist das Lattenstück? Schreibe als Kommazahl. Runde wenn nötig.
a) Lattenlänge 2 m. Davon (1) die Hälfte (2) ein Viertel (3) $\frac{4}{5}$ (4) $\frac{7}{10}$ (5) $\frac{1}{100}$ (6) $\frac{1}{20}$
b) Lattenlänge 2,50 m. Davon (1) die Hälfte (2) $\frac{3}{5}$ (3) $\frac{3}{4}$ (4) ein Drittel (5) $\frac{3}{7}$ (6) $\frac{5}{8}$

7. Wie viel Stunden sind es?
a) 1 Tag b) $\frac{1}{2}$ Tag c) $\frac{3}{4}$ Tag d) $\frac{5}{12}$ Tag e) $1\frac{1}{2}$ Tage f) $2\frac{1}{3}$ Tage g) $1\frac{5}{6}$ Tage h) $2\frac{3}{8}$ Tage

8. Tanja bekommt 30 € Taschengeld. $\frac{3}{4}$ davon hat sie schon ausgegeben. Wie viel Euro sind das?

LVL **9.** Erfinde eigene Aufgaben „$\frac{3}{4}$ von …“ auch mit anderen Brüchen als $\frac{3}{4}$ und stelle sie deiner Nachbarin oder deinem Nachbarn. Kontrolliere die Lösungen.

10. a) Von wie viel Euro ist ein Viertel genau so viel Geld wie die Hälfte von 30 €?
b) Von wie viel Euro ist ein Zehntel genau so viel Geld wie die Hälfte von 40 €?
c) Von wie viel Euro ist ein Sechstel genau so viel Geld wie ein Drittel von 60 €?

11. Übertrage die Tabelle in dein Heft, und fülle sie aus. Beachte die Maßeinheit.

	a) 120 cm	b) 2,4 m	c) 0,6 km	d) 1,5 km	e) 3 h	f) 1 Tag
die Hälfte						
ein Drittel						

12. Ergänze die Tabelle der vorigen Aufgabe mit
a) 3 Viertel; b) 3 Achtel; c) 5 Sechstel; d) 7 Zwölftel; e) 2 Drittel.

13. Ordne den Aufgaben (orange) die passenden Antworten (grün) zu.

$\frac{3}{4}$ von 1,6 t | $\frac{1}{2}$ von 1,2 t | $\frac{1}{3}$ von 690 *l* | 300 kg | 600 kg | 150 *l*

$\frac{2}{3}$ von 450 *l* | $\frac{1}{3}$ von 4,5 hl | $\frac{1}{4}$ von 1 200 kg | 100 *l* | 300 *l* | 230 *l*

$\frac{1}{10}$ von 2 *l* | $\frac{1}{2}$ von 2 hl | $\frac{1}{4}$ von 1,2 kg | 200 cm^3 | 300 g | 1 200 kg

TIPP
1 t = 1 000 kg
1 kg = 1 000 g
1 hl = 100 *l*
1 *l* = 1 000 cm^3

14. Markus kauft im Sonderangebot 2,5 kg Kartoffeln. Zuhause stellt er fest, dass 500 g davon verdorben sind. Welcher Bruchteil ist a) verdorben? b) nicht verdorben?

15. Rechne aus. Schreibe in der nächstkleineren Maßeinheit.
a) $\frac{1}{2}$ von 5 kg b) $\frac{1}{2}$ von 3 t c) $\frac{1}{4}$ von 1 hl d) $\frac{1}{4}$ von 6 *l* e) $\frac{1}{10}$ von 7 *l*

16. Wie viel Gramm sind es?

a) Die Hälfte von	1,4 kg	0,8 kg	0,9 kg	1,3 kg	1,05 kg
b) Ein Viertel von	1,6 kg	1,4 kg	0,6 kg	0,1 kg	2,16 kg

17. Wie viel Gramm ist ein Drittel davon? Runde ganzzahlig.
a) 1 kg b) 0,1 kg c) 1,3 kg d) 1,9 kg e) 0,5 kg f) 1,6 kg

18. Berechne in der nächstkleineren Maßeinheit. Runde wenn nötig.
a) $\frac{1}{6} \cdot 1$ *l* $\frac{5}{6} \cdot 1$ *l* b) $\frac{1}{3} \cdot 2$ hl $\frac{2}{3} \cdot 2$ hl c) $\frac{1}{5} \cdot 1{,}5$ hl $\frac{4}{5} \cdot 1{,}5$ hl

LVL **19.** Benutze die Angaben für einen Flug von Frankfurt nach Athen.
a) Nach 2 h sind etwa $\frac{3}{4}$ der Strecke zurückgelegt und $\frac{2}{3}$ Kerosin verbraucht. Wie viel km und wie viel Liter sind das?
b) Der normale Charterpreis für den Flug ist 380 €. Ein Sonderpreis ist $\frac{1}{10}$ billiger.
c) Stelle zu den Angaben im Bild mindestens zwei weitere Fragen, und beantworte sie.

20. Übertrage die Tabelle in dein Heft, und ergänze in der nächstkleineren Maßeinheit.

	a) 1,20 €	b) 1,8 kg	c) 1,2 t	d) 0,9 *l*	e) 0,75 *l*	f) 0,6 hl
die Hälfte von						
ein Drittel von						

LVL **21.** Siebenhundertdreißig Tage vor dem 1. 1. 2000 wurden in Deutschland 35 Mio. Sektflaschen geleert. (Eine Flasche enthält $\frac{3}{4}$ *l* = 0,75 *l*.) Stelle zwei Fragen, und beantworte sie.

LVL

Bauklötze

Die Klasse 7a übernimmt die Betreuung einer Kindergartengruppe. Die Schülerinnen und Schüler wollen die unansehnlich gewordenen Bauklötze farbig anstreichen und eine Sperrholzkiste zur Aufbewahrung der Bauklötze bauen.

Julia, Alina und Navid haben die Bauklötze gezählt und ihre Maße genommen:

Sorte A: 60 Stück mit 3 cm x 3 cm x 3 cm
Sorte B: 40 Stück mit 30 mm x 30 mm x 90 mm
Sorte C: 40 Stück mit 15 mm x 30 mm x 90 mm

1. Wie viele Farbdosen werden zum Anstreichen der Bauklötze benötigt?

2. Welches Volumen müsste eine Kiste mindestens haben, damit alle Bauklötze untergebracht werden können?

3. Überlegt in Gruppen, welche Innenmaße eine Kiste haben sollte, damit alle Bauklötze hinein passen.

4. Wie viel Quadratmeter Sperrholz (1 cm stark) werden für den Bau der Kiste mindestens benötigt?

5. Kann ein Kindergartenkind die volle Kiste tragen? (1 dm^3 Holz wiegt etwa 0,6 kg).

Zeit

Sekunde (s) | Woche | Schaltjahr | Stunde (h)

Tag | Monat | Minute (min) | Jahr

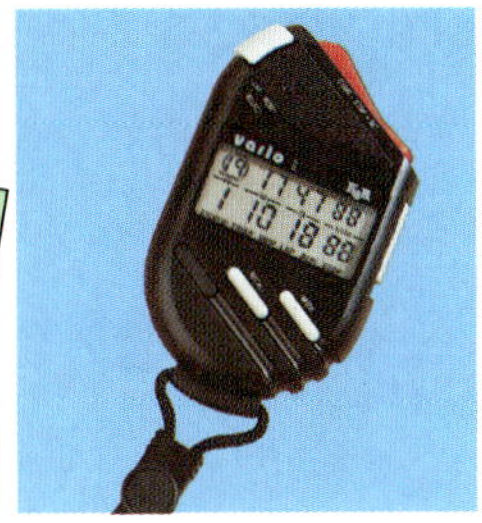

LVL **1.** Stelle zu den abgebildeten Uhren Fragen, und beantworte sie.

LVL **2.** Erarbeitet in Gruppen ein Lernplakat zum Thema „Zeit“. Stellt die Plakate vor, und vergleicht sie. Wählt das Plakat aus, das am besten geeignet ist, an der Wand der Klasse aufgehängt zu werden.

LVL **3.** Ordne die Zeitangaben richtig zu. Ergänze drei weitere Paare.

Sommerferien | ein Ei kochen | ein Jahr | 2 h 10 min | ein Schaltjahr | Marathonlauf | ein Wimpernschlag | 366 Tage | 60 Monate | 9,98 s | 0,2 s | fünf Jahre | 100-m-Lauf | 5 min | 6 Wochen | Fußballspiel | 52 Wochen und 1 Tag | $1\frac{1}{2}$ Stunden

4. Rechne wie in den Beispielen um.

a) in min: 0,3 h; 0,8 h; 1,75 h; 2,2 h; 4,6 h

b) in s: 0,4 min; 1,5 min; 2,25 min; 3,1 min

TIPP

0,1 h = 6 min 0,1 min = 6 s

2,5 min = 2 min 30 s = 2:30 min

2,25 h = $2\frac{1}{4}$ h = 2 h 15 min

5. Wandle um. Überlege zunächst, mit welcher Zahl du multiplizieren musst.

a) in Sekunden: 30 h; 5,5 h; $12\frac{1}{2}$ h

b) in Stunden: 3 Wochen; 15 Wochen

c) in Minuten: 4 Wochen; 11 Wochen

d) in Sekunden: 2 Tage; 12,5 Tage; 123 Tage

LVL **6.** Ungefähr ein Drittel seines Lebens verbringt der Mensch mit Schlafen. Wie viele Stunden sind das bei dir, bei einem 30-Jährigen, einem 75-Jährigen?

LVL **7.** Bildet Gruppen zu etwa vier Personen.

a) Vergleicht die Zeitangaben durch Schätzen. Welche ist nach eurer Schätzung die längste, …, die kürzeste?

b) Einigt euch auf eine Zeiteinheit, in die alle Angaben umgerechnet werden. Rechnet genau, und ordnet der Größe nach. Vergleicht mit eurer Schätzung.

① 10 800 s ② 480 min ③ 1 Tag ④ 5 h ⑥ 18 h ⑤ 1 200 min ⑦ 54 000 s ⑧ $\frac{1}{2}$ Tag

8. Ordne die passende Karte zu. Du erhältst den Namen eines deutschen Fußballvereins.

a) 3,2 min b) 0,7 h c) 1,2 min

d) 2,5 Tage e) $1\frac{1}{2}$ Wochen f) 90 s

g) 1,25 h h) 66 Monate i) 1,8 Jahre

j) 1 Tag k) 3 600 s l) 11 Wochen

75 min B | 3 600 min D | 1 h E | $1\frac{1}{2}$ min R | 5,5 Jahre R | 86 400 s M | 192 s W | 72 s R | 77 Tage N | 252 h E | 657 Tage E | 42 min E

Addition und Subtraktion von Brüchen

Aufgaben

① $\frac{4}{5} + \frac{3}{5} =$

② $\frac{3}{4} - \frac{2}{3} =$

③ $\frac{7}{10} - \frac{1}{5} =$

Haben Brüche gleiche Nenner, dann addiert oder subtrahiert man die Zähler und lässt den Nenner unverändert.

Brüche mit verschiedenen Nennern werden vor dem Addieren oder Subtrahieren zuerst so erweitert, dass sie den gleichen Nenner haben.

Lösungen

① $\frac{4}{5} + \frac{3}{5} = \frac{7}{5} = 1\frac{2}{5}$

② $\frac{3}{4} - \frac{2}{3} = \frac{9}{12} - \frac{8}{12} = \frac{1}{12}$

③ $\frac{7}{10} - \frac{1}{5} = \frac{7}{10} - \frac{2}{10} = \frac{5}{10} = \frac{1}{2}$

$3 \cdot 4 = 12$ gemeinsamer Nenner: 12

gemeinsamer Nenner 10, denn 10 ist Vielfaches von 5.

LVL **1.** Claudia sagt: „Ich kann mir die Regeln viel besser merken, wenn sie an Bildern und Kreisen oder Rechtecken erklärt werden.“ Versucht in 3er-Gruppen, Bilder zu zeichnen, die die Regeln ohne Text erklären. Bei verschiedenen Nennern ist das schwieriger als bei gleichen, aber vielleicht schafft ihr das auch. Vergleicht die Bilder aller Gruppen.

2. a) $\frac{4}{9} + \frac{7}{9}$ b) $\frac{2}{5} + \frac{3}{5}$ c) $\frac{2}{7} + \frac{4}{7}$ d) $\frac{2}{3} - \frac{1}{3}$ e) $\frac{9}{10} - \frac{2}{10}$ f) $\frac{8}{11} - \frac{2}{11}$

3. Ordne jeder Aufgabe im Glas die richtige Lösung im Lösungskasten zu. Kürze dein Ergebnis.

$1\frac{3}{8}$ — O	$1\frac{1}{4}$ — O	$1\frac{1}{8}$ — K
$1\frac{1}{2}$ — H	$\frac{3}{4}$ — S	$\frac{5}{8}$ — C

4. Wandle zuerst einen Einer in Bruchteile um.

a) $1 - \frac{3}{4}$ b) $1 - \frac{1}{3}$ c) $2 - \frac{2}{5}$ d) $4 - \frac{5}{7}$ e) $5 - \frac{7}{9}$

$2 - \frac{3}{4} = 1\frac{4}{4} - \frac{3}{4} = 1\frac{1}{4}$

5. a) $3\frac{5}{9} - 2\frac{1}{9}$ b) $2\frac{1}{3} + 3\frac{1}{3}$ c) $5\frac{6}{7} + 2\frac{3}{7}$ d) $5\frac{3}{10} + 2\frac{4}{10}$

e) $5\frac{5}{6} - 4\frac{2}{6}$ f) $4\frac{3}{4} - 3\frac{2}{4}$ g) $7\frac{2}{6} + 2\frac{1}{6}$ h) $9\frac{4}{5} - 6\frac{2}{5}$

i) $8\frac{5}{20} + 1\frac{11}{20}$ j) $8\frac{13}{15} - 2\frac{5}{15}$ k) $2\frac{7}{10} + 3\frac{2}{10}$ l) $3\frac{3}{8} + 2\frac{2}{8}$

$4\frac{5}{7} \xrightarrow{-3\frac{3}{7}} 1\frac{2}{7}$; $4\frac{5}{7} \xrightarrow{-3} 1\frac{5}{7} \xrightarrow{-\frac{3}{7}} 1\frac{2}{7}$

6. Den kleinsten gemeinsamen Nenner findest du hier durch Multiplizieren beider Nenner.

a) $\frac{2}{3} + \frac{1}{2}$ b) $\frac{3}{5} - \frac{1}{4}$ c) $\frac{5}{9} + \frac{1}{2}$ d) $\frac{5}{6} - \frac{2}{5}$ e) $\frac{1}{4} + \frac{2}{5}$ f) $\frac{5}{7} - \frac{2}{3}$

g) $\frac{1}{3} + \frac{3}{10}$ h) $\frac{5}{8} - \frac{2}{7}$ i) $\frac{1}{9} + \frac{2}{5}$ j) $\frac{7}{10} - \frac{2}{3}$ k) $\frac{4}{9} + \frac{3}{7}$ l) $\frac{9}{10} - \frac{2}{3}$

7. Einer der beiden Nenner ist ein Vielfaches des anderen.

a) $\frac{1}{6} + \frac{1}{2}$ b) $\frac{2}{3} - \frac{5}{9}$ c) $\frac{7}{10} + \frac{3}{5}$ d) $\frac{8}{9} - \frac{2}{3}$ e) $\frac{5}{6} + \frac{7}{12}$ f) $\frac{1}{2} - \frac{1}{4}$

g) $\frac{3}{8} + \frac{1}{2}$ h) $\frac{5}{10} - \frac{2}{5}$ i) $\frac{1}{6} + \frac{2}{3}$ j) $\frac{5}{6} - \frac{1}{2}$ k) $\frac{2}{3} + \frac{7}{12}$ l) $\frac{1}{4} - \frac{1}{8}$

8. Auch bei gemischter Schreibweise: erst erweitern.

a) $3\frac{3}{4} + \frac{1}{2}$ b) $6\frac{2}{3} - \frac{1}{4}$ c) $4\frac{1}{2} - \frac{2}{5}$ d) $2\frac{4}{5} - \frac{3}{10}$

e) $5\frac{3}{4} - 2\frac{2}{3}$ f) $2\frac{3}{8} + 6\frac{1}{4}$ g) $4\frac{2}{3} - 1\frac{4}{9}$ h) $1\frac{2}{5} + 3\frac{2}{3}$

$4\frac{1}{2} + 5\frac{2}{3} = 4\frac{3}{6} + 5\frac{4}{6}$
$= 9\frac{7}{6} = 10\frac{1}{6}$

9. Manchmal musst du für das Subtrahieren auch noch einen Einer in Bruchteile umwandeln.

a) $9\frac{1}{2} - \frac{3}{4}$ b) $4\frac{3}{10} - \frac{4}{5}$ c) $2\frac{2}{3} - \frac{5}{6}$ d) $6\frac{3}{8} - \frac{1}{2}$

e) $5\frac{3}{5} - 1\frac{7}{10}$ f) $7\frac{2}{3} - 1\frac{4}{5}$ g) $8\frac{1}{2} - 4\frac{2}{3}$ h) $7\frac{1}{4} - 2\frac{3}{10}$

$4\frac{1}{6} - 1\frac{1}{3} = 4\frac{1}{6} - 1\frac{2}{6}$
$= 3\frac{7}{6} - 1\frac{2}{6}$
$= 2\frac{5}{6}$

Umgewandelt $1 = \frac{6}{6}$

Addition und Subtraktion von Dezimalbrüchen

LVL 1. a) Was haben Kerstin und Jürgen falsch gemacht? Wie hat Alex den Fehler entdeckt?

b) Formuliere eine Regel für die Addition und Subtraktion von Dezimalbrüchen, und verdeutliche sie an Beispielen. Stelle dein Arbeitsergebnis in der Klasse vor.

2. Familie Mattern hat in drei Geschäften eingekauft.

a) Zahlte sie mehr als 300 €, 400 € oder 500 €? Entscheide durch Überschlag.

b) Wie viel blieb genau von 1 000 € übrig?

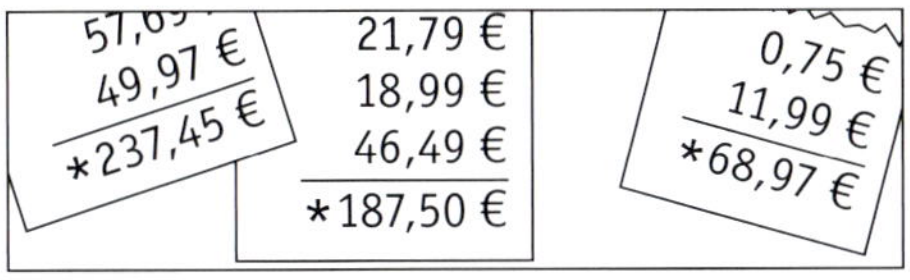

3. Was bleibt übrig? Überschlage, dann rechne genau.

a)

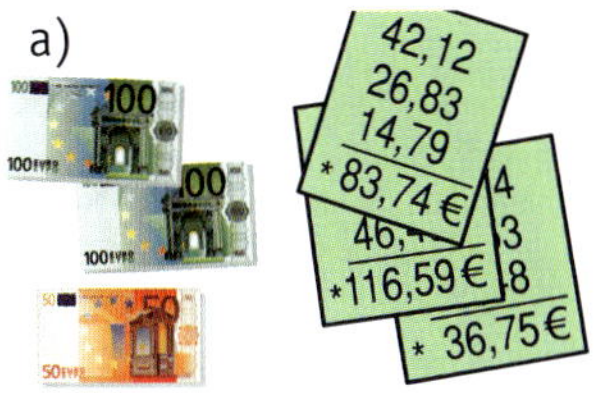

b)

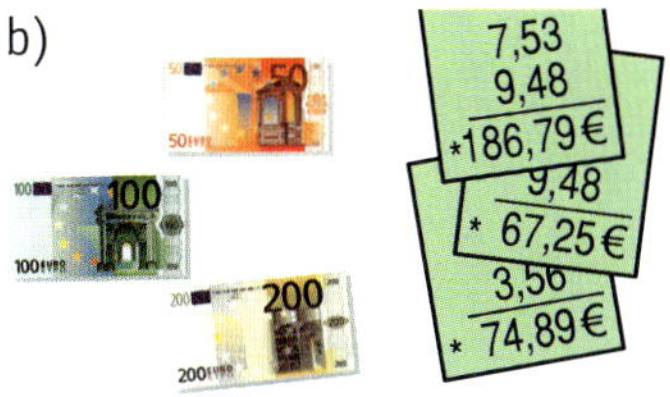

c)

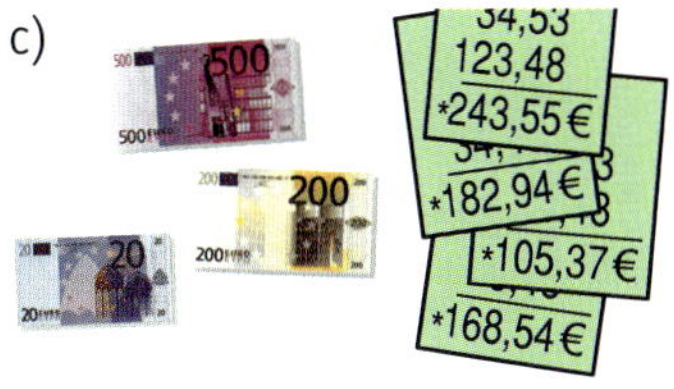

4. Die Klasse 7b hat eine Patenschaft mit einer Klasse in Peru. Zu Weihnachten soll ein Paket abgeschickt werden, das höchstens 10 kg wiegen darf. Die Geschenke wiegen so viel: 2,437 kg, 1,852 kg, 3,186 kg und 1,488 kg. Können alle Geschenke eingepackt werden? Überschlage zuerst, dann rechne genau.

5. In der Baustoffhandlung Glenk wird der Lastwagen beladen. Er kann höchstens mit 4,5 t beladen werden. Auf den Wiegezetteln sind folgende Massen angegeben: 1,8 t, 570 kg und 2,05 t. Können alle Waren aufgeladen werden? Überschlage, rechne dann genau.

6. Überschlage zuerst, dann rechne genau.

a)	b)	c)	d)
3,83 + 1,4	5,75 + 2,87	23,76 + 74,87	36,416 + 51,6
9,24 – 5,7	7,78 – 3,125	84,68 – 38,46	93,775 – 51,45
3,75 + 4,35	1,93 – 0,99	70,35 + 25,35	17,381 – 10,18

LVL 7.

Erdnuss-Cola-Muffins

Zubereitung: Mehl mit Backpulver und Kakao sieben und mit Zucker mischen. Eier, Butter, Cola und Erdnusskerne darunter geben. Teig in Förmchen geben und im vorgeheizten Ofen bei 180° ca. 25 – 30 Minuten backen.

Zutaten:
- 150 g Weizenmehl
- 3 Tl Backpulver
- 3 Essl. Kakaopulver
- 150 g feinster Zucker
- 2 Eier
- 100 g zerlassene Butter
- 125 ml Cola
- 50 g gehackte ungesalzene Erdnusskerne

a) Wiegt der Teig mehr oder weniger als ein Kilogramm? Überschlage.

b) Berechne die Teigmasse möglichst genau. Besorge dir fehlende Informationen selbst.

Vervielfachen und Teilen von Brüchen

Multiplikation – Bruch mit natürlicher Zahl:
Der Zähler wird mit der Zahl multipliziert.
Der Nenner bleibt unverändert.

$\frac{3}{7} \cdot 2 = \frac{3 \cdot 2}{7} = \frac{6}{7}$ $\quad 4 \cdot \frac{1}{3} = \frac{4 \cdot 1}{3} = \frac{4}{3} = 1\frac{1}{3}$

Division – Bruch durch natürliche Zahl:
Der Nenner wird mit der Zahl multipliziert.
Der Zähler bleibt unverändert.

$\frac{6}{5} : 4 = \frac{6}{5 \cdot 4} = \frac{6}{20} = \frac{3}{10}$ $\quad \frac{6}{7} : 3 = \frac{\cancel{6}^{2}}{7 \cdot \cancel{3}_{1}} = \frac{2}{7}$

LVL **1.** Entwerft in 3er-Gruppen Zeichnungen, die die oben genannten Regeln verdeutlichen. Betrachtet und vergleicht die Zeichnungen der verschiedenen Gruppen.

2. a) $\frac{1}{5} \cdot 4$ b) $\frac{4}{9} \cdot 2$ c) $\frac{3}{10} \cdot 3$ d) $\frac{5}{12} \cdot 2$ e) $\frac{9}{100} \cdot 7$ f) $\frac{7}{20} \cdot 7$ g) $\frac{8}{15} \cdot 6$

3. a) $\frac{3}{5} : 2$ b) $\frac{2}{7} : 5$ c) $\frac{1}{2} : 2$ d) $\frac{5}{6} : 8$ e) $\frac{2}{3} : 9$ f) $\frac{3}{10} : 10$ g) $\frac{1}{3} : 4$

4. Schreibe das Ergebnis als gemischte Zahl.
a) $\frac{2}{3} \cdot 4$ b) $3 \cdot \frac{3}{8}$ c) $\frac{3}{5} \cdot 7$ d) $5 \cdot \frac{1}{2}$ e) $\frac{5}{7} \cdot 3$ f) $9 \cdot \frac{7}{10}$ g) $\frac{7}{11} \cdot 10$

5. a) $1\frac{1}{5} \cdot 4$ b) $3 \cdot 2\frac{1}{3}$ c) $1\frac{3}{5} \cdot 5$ d) $4 \cdot 2\frac{2}{3}$
e) $6\frac{1}{2} \cdot 2$ f) $8 \cdot 1\frac{1}{4}$ g) $2\frac{2}{3} \cdot 6$ h) $7 \cdot 2\frac{1}{3}$

$1\frac{1}{4} \cdot 3 = \frac{5}{4} \cdot 3 = \frac{15}{4} = 3\frac{3}{4}$

6. Schreibe Ergebnisse größer als 1 auch als gemischte Zahl.
a) $1\frac{3}{4} : 2$ b) $4\frac{2}{5} : 4$ c) $2\frac{1}{5} : 3$ d) $3\frac{5}{6} : 3$ e) $2\frac{1}{2} : 4$
f) $4\frac{1}{2} : 6$ g) $5\frac{2}{3} : 3$ h) $6\frac{9}{10} : 5$ i) $2\frac{2}{3} : 4$ j) $1\frac{2}{5} : 8$

TIPP
Gemischte Zahlen erst umwandeln.

7. Achte auf das Rechenzeichen. Schreibe das Ergebnis als gekürzten Bruch oder gemischte Zahl.
a) $\frac{3}{4} \cdot 4$ b) $5 \cdot \frac{7}{10}$ c) $\frac{7}{10} : 14$ d) $4\frac{3}{4} \cdot 2$ e) $6 \cdot 2\frac{1}{2}$ f) $5\frac{1}{3} : 4$
$\frac{3}{4} : 3$ $\quad \frac{7}{10} : 5$ $\quad 14 \cdot \frac{7}{10}$ $\quad 4\frac{3}{4} : 2$ $\quad 2\frac{1}{2} : 6$ $\quad 4 \cdot 5\frac{1}{3}$

LVL **8.** Stelle Fragen. Schreibe Aufgaben mit Lösungen dazu.

a)

b)

LVL **9.** Stelle eine Frage, und berechne die Lösung.
a) Armin hat eine Schrittlänge von $\frac{3}{4}$ m. Für ein Spielfeld schreitet er 25 Schritte ab.
b) Ein Fleischer zerteilt $2\frac{1}{4}$ kg Fleisch in 3 gleiche Teile.
c) Eine Teekanne enthält $1\frac{1}{2}$ *l* Tee. Aus ihr lassen sich genau 6 Tassen Tee abfüllen.
d) Die Zwillinge der Familie Wilk trinken zusammen täglich $1\frac{3}{4}$ *l* Milch.
e) Der Pkw von Sinas Mutter erhält alle 10 000 km einen Motorölwechsel. Für einen Ölwechsel sind $3\frac{1}{4}$ *l* Öl notwendig. Der Kilometerzähler zeigt 81 203 km an.

LVL **10.** Von welcher Zahl ist das Vierfache die Hälfte von Eins?

Multiplikation von Brüchen

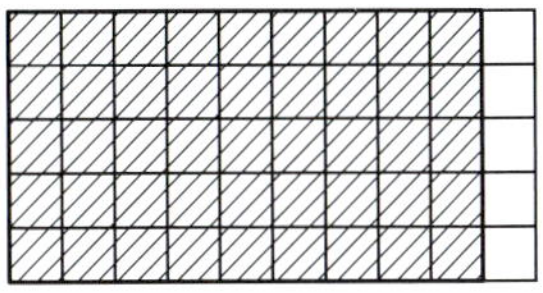

$\frac{9}{10}$

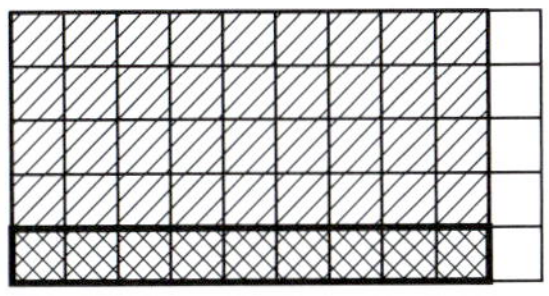

$\frac{1}{5}$ von $\frac{9}{10} = \frac{9}{50}$

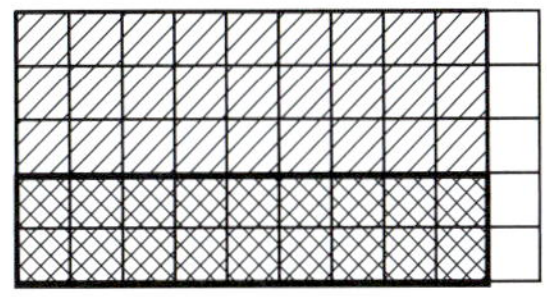

$\frac{2}{5}$ von $\frac{9}{10} = \frac{\square}{\square} = \frac{\square}{\square}$

LVL **1.** Erstelle mit einer Mitschülerin oder einem Mitschüler eine Zeichnung für die Aufgabe $\frac{2}{5} \cdot \frac{3}{4}$. Die Zeichnung soll so groß sein, dass sie für alle erkennbar ist, wenn du sie vor der Klasse erklärst.

Man **multipliziert zwei Brüche** miteinander, indem man **Zähler mit Zähler** und **Nenner mit Nenner** multipliziert.

$\frac{3}{5} \cdot \frac{4}{7} = \frac{3 \cdot 4}{5 \cdot 7} = \frac{12}{35}$ $\quad \frac{3}{4} \cdot \frac{2}{3} = \frac{{}^1\cancel{3} \cdot \cancel{2}^1}{{}_2\cancel{4} \cdot \cancel{3}_1} = \frac{1}{2}$ $\quad \frac{5}{3} \cdot \frac{5}{4} = \frac{5 \cdot 5}{3 \cdot 4} = \frac{25}{12} = 2\frac{1}{12}$ $\quad 1\frac{1}{2} \cdot 2\frac{1}{3} = \frac{{}^1\cancel{3} \cdot 7}{2 \cdot \cancel{3}_1} = \frac{7}{2} = 3\frac{1}{2}$

2. a) $\frac{2}{5} \cdot \frac{1}{3}$ b) $\frac{1}{2} \cdot \frac{5}{6}$ c) $\frac{3}{4} \cdot \frac{3}{7}$ d) $\frac{2}{7} \cdot \frac{3}{5}$ e) $\frac{4}{5} \cdot \frac{3}{7}$ f) $\frac{3}{5} \cdot \frac{1}{6}$ g) $\frac{2}{7} \cdot \frac{1}{5}$

3. a) $\frac{2}{3}$ von $\frac{2}{7}$ kg b) $\frac{3}{4}$ von $\frac{1}{2}$ m c) $\frac{3}{8}$ von $\frac{1}{4}$ km d) $\frac{3}{5}$ von $\frac{1}{4}$ hl
e) $\frac{5}{6}$ von $\frac{1}{8}$ kg f) $\frac{3}{10}$ von $\frac{3}{4}$ m g) $\frac{3}{7}$ von $\frac{9}{10}$ km h) $\frac{5}{7}$ von $\frac{1}{2}$ hl

4. Kürze vor dem Ausrechnen.
a) $\frac{11}{12} \cdot \frac{4}{7}$ b) $\frac{3}{7} \cdot \frac{21}{36}$ c) $\frac{7}{8} \cdot \frac{3}{21}$ d) $\frac{8}{9} \cdot \frac{3}{4}$ e) $\frac{5}{6} \cdot \frac{6}{15}$
f) $\frac{6}{7} \cdot \frac{5}{12}$ g) $\frac{7}{8} \cdot \frac{4}{28}$ h) $\frac{5}{36} \cdot \frac{9}{15}$ i) $\frac{6}{35} \cdot \frac{14}{18}$ j) $\frac{3}{4} \cdot \frac{7}{9}$

$\frac{7}{12} \cdot \frac{5}{21} = \frac{{}^1\cancel{7} \cdot 5}{12 \cdot \cancel{21}_3} = \frac{5}{36}$

5. Wandle die gemischte Zahl in einen Bruch um. Dann rechne. Schreibe das Ergebnis als gemischte Zahl.
a) $2\frac{1}{2} \cdot \frac{1}{4}$ b) $\frac{1}{2} \cdot 6\frac{4}{5}$ c) $3\frac{1}{2} \cdot 2\frac{3}{4}$ d) $1 \cdot 2\frac{3}{4}$
e) $3\frac{1}{3} \cdot \frac{2}{5}$ f) $\frac{3}{4} \cdot 4\frac{2}{5}$ g) $4\frac{3}{7} \cdot 5\frac{2}{5}$ h) $4\frac{1}{5} \cdot 2$

$3\frac{1}{2} \cdot \frac{3}{4} = \frac{7}{2} \cdot \frac{3}{4} = \frac{7 \cdot 3}{2 \cdot 4} = \square = \square$

6. Christian besucht seinen Freund, der in einem $8\frac{1}{2}$ km weit entfernten Ort wohnt. Christian hat bereits $\frac{3}{4}$ der Strecke zurückgelegt. Wie viel km muss er noch fahren?

7. Peter ist $12\frac{1}{2}$ Jahre alt, seine Schwester Claudia ist $1\frac{1}{2}$-mal so alt. Der Vater der beiden ist 3-mal so alt wie Claudia.

LVL **8.** Herr Höfner bepflanzt seinen Garten neu. Ein Sechstel der Gartenfläche bepflanzt er mit Kartoffeln, ein Drittel mit Erdbeeren und den Rest mit Karotten und Zwiebeln. Stelle mindestens zwei Fragen, und beantworte sie.

LVL **9.** Marco, Laura und Lisa haben zusammen 99 € gespart. Marco hat genauso viel wie Lisa gespart. Laura hat $2\frac{1}{2}$-mal so viel gespart wie Lisa.

Division durch einen Bruch

LVL **1.** Seht zu zweit die Bildleiste an, und überlegt gemeinsam eine Begründung für die Regel im linken Bild, und warum sie im mittleren und rechten Bild nicht sofort anwendbar ist. Erklärt am Beispiel von $\frac{4}{5} : \frac{3}{4}$ oder an einem selbst gewählten Beispiel, wie man hier zum Ergebnis kommt.

Man **dividiert durch einen Bruch**, indem man mit seinem **Kehrbruch** multipliziert.

$\frac{3}{4} : \frac{6}{5} = \frac{3}{4} \cdot \frac{5}{6} = \frac{\overset{1}{\cancel{3}} \cdot 5}{4 \cdot \underset{2}{\cancel{6}}} = \frac{5}{8}$ (Kehrbruch)

Bruch $\frac{6}{5}$ $\xrightarrow[\text{vertauschen}]{\text{Zähler und Nenner}}$ Kehrbruch $\frac{5}{6}$

TIPP Wenn möglich kürzen vor dem Ausrechnen.

2. a) $\frac{7}{12} : \frac{2}{7}$ b) $\frac{3}{5} : \frac{7}{9}$ c) $\frac{2}{7} : \frac{1}{4}$ d) $\frac{3}{4} : \frac{2}{7}$ e) $\frac{2}{7} : \frac{3}{4}$ f) $\frac{5}{8} : \frac{2}{3}$
g) $\frac{13}{7} : \frac{4}{5}$ h) $\frac{22}{5} : \frac{5}{7}$ i) $\frac{11}{7} : \frac{5}{6}$ j) $\frac{13}{8} : \frac{2}{7}$ k) $\frac{3}{5} : \frac{2}{17}$ l) $\frac{5}{9} : \frac{2}{31}$

3. a) $\frac{3}{4} : \frac{3}{12}$ b) $\frac{3}{4} : \frac{3}{8}$ c) $\frac{4}{5} : \frac{2}{15}$ d) $\frac{3}{8} : \frac{6}{16}$ e) $\frac{3}{5} : \frac{9}{10}$ f) $\frac{7}{8} : \frac{21}{12}$
g) $\frac{3}{8} : \frac{21}{3}$ h) $\frac{3}{14} : \frac{2}{7}$ i) $\frac{4}{9} : \frac{2}{3}$ j) $\frac{6}{21} : \frac{3}{14}$ k) $\frac{35}{14} : \frac{2}{3}$ l) $\frac{3}{15} : \frac{5}{6}$

4. Schreibe vor dem Rechnen die natürliche Zahl als Bruch.
a) $\frac{3}{4} : 5$ b) $\frac{7}{8} : 6$ c) $\frac{4}{7} : 14$ d) $\frac{6}{8} : 4$
e) $6 : \frac{3}{9}$ f) $7 : \frac{7}{9}$ g) $9 : \frac{3}{6}$ h) $7 : \frac{14}{17}$

$\frac{4}{5} : 10 = \frac{4}{5} : \frac{10}{1} = \frac{\overset{2}{\cancel{4}} \cdot 1}{5 \cdot \underset{5}{\cancel{10}}} = \frac{2}{25}$

$8 : \frac{3}{4} = \frac{8}{1} \cdot \frac{4}{3} = \frac{32}{3} = 10\frac{2}{3}$

5. Wandle die gemischte Zahl in einen Bruch um, dann rechne.
a) $3\frac{1}{7} : \frac{5}{7}$ b) $2\frac{1}{5} : \frac{1}{5}$ c) $2\frac{2}{3} : \frac{3}{7}$ d) $4\frac{2}{3} : \frac{5}{9}$
e) $6\frac{1}{2} : 3\frac{4}{7}$ f) $2\frac{3}{4} : 3\frac{1}{3}$ g) $4\frac{2}{3} : 3\frac{1}{3}$ h) $3\frac{3}{4} : 2\frac{1}{12}$

$1\frac{3}{4} : \frac{2}{3} = \frac{7}{4} : \frac{2}{3} = \frac{7 \cdot 3}{4 \cdot 2} = \frac{21}{8} = 2\frac{5}{8}$

$2\frac{1}{2} : 1\frac{2}{3} = \frac{5}{2} : \frac{5}{3} = \frac{\overset{1}{\cancel{5}} \cdot 3}{2 \cdot \underset{1}{\cancel{5}}} = \frac{3}{2} = 1\frac{1}{2}$

6. Wie oft ist die eine Größe in der anderen enthalten?
a) $\frac{1}{4}$ m in $2\frac{3}{4}$ m b) $\frac{3}{4}$ km in $4\frac{1}{2}$ km
c) $\frac{2}{3}$ kg in $3\frac{1}{3}$ kg d) $\frac{1}{8}$ *l* in $4\frac{1}{2}$ *l*

Wie oft sind $\frac{3}{4}$ m in $6\frac{3}{4}$ m enthalten?

$6\frac{3}{4} : \frac{3}{4} = \frac{27}{4} : \frac{3}{4} = \frac{27 \cdot \overset{1}{\cancel{4}}}{\underset{1}{\cancel{4}} \cdot 3} = 9$

7. Ellen hilft ihrer Oma beim Einkochen von Marmelade. Im Kochtopf sind $3\frac{1}{2}$ *l* Marmelade. Wie viele Einmachgläser muss Ellen holen, wenn in jedes Glas $\frac{1}{4}$ *l* Marmelade gefüllt werden kann?

LVL **8.** In einem Krug sind $1\frac{1}{2}$ *l* Wasser. Es gibt mehrere Gläser, die $\frac{1}{4}$ *l*, 0,2 *l* und $\frac{3}{10}$ *l* fassen.

Vermischte Aufgaben

1. Ordne den Aufgaben (gelb) die Lösungen (grün) richtig zu. Finde das Lösungswort.

Aufgaben (gelb)		Lösungen (grün)	
1	$2\frac{1}{3} \cdot 6$	Z	14
2	$2\frac{1}{3} \cdot 1\frac{3}{4}$	K	$\frac{5}{6}$
3	$2\frac{1}{3} \cdot \frac{4}{7}$	I	$4\frac{1}{12}$
4	$\frac{5}{8} \cdot \frac{4}{3}$	E	$13\frac{3}{4}$
5	$2\frac{3}{4} \cdot 5$	L	$1\frac{4}{7}$
6	$\frac{3}{7} \cdot 3\frac{2}{3}$	R	$1\frac{1}{3}$

2. a) Wie viele $\frac{1}{4}$-Liter-Gläser können gefüllt werden, wenn der Krug voll ist?

b) Wie viele $\frac{1}{3}$-Liter-Gläser können mit einem vollen Krug gefüllt werden? Wie viel Liter bleiben übrig?

3. Wie viele $\frac{1}{10}$-*l*-Gläser lassen sich mit einer $\frac{1}{2}$-*l*-Flasche Kirschsaft füllen?

4. Ein Gastwirt schenkt 7 *l* Apfelsaft in $\frac{1}{4}$-*l*-Gläsern aus, ein anderer in $\frac{1}{5}$-*l*-Gläsern. Wie viele Gläser kann der zweite Gastwirt mehr ausschenken?

LVL **5.** Für ihren Getränkestand auf dem Schulfest hat die Klasse 7c insgesamt 9 *l* Apfelsaft und 12 *l* Limonade eingekauft. Stelle Fragen, und berechne die Lösungen.

Einkauf
Saft: 1 l für 1 €
Limo: 1 l für 1,20 €

Verkauf
Saft: $\frac{1}{4}$ l für 30 Cent
Limo: $\frac{1}{4}$ l für 35 Cent

6. Ein Kellner serviert bei einer Hochzeitsfeier zehn $\frac{7}{10}$-*l*-Flaschen Rotwein in $\frac{1}{8}$-*l*-Gläsern und fünf $\frac{7}{10}$-*l*-Flaschen Weißwein in $\frac{1}{4}$-*l*-Gläsern. Wie viele Gläser Wein von jeder Sorte hat er ausgeschenkt?

7. 6 Pizzas werden für eine Geburtstagsfeier in $\frac{1}{4}$-Stücke geteilt. Acht $\frac{1}{4}$-Stücke werden halbiert. Wie viele Pizzastücke erhält man insgesamt?

LVL **8.** Stelle eine Frage, und berechne die Lösung.

a) Ein $3\frac{3}{4}$ m langer Holzstamm wird in $\frac{3}{4}$-m-Stücke zerlegt.

b) Ein Lkw hat Eisenträger mit einem Gesamtgewicht von $7\frac{1}{2}$ t geladen. Ein Eisenträger wiegt $\frac{3}{4}$ t.

c) Frau Meier kauft $1\frac{1}{2}$-kg-Packungen Feinwaschmittel im Sonderangebot. Sie kauft $10\frac{1}{2}$ kg.

d) In einer Raststätte kostet eine $1\frac{1}{2}$-*l*-Flasche Wasser 2,49 €, eine $\frac{1}{2}$-*l*-Flasche kostet 0,99 €.

e) Ein Wirt serviert aus einer $\frac{7}{10}$-*l*-Flasche ein Getränk in $\frac{3}{10}$-*l*-Gläsern.

LVL **9.** Rechenregeln bringen Vorteile. Überlegt in Partnerarbeit, ob beim Multiplizieren von Brüchen die Reihenfolge der Brüche gleichgültig ist, und ob dies beim Dividieren ebenso ist. Erklärt eure Meinung an eigenen Beispielen, und stellt eure Ergebnisse in der Klasse vor.

LVL **10.** Rechenregeln bringen Vorteile. Überlegt in Partnerarbeit, welche Multiplikationsaufgabe einfacher zu rechnen ist, und begründet eure Meinung. Erfindet drei eigene Beispiele zum vorteilhaften Multiplizieren, und stellt sie in der Klasse vor.

$4 \cdot \frac{3}{5} \cdot \frac{1}{2}$ oder $4 \cdot \frac{1}{2} \cdot \frac{3}{5}$?

$\frac{3}{5} \cdot \frac{4}{7} \cdot \frac{1}{3}$ oder $\frac{3}{5} \cdot \frac{1}{3} \cdot \frac{4}{7}$?

11. Wähle eine vorteilhafte Reihenfolge der Brüche, notiere, wie du rechnest.

a) $6 \cdot \frac{2}{5} \cdot \frac{1}{3}$ b) $\frac{1}{2} \cdot \frac{3}{4} \cdot 10$ c) $\frac{1}{3} \cdot \frac{1}{2} \cdot \frac{3}{4}$ d) $\frac{2}{3} \cdot \frac{5}{7} \cdot \frac{3}{2}$ e) $\frac{2}{3} \cdot \frac{6}{7} \cdot \frac{3}{4}$

Vervielfachen und Teilen von Dezimalbrüchen

LVL **1.** Schreibe zu den beiden Aufgaben im Tafelbild je eine Textaufgabe. Kontrolliere die Rechnung, und überlege, ob du ebenso gerechnet hättest.

LVL **2.** Welche Packung würdest du deinen Eltern zum Kauf empfehlen?

a) 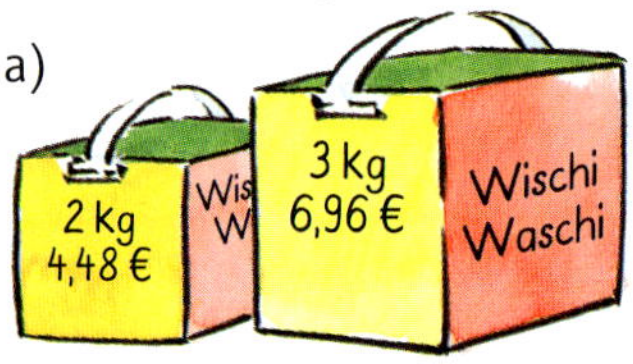

b) 

c) 

3. Wie viel Euro kostet ein Kilogramm?

a) 

b) 

c) 

d) 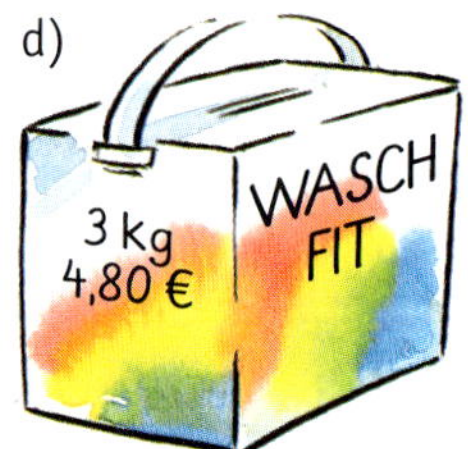

e) 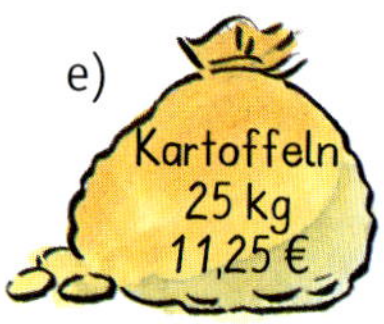

f) 

g) 

h) 

4. a) Ordne der Aufgabe (orange) die Überschlagsrechnung (grün) zu.
b) Berechne den genauen Wert.

3 kg zu je 2,45 €	8 · 20 €	15 € : 3
3 kg kosten 15,75 €	8 kg kosten 19,60 €	
3 · 2 €	8 kg zu je 19,99 €	16 € : 8

5. Einkauf auf dem Wochenmarkt.
a) 5 kg Kartoffeln, 1 kg kostet 0,75 €
b) 3 kg Tomaten, 1 kg kostet 1,35 €
c) 4 kg Bananen, 1 kg kostet 1,45 €
d) 6 kg Orangen, 1 kg kostet 1,70 €

6. Die Klasse 7a kalkuliert die Kosten für eine Klassenfahrt. Der Busunternehmer verlangt 1,20 € je Kilometer. Die Rundfahrt wird 245 km lang. Mit welchem Preis muss die Klasse rechnen?

7. Eine Wanderstrecke von 17,5 km wurde von den Schülerinnen und Schülern ausgewählt. Es ist vorgesehen, dass je Stunde 5 km gelaufen werden. Berechne die Wanderzeit ohne Pausen.

8. Eine Schule kauft 29 Mathematikbücher für die Klasse 7a. Dafür müssen 517,65 € bezahlt werden. Wie teuer ist ein Mathematikbuch?

Multiplikation und Division eines Dezimalbruches mit 10, 100, 1000

1000	100	10	1	$\frac{1}{10}$	$\frac{1}{100}$	Dezimalbruch
			5	0	9	5,09
		5	0	9	0	□
	5	0	9	0	0	509

· □   · □

10	1	$\frac{1}{10}$	$\frac{1}{100}$	$\frac{1}{1000}$	Dezimalbruch
6	2	7	0	0	62,7
	6	2	7	0	6,27
	0	6	2	7	□

: □   : □

LVL **1.** a) Übertrage die Stellenwerttafeln ins Heft, ergänze die fehlenden Dezimalbrüche und Operatoren.
b) Formuliere zusammen mit einer Mitschülerin oder einem Mitschüler eine Regel, und illustriere sie mit eigenen Beispielen auf einem Lernplakat, das ihr der ganzen Klasse vorstellt.

LVL **2.** Was ist im abgebildeten Heft falsch gemacht worden? Erkläre den anderen die Fehler – vielleicht weißt du auch, welche Regel falsch angewendet wurde. Rechne anschließend die Aufgaben richtig.

0,8 · 10 = 0,80 f	1,7 : 10 = 01,7 f
0,8 · 100 = 0,800 f	1,7 : 100 = 001,7 f
0,8 · 1000 = 0,8000 f	1,7 : 1000 = 0001,7 f

3. a) 5,38 · 10 b) 0,731 · 100 c) 15,4 : 10 d) 512,4 : 100 e) 0,537 · 1000
f) 8422,9 : 1000 g) 1,32 · 10 h) 182,34 : 100 i) 0,0043 · 100 j) 0,8745 · 1000

4. Rechne wie in den Beispielen. Füge Nullen hinzu, um das Komma verschieben zu können.

5,72 · 1000 = 5,720 · 1000 = 5720
5,72 : 1000 = 0005,72 : 1000 = 0,00572

a) 2,4 · 100 b) 0,347 : 10 c) 5,28 · 1000 d) 244,3 · 100 e) 4,107 : 1000
f) 0,7 : 100 g) 5,104 : 1000 h) 0,19 · 1000 i) 0,087 : 100 j) 0,02 · 10000

5. a) 100 g Salami kosten 1,97 €. Wie teuer ist ein Kilogramm der gleichen Sorte?
b) Ein Hektoliter Essig kostet 75,00 €. Wie viel kostet ein Liter?

6. Ein Stapel von 1000 Blatt Kopierpapier ist 10,6 cm hoch. Wie dick ist ein einzelnes Blatt?

7. Ein menschliches Haar normaler Dicke ist 0,05 bis 0,07 mm dick. Wie dick erscheint es auf einem Foto durch ein Mikroskop mit 1000-facher Vergrößerung?

8. a) 2,34 · □ = 2340 b) 0,04 : □ = 0,0004 c) 12,4 : □ = 0,0124
d) 75 : □ = 0,0075 e) 0,07 · □ = 7,0 f) 0,031 · □ = 31

9. In einer Brausetablette gegen Kopfschmerzen sind 0,4 g Acetylsalicylsäure. Wie viel Kilogramm dieses Wirkstoffs braucht man zur Herstellung von 100000 Brausetabletten?

10. Ein Liter (= 1 dm^3) Wasserstoff hat bei 20° C eine Masse von 0,0899 g. Berechne die Masse von 1 m^3 Wasserstoff.

11. Mit welcher Zahl wurde multipliziert bzw. durch welche Zahl wurde dividiert?
a) 15,84 —□→ 15840 b) 276,32 —□→ 2,7632 c) 0,05 —□→ 500
d) 137,2 —□→ 13,72 e) 54800 —□→ 5,48 f) 73,8 —□→ 0,00738

LVL **12.** „Eine Null mehr oder weniger bei einem Dezimalbruch ist doch egal" behauptet Sven. Was meinst du dazu, stimmt das immer, manchmal oder nie? Begründe deine Meinung.

Multiplikation mit einem Dezimalbruch

LVL **1.** a) Überlege zusammen mit einer Mitschülerin oder einem Mitschüler, wo das Komma zu setzen ist, und was die Ratschläge des Mädchens und des Jungens rechts bedeuten. Führt sie beide aus.

b) Berechnet mit denselben Schritten eine andere Aufgabe mit selbst gewählten Dezimalbrüchen.

2. Ergänze die richtige Stufenzahl (10, 100, ...)

a) 6,7 · □ = 67 b) 2,56 · □ = 25,6 c) 12,35 · □ = 1235 d) 8,6 · □ = 8 600

e) 531 : □ = 5,31 f) 21,2 : □ = 2,12 g) 4,6 : □ = 0,46 h) 357,9 : □ = 3,579

3. Im Ergebnis fehlt noch das Komma. Schreibe die Aufgabe ins Heft, und setze es richtig ein. Manchmal musst du noch Nullen vor die Ziffern des Ergebnisses setzen.

a) 2,34 · 18,6 = 43524 b) 9,2 · 8,8 = 8096 c) 3,62 · 2,43 = 87966

d) 8,062 · 19,4 = 1564028 e) 0,64 · 0,58 = 3712 f) 25,2 · 0,587 = 147924

4. a) 0,4 · 0,5 b) 1,1 · 0,6 c) 0,9 · 0,4 d) 0,08 · 0,7 e) 2,2 · 0,3

f) 0,25 · 0,4 g) 1,5 · 0,5 h) 0,3 · 0,025 i) 0,15 · 0,8 j) 0,7 · 0,7

5. Berechne schriftlich. Mache vor der Rechnung einen Überschlag.

a) 8,9 · 4,2 b) 4,8 · 7,1 c) 13,2 ·10,3 d) 24,8 · 7,1 e) 3,884 · 6,2

f) 0,982 · 12,8 g) 11,1· 9,9 h) 7,8 · 15,23 i) 1,23 · 0,96 j) 0,97 · 5,8

LVL **6.** Stelle zwei Fragen, und beantworte sie.

a) Ein Spielzimmer, das 9,2 m lang und 7,8 m breit ist, soll einen neuen Teppichboden bekommen. Der Quadratmeterpreis beträgt 46,35 €.

b) Familie Hug kauft ein Baugrundstück von 41,20 m Länge und 26,30 m Breite zum Preis von 195,50 € pro m².

7. 1 kg Pecorinokäse kostet 15,90 €. Wie viel kosten 2,4 kg des Käses?

8. Ein Schiff legt in einer Stunde 22,5 Seemeilen zurück. Eine Seemeile beträgt 1,852 km. Wie viel km fährt das Schiff in einer Stunde?

9. Ein Tanker fährt 17,2 Seemeilen in der Stunde. Wie viel Kilometer legt er in $4\frac{1}{2}$ Stunden zurück?

10. Beim „Großen Preis von Monaco" ist jede Runde 3,378 km lang. Welche Strecke ist zurückgelegt

a) nach 78 Runden; b) nach 5,5 Runden; c) nach $20\frac{1}{4}$ Runden; d) nach $40\frac{1}{2}$ Runden?

11. Ein quaderförmiger Metallblock ist 28,5 cm lang, 7,8 cm breit und 2,2 cm hoch. Welche Masse hat der Metallblock, wenn 1 cm³ des Metalls 7,8 g wiegt?

Division durch einen Dezimalbruch

LVL **1.** a) Überlege zusammen mit einer Mitschülerin oder einem Mitschüler, welchen Rat das Mädchen und der Junge geben. Führt ihn aus, und berechnet das Ergebnis.

b) Berechnet mit denselben Schritten eine andere Aufgabe mit selbst gewählten Dezimalbrüchen.

2. Erweitere so, dass die zweite Zahl kein Komma hat. Rechne dann im Kopf das Ergebnis aus.

a) 2,5 : 0,5 b) 4,8 : 0,3 c) 0,6 : 0,02 d) 0,9 : 0,05 e) 0,44 : 0,11
f) 0,72 : 0,003 g) 0,35 : 0,005 h) 3 : 0,5 i) 7 : 0,07 j) 8 : 0,004

3. Berechne schriftlich.

a) 492,8 : 0,7 b) 364,5 : 0,9 c) 34,25 : 0,25 d) 22,456 : 0,08
e) 42,72 : 1,2 f) 1243,9 : 0,07 g) 7,452 : 6,9 h) 5,4 : 1,35

LVL **4.** Im Supermarkt werden verschiedene Waschpulversorten angeboten. Überlege mit anderen, welches Angebot das günstigste ist.

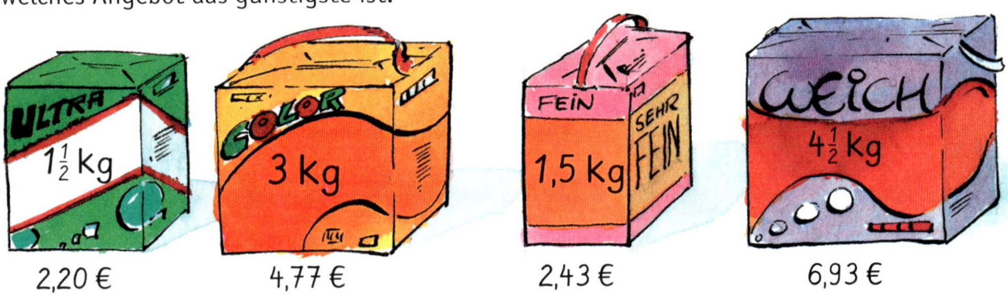

5. a) Auf einem Schulfest bietet die Klasse 7b Saftcocktails zu jeweils 0,90 € an. Die Gesamteinnahmen betragen 118,80 €.

b) Frau Kramer verkauft auf dem Volksfest Zuckerwatte für jeweils 1,60 €. Am Abend hat sie insgesamt 377,60 € eingenommen.

6. Frau Sieber zahlt für einen Stoff, der pro Meter 3,75 € kostet, insgesamt 6,75 €.

7. Eine 133 m lange Wasserleitung soll aus Rohren gebaut werden, die $1\frac{3}{4}$ m lang sind.

8. Welche Tankstelle verkauft den Diesel-Treibstoff am günstigsten?

LVL **9.** Überlegt in Gruppen: Für welche Zahlen a, b ist das Ergebnis der Division a : b gleich a, kleiner als a oder größer als a? Formuliert eine Regel, und versucht, sie überzeugend zu begründen.

Vermischte Aufgaben

1. Juan kauft 3 Netze Apfelsinen.
Ein Netz kostet 2,98 € und wiegt $2\frac{1}{2}$ kg.

a) Wie viel muss Juan dafür bezahlen?

b) Wie viel kg muss Juan tragen?

TIPP

$\frac{1}{2} = 0{,}5$	$3\frac{1}{2} = 3{,}5$
$\frac{1}{4} = 0{,}25$	$1\frac{3}{4} = 1{,}75$
$\frac{1}{8} = 0{,}125$	$2\frac{5}{8} = 2{,}625$

2. a) Wie viel Kilogramm Erdbeeren sind insgesamt auf der Palette?

b) Frau Steiner kauft 5 kg Erdbeeren. Wie viel Euro muss sie bezahlen?

c) Erfinde selbst eine Aufgabe zum Einkaufen, und berechne die Lösung. Stelle die Aufgabe deinem Nachbarn.

jeder Korb
$2\frac{1}{2}$ kg 5,99 €

3. Gib die gesamte Menge als Dezimalbruch an.

a) 100 Flaschen zu je 0,125 kg
b) 15 Flaschen zu je 0,75 *l*
c) 25 Flaschen zu je 1,5 *l*
d) 8 Flaschen zu je $2\frac{1}{2}$ kg
e) 12 Flaschen zu je $1\frac{3}{4}$ *l*
f) 36 Flaschen zu je $1\frac{1}{5}$ *l*

4. Wie viel ist in jeder Kiste? Gib den Inhalt einer Kiste als Dezimalbruch an.

a) In 100 Kisten sind insgesamt 19,5 kg.
b) In 25 Kisten sind insgesamt 31,25 kg.
c) In 60 Kisten sind insgesamt 74,4 kg.
d) In 30 Kisten sind 93,75 kg.
e) In 5 Kisten sind insgesamt $18\frac{1}{2}$ kg.
f) In 30 Kisten sind insgesamt $37\frac{1}{2}$ kg.

5. Bei der Weinlese erntet ein Winzer 1,5 t Trauben. In einer Bütte, die man auf dem Rücken trägt, werden jeweils 75 kg transportiert. Wie oft muss die Bütte gefüllt werden?

6. a) Eine der abgebildeten Zahlen gibt den Felgendurchmesser in Zoll (1 Zoll ≈ 2,5 cm) an. Welche ist es?

b) Manuela hat bei ihrem Fahrrad einen Felgendurchmesser von 65 cm gemessen. Passt der Reifen auf ihr Rad?

7. Bei vielen Jeans wird die Größe in Zoll (1 Zoll ≈ 2,5 cm) angegeben. Die Jeans von Kerstin hat eine Bundweite (um den Bauch herum gemessen) von 24 Zoll und eine Länge von 28 Zoll. Rechne in cm um.

LVL **8.** Indras Zimmer ist 3,85 m breit und 5,30 m lang.

a) Berechne die Größe der Bodenfläche.

b) Es gibt Teppichrollen von 4 m Breite. Ein Quadratmeter kostet 21,50 €. Wie teuer ist der Teppichboden für Indras Zimmer? Überlege mit anderen, und begründe.

9. Bei einem Fußballturnier wurden Würstchen zu 1,50 € verkauft. Die Einnahme betrug 367,50 €. Wie viele Würstchen wurden verkauft?

LVL **10.** Eine Messstange (Pegel) ragt 4 m aus dem Fluss heraus. Ein Viertel der Stange ist im Flussbett einbetoniert, ein Viertel befindet sich im Wasser. Wie lang ist die Stange insgesamt?

1. a) $\frac{1}{5} + \frac{3}{5}$ b) $\frac{7}{12} + \frac{9}{12}$ c) $\frac{3}{10} + \frac{5}{10}$
d) $\frac{7}{8} - \frac{5}{8}$ e) $\frac{5}{6} - \frac{4}{6}$ f) $\frac{4}{5} - \frac{1}{5}$

2. a) $\frac{1}{2} + \frac{2}{3}$ b) $\frac{3}{5} + \frac{3}{4}$ c) $\frac{4}{7} + \frac{2}{5}$
d) $\frac{2}{3} - \frac{2}{5}$ e) $\frac{5}{6} - \frac{1}{4}$ f) $\frac{3}{5} - \frac{1}{2}$

3. a) $2\frac{2}{5} + 4\frac{1}{2}$ b) $6\frac{3}{4} - 4\frac{2}{5}$ c) $3\frac{1}{3} + 1\frac{2}{7}$

4. a) 1,2 + 0,7 b) 0,5 + 2,8 c) 1,3 + 4,1
d) 3,7 – 0,5 e) 2,3 – 1,6 f) 7,2 – 5,4

5. a) 1,32 + 4,13 b) 7,59 + 3,081
c) 12,093 + 8,2 d) 8,65 – 3,27
e) 9,08 – 1,9 f) 11,2 – 5,35

6. a) $\begin{array}{r} 133{,}75 \\ +\ 209{,}84 \\ +\ 91{,}39 \\ \hline \end{array}$ b) $\begin{array}{r} 79{,}82 \\ +\ 317{,}09 \\ +\ 3{,}18 \\ \hline \end{array}$ c) $\begin{array}{r} 573{,}26 \\ +\ 89{,}15 \\ +\ 6{,}99 \\ \hline \end{array}$

7. a) $\frac{3}{5} \cdot \frac{1}{4}$ b) $\frac{3}{10} \cdot \frac{9}{11}$ c) $\frac{4}{9} \cdot \frac{5}{7}$
d) $\frac{4}{7} \cdot \frac{3}{12}$ e) $\frac{5}{16} \cdot \frac{4}{15}$ f) $\frac{5}{18} \cdot \frac{3}{10}$

8. a) $\frac{7}{10} : \frac{3}{5}$ b) $\frac{1}{2} : \frac{1}{7}$ c) $\frac{5}{12} : \frac{1}{7}$
d) $\frac{2}{5} : \frac{4}{35}$ e) $\frac{9}{15} : \frac{3}{10}$ f) $\frac{5}{24} : \frac{15}{36}$

9. a) $2\frac{2}{5} \cdot 3\frac{1}{3}$ b) $4\frac{1}{2} \cdot 2\frac{2}{3}$ c) $5\frac{1}{4} \cdot 1\frac{5}{7}$
d) $1\frac{5}{7} : 1\frac{1}{5}$ e) $2\frac{7}{10} : 1\frac{3}{15}$ f) $3\frac{3}{16} : 2\frac{1}{8}$

10. a) 45,132 · 100 b) 0,0832 · 1 000
c) 0,00915 · 10 d) 63,04 : 100
e) 17,83 : 1 000 f) 0,419 : 10

11. a) 3,685 · 2,6 b) 29,04 · 1,49
c) 41,03 · 32,7 d) 583,2 · 0,721
e) 0,408 · 9,39 f) 0,505 · 0,707

12. a) 48,06 : 1,8 b) 11,802 : 2,1
c) 4,2198 : 3,9 d) 0,1792 : 3,2
e) 0,23004 : 0,27 f) 0,01566 : 0,29

13. Ein rechteckiges Grundstück ist 26,5 m lang und 22,7 m breit. Berechne die Fläche.

14. Kathrin gibt in ihrem Urlaub täglich im Durchschnitt 3,20 € aus, insgesamt 44,80 €. Wie lange dauerte der Urlaub?

Addition und Subtraktion von Brüchen
Bei gleichem Nenner: Zähler addieren bzw. subtrahieren, Nenner beibehalten.
Bei verschiedenen Nennern: Erst auf einen gemeinsamen Nenner erweitern.
$\frac{1}{7} + \frac{3}{7} = \frac{1+3}{7} = \frac{4}{7}$ $\frac{5}{6} - \frac{2}{3} = \frac{5}{6} - \frac{4}{6} = \frac{5-4}{6} = \frac{1}{6}$

Addition und Subtraktion von Dezimalbrüchen
Dezimalbrüche können **addiert** bzw. **subtrahiert** werden als Brüche mit gleichem Nenner *oder* wie natürliche Zahlen in der Stellenwerttafel.
4,6 + 7,9
$= \frac{46}{10} + \frac{79}{10} = \frac{125}{10} = 12{,}5$

10	1	$\frac{1}{10}$	$\frac{1}{100}$
+	4	6	
$_1$	7_1	9	
1	2	5	

Multiplikation von Brüchen
Man multipliziert Zähler mit Zähler und Nenner mit Nenner.
$\frac{2}{5} \cdot \frac{3}{13} = \frac{2 \cdot 3}{5 \cdot 13} = \frac{6}{65}$ $2\frac{1}{7} \cdot 1\frac{2}{5} = \frac{\overset{3}{\cancel{15}} \cdot \overset{1}{\cancel{7}}}{\underset{1}{\cancel{7}} \cdot \underset{1}{\cancel{5}}} = 3$

Division durch einen Bruch
Man multipliziert mit dem Kehrbruch (Zähler und Nenner werden vertauscht).
$\frac{7}{9} : \frac{3}{5} = \frac{7}{9} \cdot \frac{5}{3} = \frac{7 \cdot 5}{9 \cdot 3} = \frac{35}{27} = 1\frac{8}{27}$

Multiplikation und Division von Dezimalbrüchen
Multiplikation (Division) mit 10, 100, ...:
Komma um 1, 2, ... Stellen nach rechts (links) verschieben.
3,251 · 100 = 325,1 2,74 : 10 = 0,274
Multiplikation: Man rechnet zunächst ohne Kommas. Das Ergebnis muss so viele Stellen hinter dem Komma haben, wie beide Faktoren zusammen.
49 · 325 = 15 925 0,49 · 32,5 = 15,925
Division: Beide Zahlen so mit 10, 100, ..., multiplizieren, dass bei der zweiten Zahl kein Komma mehr steht.
1,1339 : 0,29 = ? 113,39 : 29 = 3,91

DIAGNOSETEST

1. a) $\frac{7}{9} - \frac{3}{9}$ b) $\frac{5}{8} + \frac{2}{5}$ c) 5,71 + 3,92 d) 17,05 – 9,83

2. a) $\frac{4}{5} \cdot \frac{7}{12}$ b) $\frac{5}{16} \cdot \frac{8}{9}$ c) $\frac{3}{10} : \frac{9}{5}$ d) $\frac{5}{6} : \frac{4}{9}$

3. a) 62,59 : 100 b) 0,0062 · 1000 c) 160,37 : 1000 d) 0,00391 · 100

4. a) 0,037 · 56,3 b) 3,7 · 0,205 c) 9,044 : 0,17 d) 0,42009 : 0,201

5. Udo möchte sich einen Fußball für 39,95 € kaufen. Er hat 16,75 € gespart. Von seinem Opa erhält er 10 €. Wie viel Euro fehlen ihm noch?

Wähle weitere 5 Aufgaben aus

1. a) $3\frac{1}{3} + 4\frac{1}{2}$ b) $5\frac{4}{5} - 1\frac{1}{6}$ c) $2\frac{1}{4} : 1\frac{1}{2}$ d) $3\frac{1}{6} \cdot 2\frac{2}{3}$

2. Volker, Nora und Nihal teilen sich eine ganze Pizza. Volker bekommt $\frac{1}{4}$, Nora $\frac{1}{3}$ der Pizza. Wie viel bleibt für Nihal übrig?

3. Überschlage erst die Kosten, dann rechne genau.

a) Frau Hübner kauft einen Ring zu 149,75 €, ein Armband zu 86,95 € und Ohrringe zu 53,65 €.

b) Herr Mazur hat dreimal getankt: Montag für 38,63 €, Mittwoch für 54,17 € und Freitag für 48,85 €.

4. Von den Schülerinnen und Schülern der Klasse 7b sind $\frac{3}{4}$ in einem Sportverein. Ein Drittel davon spielt Handball. Welcher Anteil der ganzen Klasse ist das?

5. a) Von einer 3,5 m langen Schnur werden 75 cm lange Stücke abgeschnitten. Wie viel Stücke erhält man? Wie lang ist der Rest?

b) Von $5\frac{1}{2}$ m Stoff weden $\frac{3}{4}$ m lange Stücke abgeschnitten. Wie viel Stücke erhält man? Welcher Rest bleibt?

6. Berechne nur ein Ergebnis schriftlich. Bestimme die anderen durch Kommaverschiebung.

a)	b)	c)	d)
907 · 3,9	606 · 54	55 · 803	204 · 444
9,07 · 0,39	606 · 0,54	5,5 · 8,03	0,204 · 4,44
90,7 · 0,039	0,606 · 0,54	0,55 · 0,803	20,4 · 44,4
0,907 · 3,9	60,6 · 5,4	0,055 · 80,3	2,04 · 0,0444

7. Von einer Baustelle müssen 63 m^3 Schutt abgefahren werden. Der LKW kann 4,2 m^3 laden. Wie viel Fahrten sind notwendig?

8. Eine Seemeile beträgt 1,852 km. Ein Schiff legt in einer Stunde 21,5 Seemeilen zurück. Wie viel Kilometer sind das?

9. Ein Schwimmbecken fasst 403,2 m^3 Wasser. Durch 4 Rohre laufen pro Stunde je 3,6 m^3 in das Becken. Nach wie viel Stunden ist das Becken ganz gefüllt?

10. Der Fußboden eines rechteckigen Raumes (5,60 m lang, 4,50 m breit) soll mit Parkett ausgelegt werden. Die Angebote zweier Firmen liegen bei 946,26 € und 963,90 €.

2

Zuordnungen

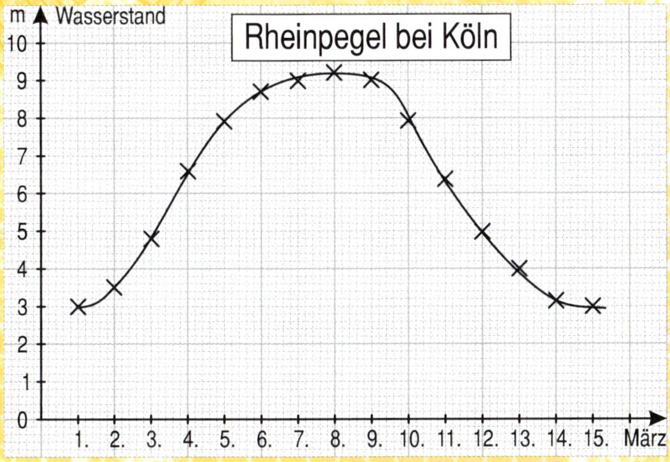

LVL

Formel 1 auf dem Hockenheimring

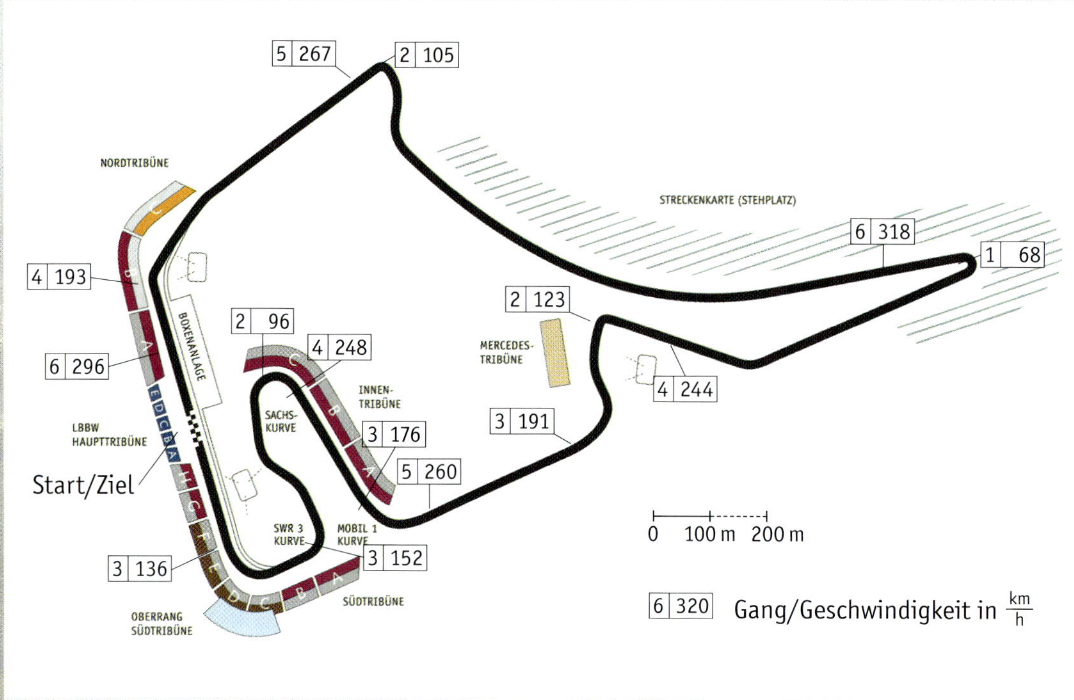

1. a) Lies dir den Auszug aus der Streckenbeschreibung des Hockenheimrings durch, und verfolge den Streckenverlauf in der Abbildung oben.

b) Setze die Streckenbeschreibung selbst bis zum Erreichen der Start-Ziel-Linie fort. Vergleiche deine Beschreibung mit der von Mitschülerinnen und Mitschülern.

Streckenbeschreibung

Kurs: 67 Runden à 4,574 km, 17 Kurven

Nach der Start- und Zielgeraden biegen die Fahrer in eine 500 m lange Gerade. Dann folgt eine Rechts-/Linkskurvenkombination, an die sich eine langgezogene parabolische Kurve anschließt (1 047 m). Hier wird die Spitzengeschwindigkeit erreicht. Dann folgt eine enge Rechtskurve. Anschließend noch eine anspruchsvolle Kurvenkombination, …

2. Über wie viele Kilometer geht das Formel-1-Rennen auf dem Hockenheimring?

3. Wo erreichen die Fahrer ihre Höchstgeschwindigkeit, wo müssen sie besonders stark abbremsen? Begründe deine Antwort.

4. Im Jahr 2004 fuhr Michael Schumacher im Ferrari in der Qualifikation den Rundenrekord in der Zeit von 1:13,306 min. Versuche gemeinsam mit anderen, die Durchschnittsgeschwindigkeit in Meter pro Sekunde ($\frac{m}{s}$) und in Kilometer pro Stunde ($\frac{km}{h}$) zu berechnen.

LVL

5. Du fährst selbst als Formel-1-Pilot am Hockenheimring mit und lieferst dir mit einem anderen Fahrer ein packendes Rennen. Er fährt vor dir, weil sein Auto eine etwas größere Höchstgeschwindigkeit erreicht. Dein Auto kann dagegen schneller beschleunigen.

a) Bei welchen Streckenabschnitten könntest du einen Überholversuch starten? Begründe deine Überlegung.

b) Schildere deinen Mitschülerinnen und Mitschülern den Rennverlauf einer ganzen Runde zwischen dir und dem anderen Fahrer: Du willst überholen, aber wo es nicht geht, willst du im Windschatten bleiben.

6. In der Abbildung vom Hockenheimring auf der Nebenseite sind 15 Geschwindigkeitsangaben zu sehen.
Berechne den Durchschnitt und vergleiche mit dem Ergebnis von Aufgabe 4.
Besprich mit anderen, womit der Unterschied begründet werden könnte.

7. Herr Lehmann fährt ein Auto, das eine Höchstgeschwindigkeit von $140\ \frac{km}{h}$ erreicht. Außerdem ist Herr Lehmann ein recht vorsichtiger Fahrer.
Wie lange würde Herr Lehmann deiner Meinung nach für eine Runde auf dem Hockenheimring mit seinem Pkw brauchen?
Vergleiche und diskutiere dein Ergebnis mit Mitschülerinnen und Mitschülern.

8. Klebe zwei DIN-A-4 Blätter aneinander, und übertrage das Achsenkreuz. Zeichne dann zusammen mit anderen den Graphen für die Fahrt eines Formel-1-Autos ein für eine Runde ohne Start oder Boxenstopp. Wählt einen Streckenpunkt, an dem die Darstellung anfängt. Berücksichtigt dabei die Geschwindigkeitsangaben aus der Abbildung des Hockenheimrings auf der Nebenseite oben.

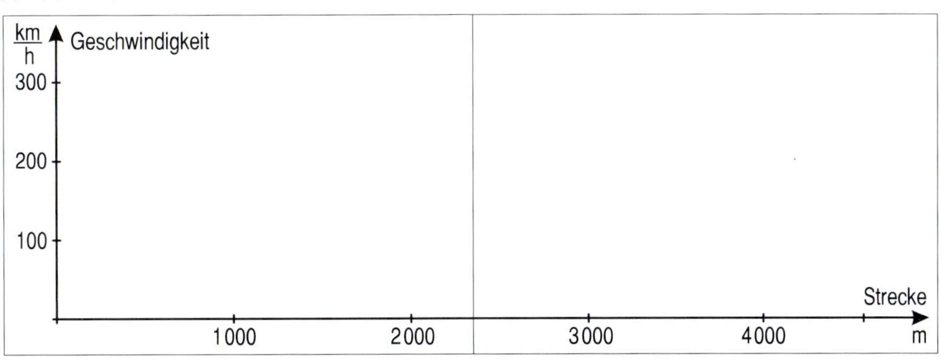

Tabellen und grafische Darstellungen

Für einen Rundflug in den Alpen veranschaulicht der Graph die Zuordnung Flugzeit ⟶ Flughöhe.

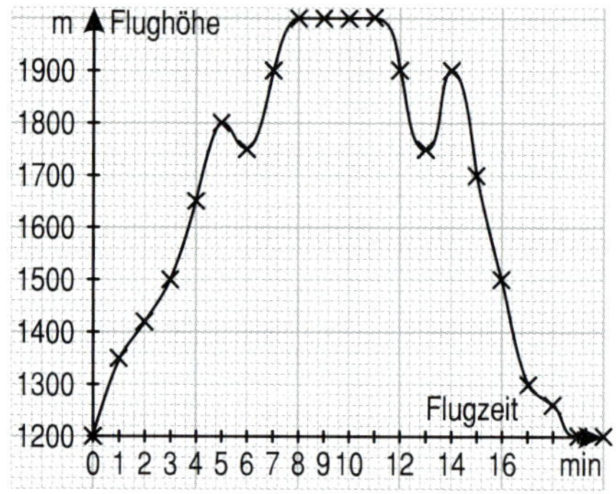

LVL **1.** a) Aus welcher Höhe über dem Meeresspiegel ist das Flugzeug gestartet?
Wie hoch war das Flugzeug nach 4 min.?
In welchen Zeitabständen wurde die Flughöhe gemessen?
Wann befand sich das Flugzeug in 1 500 m Höhe?

b) Erfinde selbst mindestens 4 Fragen zum Flugverlauf.
Lass sie anschließend von anderen beantworten.

c) Übertrage die angefangene Tabelle ins Heft, und ergänze sie.

Zeit in min	Höhe in m
0	1 200
1	1 350
2	
3	

Zuordnungen zwischen zwei Größenbereichen können in einer **Tabelle** oder **grafisch** dargestellt werden.

In der *Tabelle* steht die Ausgangsgröße in der ersten Spalte (oder Zeile), die jeweils zugeordnete Größe in der zweiten Spalte (oder Zeile).

Zuordnung Menge → Preis

Menge (kg)	Preis (€)
0,5	6
1	12
2	24
3	36
4	48

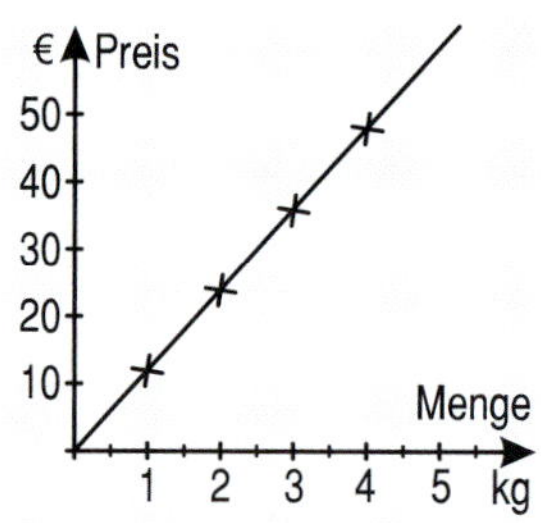

In der *grafischen Darstellung* wird die Ausgangsgröße auf der Rechtsachse, die zugeordnete Größe auf der Hochachse abgetragen.

2. Anja hat Grippe. Fünf Tage lang wurde dreimal am Tag ihre Körpertemperatur gemessen.

	Mittwoch			Donnerstag			Freitag			Samstag			Sonntag		
Zeitpunkt	6^{00}	14^{00}	22^{00}	6^{00}	14^{00}	22^{00}	6^{00}	14^{00}	22^{00}	6^{00}	14^{00}	22^{00}	6^{00}	14^{00}	22^{00}
Temperatur in °C	37,9	39,1	38,3	37,7	38,2	38,6	37,3	37,0	36,8	36,9	36,6	36,5	36,3	36,5	36,3

a) Trage die Werte in ein Koordinatensystem ein. Verbinde die eingezeichneten Punkte mit einem Lineal zu einer „Fieberkurve".

b) Vergleiche Tabelle und Fieberkurve. Welche Vorteile hat die Darstellung als Fieberkurve gegenüber der Tabelle?

c) Kannst du sicher sagen, wann das Fieber am höchsten war? Was hätte man tun müssen, um noch besser über den Fieberverlauf informiert zu sein?

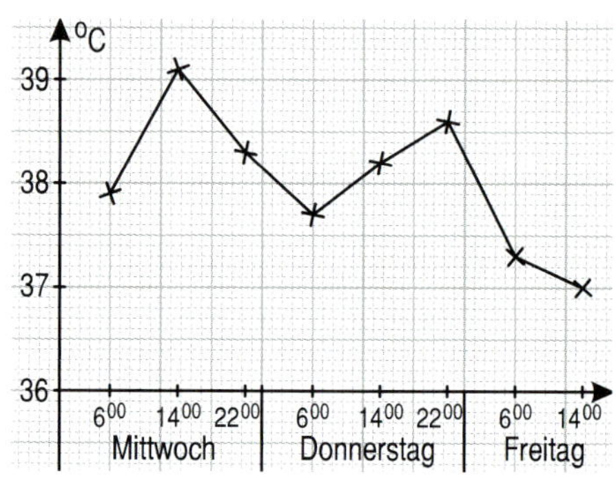

3. Seit seiner Geburt am 1. April wird Marko an jedem Monatsersten gewogen. Die Zuordnung Zeitpunkt ⟶ Gewicht (kg) ist im Koordinatensystem grafisch dargestellt.

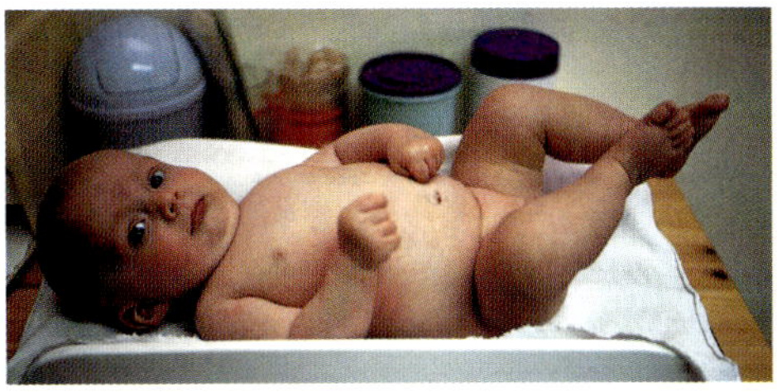

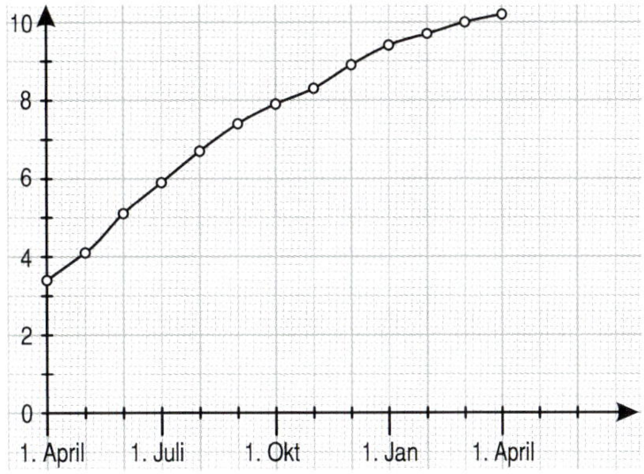

a) Wie viel kg wog Marko am 15. Juli? Weißt du es genau oder nur ungefähr?

b) Weißt du auch, wie viel kg Marko mit 14 Jahren wiegen wird?

c) Lies die Werte für die Monatsersten aus der Grafik ab, und trage sie in eine Tabelle ein.

4. Betrachte die Zuordnung Tag ⟶ Wasserstand des Rheinpegels bei Köln auf der 1. Seite des Kapitels.

a) An welchem Tag hat der Rheinpegel seine maximale Höhe erreicht, und wie hoch war der Pegelstand an diesem Tag?

LVL b) Erfinde selbst zwei Fragen zu dieser Grafik, und stelle sie deiner Klasse.

c) Lies alle Werte des Pegelstandes aus der Grafik ab, und trage sie in eine Tabelle ein.

LVL **5.** Zeichne einen Graphen zur folgenden Geschichte. Schreibe auf die Rechtsachse die Uhrzeit in der Einheit Minuten. Schreibe die Entfernung auf die Hochachse, wähle 200 m für die Einheit.

Mark verlässt mit Leon um 14.30 Uhr die Schule. Sie erreichen nach 300 m um 14.40 Uhr Leons Wohnung. 5 Minuten später nimmt Mark das Fahrrad von Leon, um zu sich zu fahren.
Bis zum Bahnübergang muss er noch 1 200 m radeln. Als er ihn um 14.48 Uhr erreicht, muss er 3 Minuten abwarten, bis sich die Schranke öffnet. Nun hat er noch 1 600 m vor sich.
Mark erreicht seine Wohnung um 14.54 Uhr.

6. In der Grafik ist der Masse eines Standardbriefes das jeweilige Inlandsporto zugeordnet. (Stand Jan. 2006)

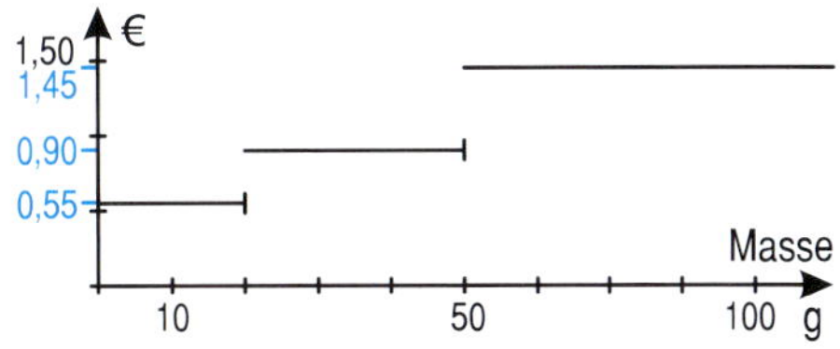

a) Wie teuer ist ein Standardbrief, dessen Masse 45 g beträgt?

b) Schreibe in eine Wertetabelle das Porto eines Standardbriefes in Schritten von 10 g auf.

7. Eine Tippgemeinschaft hat den riesigen Lottogewinn von 3 240 000 € erzielt. Leider wurde nicht mitgeteilt, wie viele Personen in der Tippgemeinschaft vertreten waren. Nimm an es wären 2, 3, 4, 5, 6, 10, 12, 15 bzw. 20 Personen.

a) Verteile für die angegebenen Personenzahlen den Gewinn gleichmäßig auf. Fertige dazu eine Tabelle.

b) Zeichne den Graphen. Wähle dazu auf der Hochachse 1 cm für 200 000 €.

LVL **8.** Silvias Laufzeit beim 1 000-m-Lauf wurde alle 100 m gestoppt.

100 m	200 m	300 m	400 m	500 m	600 m	700 m	800 m	900 m	1 000 m
21 s	50 s	85 s	125 s	158 s	191 s	224 s	255 s	283 s	306 s

Stelle die Zuordnung Laufstrecke ⟶ Laufzeit grafisch dar, und erkläre Silvias Laufverhalten.

Proportionalität

LVL **1.** a) Partnerarbeit: Die Käufer berechnen den Preis ihrer Gartenheckenpflanzen auf unterschiedlichen Wegen. Besprecht die Rechenwege. Für welche Rechnung würdet ihr euch entscheiden?

b) Fertigt eine Wertetabelle an, in der die Preise von bis zu 20 Thujapflanzen abgelesen werden können. Überlegt, wie ihr geschickt rechnen könnt.

c) Ein Käufer bezahlt an der Kasse für seine Thujapflanzen 216 €. Ein anderer Käufer bezahlt für seine Pflanzen 189,20 €. Stimmen die Preise? Überlegt, wie ihr die Preise überprüfen könnt. Erklärt euren Mitschülern und Mitschülerinnen den Rechenweg.

Eine Zuordnung heißt **proportional,** wenn zum Doppelten, Dreifachen ... einer Ausgangsgröße das Doppelte, Dreifache ... der zugeordneten Größe gehört.

	Portionen	Preis (€)	
· 2	3	25,80	· 2
	6	51,60	

	Portionen	Preis (€)	
: 5	10	86,00	: 5
	2	17,20	

Der Graph einer proportionalen Zuordnung ist ein vom Nullpunkt ausgehender Strahl.

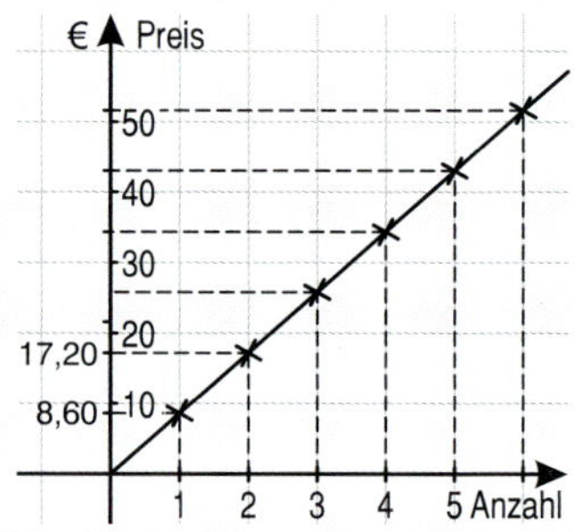

2. Berechne die fehlende Größe der proportionalen Zuordnung.

a) 4 Brötchen kosten 2,20 €. Berechne den Preis für 2, 8 und 12 Brötchen.

b) Im Blumenladen bezahlt Herr Beil für drei Rosen 3,30 €. Berechne den Preis für mindestens 4 weitere Anzahlen von Rosen der gleichen Sorte.

c) Ein Eimer Abtönfarbe mit 2,5 *l* Inhalt reicht für eine ca. 22 m² große Fläche. Wie viele Eimer müssen gekauft werden, um Wände mit einer Gesamtfläche von 86 m² zu streichen?

3. Im Physikunterricht wurde Eis untersucht. Die Ergebnisse der Messungen sind in der nebenstehenden Graphik aufgetragen.

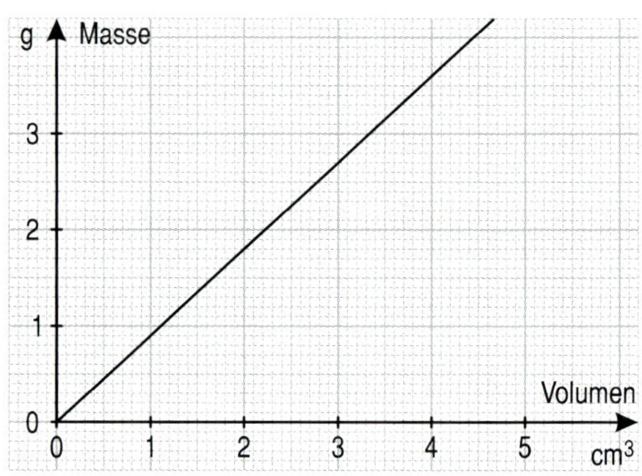

a) Besprich mit deinem Partner, deiner Partnerin, welche Größen gemessen wurden.

b) Entscheidet und begründet, ob die gemessenen Größen proportional sind.

c) Schreibt eine Wertetabelle für diese Messung mit 5 Zahlenpaaren auf.

d) Könnt ihr angeben, welches Volumen 8 g Eis haben?

Graphische Darstellungen bei Proportionalität

LVL 1. Partnerarbeit:

a) Notiert für jede Graphik die Ausgangsgröße und die zugeordnete Größe.

b) Entscheidet, in welchen Graphiken immer zum Doppelten, Dreifachen, ... der Ausgangsgröße das Doppelte, Dreifache, ... der zugeordneten Größe gehört.

c) Erfindet eine Geschichte zu jeder Graphik.

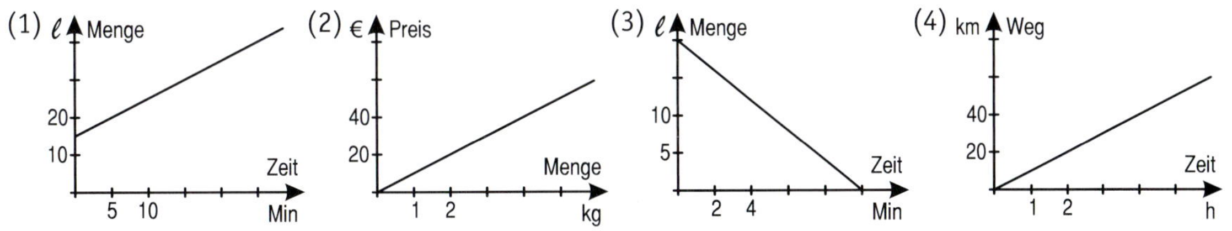

LVL 2.

a) Partnerarbeit: Erstellt eine Wertetabelle, in der die Umrechnung von brit. Pfund in Euro abgelesen werden kann. Überlegt dabei, welche Werte ihr für die Ausgangsgröße brit. Pfund sinnvollerweise in die Tabelle aufnehmen wollt.

b) Fertigt eine graphische Darstellung für die Zuordnung brit. Pfunde → Euro, sodass der Eurobetrag für kleine Einkäufe schnell ablesbar ist.

c) Recherchiert den genauen Umrechnungskurs brit. Pfund/Euro.

LVL 3.

Sonnenscheindauer 1. bis 10 Oktober, 44 h
Anzahl Tage → Sonnenschein (h)

50 g Käse kosten im Supermarkt 1,10 €.
Menge (g) → Preis (€)

Ines läuft die 75 m-Strecke in 9 s.
Streckenlänge (m) → Zeit (s)

a) Partnerarbeit: Entscheidet, welche Zuordnungen proportional sind. Diskutiert anschließend das Ergebnis in der Klasse.

b) Fertigt eine graphische Darstellung der proportionalen Zuordnungen an.

LVL 4. In den großen Ferien reisen einige Schülerinnen und Schüler der Klasse 7c mit ihren Eltern zu unterschiedlichen Ferienzielen.

- Susis Ziel ist eine Hotelanlage in der Nähe von Izmir.
- Nandos Eltern haben ein Ferienhaus bei Stockholm.
- Karen ist in der Nähe von Danzig zum Baden.
- Kira möchte den Sommer in Istrien verbringen.

Erstellt in der Gruppe zwei unterschiedliche Zuordnungen Euro → Fremdwährung, sodass ihr bis 100 € den Gegenwert ablesen könnt. Beachtet dabei die Rundungsregeln, und überlegt gemeinsam die Achseneinteilung.

Devisen 15. Mai

	Devisen (1 €)
Bulgarien (Lev)	1,9536
Dänemark (dkr)	7,4592
Kroatien (Kuna)	7,2740
Lettland (Lats)	0,6958
Litauen (Litas)	3,4028
Polen (Zloty)	3,9820
Schweden (skr)	9,6276
Schweiz (sfr)	1,5431
Türkei (Lira)	1,5794
Ungarn (Forint)	249,6100

Dreisatz bei proportionalen Zuordnungen

LVL **1.** Partnerarbeit: Was ist in den Bildern gegeben, wonach kann man fragen? Diskutiert und notiert Lösungswege.

Aufgabe
4 kg einer Ware kosten 20 €. Wie teuer sind 7 kg einer Ware?

Beurteilung der Zuordnung
Die Zuordnung Masse ⟶ Preis ist proportional, denn: doppelte Masse ⟶ doppelter Preis …

Dreisatz

	Masse (kg)	Preis (€)	
	4	20	
: 4	1	5	: 4
· 7	7	**35**	· 7

Antwort:
7 kg kosten 35 €.

„Dreisatz", weil jede Zeile als Satz geschrieben werden kann.

2. Bestimme die fehlenden Größen der proportionalen Zuordnung in der Tabelle. Rechne im Kopf.

a)

Anz.	g
8	24
1	
10	

b)

Anz.	€
12	96
1	
20	

c)

Pers.	€
3	21
1	
5	

d)

Pakete	Stücke
7	840
1	
3	

3. a)

Anz.	kg
15	60
1	
	20

b)

Anz.	€
10	170
	17
6	

c)

Pers.	€
6	54
1	
	27

d)

Pakete	Stücke
5	
1	50
	650

4. Nach einem Unwetter stehen viele Keller unter Wasser. Die Feuerwehr setzt eine Pumpe ein, die 4 m^3 Wasser in 10 Minuten abpumpen kann.

a) Wie lange dauert es, bis 72 m^3 Wasser aus einem Keller abgepumpt sind?

b) Wie viel m^3 Wasser waren in einem Keller, der in 43 Minuten leer gepumpt wurde?

5. 5 Taschenbücher für die Klassenlektüre kosten 28 €. Wie viel kostet ein Klassensatz von 26 Büchern, wenn es keine Ermäßigung gibt?

6. Helmut benötigt für eine 20 km lange Radtour 80 Minuten. Wie lange braucht er bei gleicher Durchschnittsgeschwindigkeit für 30 km?

7. In einem Hotel in der Karibik kosten 12 Tage Vollpension „all inclusive" 984 €. Was bedeutet „all inclusive", und wie teuer ist ein solcher Aufenthalt für 20 Tage?

LVL **8.** Bestimme die fehlende Größe der proportionalen Zuordnung mit dem Dreisatz. Erfinde zu der Tabelle eine Rechensituation aus dem Alltag, und schreibe dazu eine Textaufgabe auf.

a)

kg	€
2,5	4,80
1	▒
3	▒

b)

km	min
5	62
1	▒
8	▒

c)

l	kg
3	40,65
1	▒
7	▒

d)

Anzahl	€
7	9,24
1	▒
15	▒

9. Fünf Kinokarten kosten 27 €. Wie viel ist für acht Karten zu zahlen?

10. Zwei Mädchen und zwei Jungen führen ein Experiment durch. Sie füllen 19 °C warmes Wasser in ein Gefäß und erhitzen es. Alle 3 Minuten erwärmt sich das Wasser um 27°.

a) Um wie viel Grad erwärmt es sich bei gleicher Wärmezufuhr in 8 Minuten? Welche Temperatur hat das Wasser dann?

b) Wie lange dauert es vom Beginn des Erhitzens an, bis das Wasser 100 °C warm ist?

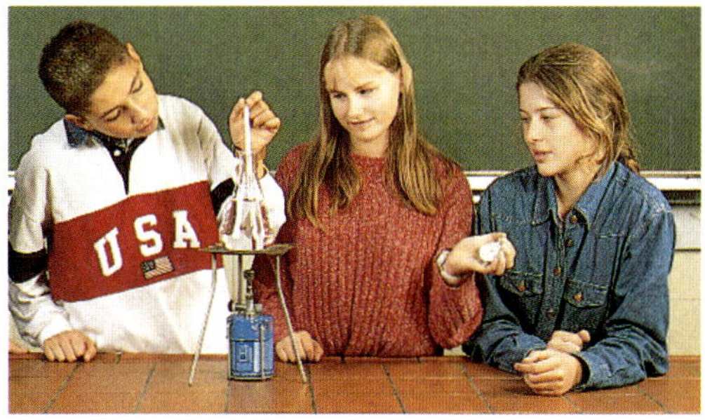

11. Eine Maschine fertigt in 20 Minuten 1 800 Schrauben an.

a) Wie viele Schrauben fertigt sie in 45 Minuten (65 Minuten, $3\frac{1}{2}$ Stunden) an?

b) Wie lange braucht sie für 900 Schrauben (2 070 Schrauben, 6 570 Schrauben)?

LVL **12.** Tobias liest eine Anzeige: „Es gibt Autos, die verbrauchen heute schon weniger Kraftstoff als ein Motorroller und kommen mit 10 l rund 340 km weit."

a) Berechne den Durchschnittsverbrauch auf 100 km. Vergleiche mit eurem Auto.

b) Informiere dich über den Verbrauch von Motorrollern, und stelle deine Ergebnisse vor.

13. Familie Bauer möchte einen neuen Scherenzaun um ihr Grundstück errichten. Es gibt zwei Längen: 6 m kosten 33 €, 8 m kosten 42 €. Es werden 4 von der kürzeren und 7 von der längeren Sorte benötigt. Wie viel kostet die neue Umzäunung insgesamt?

14. In einem Neubaugebiet verkauft die Gemeinde Grundstücke. Der Preis für 1 m² ist für alle Grundstücke gleich. Es sind folgende Grundstücke vorhanden: 422 m², 498 m², 565 m², 605 m², 688 m², 712 m². Das kleinste kostet 73 850 €. Berechne zunächst, wie viel Euro in diesem Gebiet 1 m² Bauland kostet. Bestimme dann die Preise für die einzelnen Grundstücke.

15. Der Mietpreis der Wohnung von 60 m² beträgt im Haus Badstraße 10 ohne Nebenkosten 360 €. Wie hoch ist der Mietpreis für die Wohnung mit 40 m² und die von 90 m², wenn der Preis für einen Quadratmeter immer gleich ist?

16. Im Fahrzeugschein wird die Leistung eines Autos mit 60 PS oder 44,1 kW (Kilowatt) angegeben.

a) Berechne mit dem Dreisatz die Leistung in Kilowatt bei 75 PS, 90 PS und 130 PS.

b) Berechne mit dem Dreisatz die Leistung in PS bei 45 kW, 81 kW und 110 kW.

c) Zeichne die Zuordnung PS ⟶ kW, und prüfe die Rechenergebnisse von a) und b) am Graphen.

Vermischte Aufgaben

1. Mit seinem Rasenmäher schafft Karl 240 m² in 30 Minuten.

a) Welche Fläche schafft er in einer Stunde, wenn er gleichmäßig weiterarbeitet?

b) Welche Fläche schafft er bei gleicher Leistung in 1 h 15 min?

2. Ein Fahrer tankt 30 Liter Benzin für 31,50 €.

a) Wie viel kosten 50 Liter Benzin? b) Wie viel Liter erhält man für 42 €?

3. Ein Lkw verbraucht für eine Strecke von 200 km 42 *l* Diesel. Wie viel Kraftstoff benötigt er für 600 km (450 km) bei gleichem Verbrauch?

4. Elf Gallonen (gallons) in England sind etwa 50 Liter. Stelle die Zuordnung Gallonen ⟶ Liter grafisch dar (1 cm für 1 Gallone und 1 cm für 5 Liter).

a) Wie viel Gallonen sind 5 *l* (30 *l*, 43 *l*)? b) Wie viel Liter sind 4 Gallonen (9 Gallonen)?

LVL **5.** Die sechs Personen auf dem nebenstehenden Bild bewegen sich mit gleichmäßiger Geschwindigkeit. Fertige eine grafische Darstellung an (Rechtsachse 1 cm für 1 km, Hochachse 1 cm für 4 min), und zeichne die „Bewegungsstrahlen" der sechs Personen ein. Bestimme dann aus der Zeichnung die fehlenden Angaben der Tabellen.

Spaziergänger				
km	1	2	3	4
min		24		

Jogger				
km	1	2	3	4
min			18	

Leistungssportlerin				
km	1	2	3	4
min				16

Radfahrer				
km	1	2	3	4
min	2,5			

Mopedfahrer				
km	1	2	3	4
min		4		

Motorradfahrerin				
km	1	2	3	4
min			3	

LVL **6.** Kann man die gestellte Frage mit dem Dreisatz für proportionale Zuordnungen lösen? Begründe deine Meinung. Rechne, wenn es sinnvoll ist.

a) Beim Schwimmtraining schwimmt Emily 4 Bahnen in 2 min 16 s. Welche Zeit wird sie für 10 Bahnen benötigen?

b) Martin läuft 400 m in 60,2 s, Sebastian 100 m in 14,5 s. Wer ist der bessere Sportler?

c) Mit $2\frac{1}{2}$ *l* Farbe werden 15 m² gestrichen. Wie viel Farbe wird benötigt für 35 m²?

d) 3 Gärtner brauchen für ihre Arbeit 4 h. Wie lange hätten 2 Gärtner gebraucht?

7. Eine Raumstation umkreist die Erde 2-mal in 3 Stunden.

a) Wie viele Umkreisungen schafft sie an einem Tag (24 Stunden)?

b) Welche Zeit benötigt sie für 1 Umrundung?

c) Nach welcher Zeit wird die 10 000ste Umrundung gefeiert?

8. Aus 210 kg Äpfeln gewinnt man 60 Liter Most. Wie viel Kilogramm benötigt man für 25 *l* und für 1 000 *l*?

LVL **9.** Diskutiere mit anderen die Aussage: „Wenn mit der einen Größe auch die zugeordnete Größe wächst, dann ist die Zuordnung immer proportional."

10. In einer neu gebauten Wohnanlage soll eine Wohnung von 60 m^2 Fläche für 96 000 € verkauft werden. Eine andere Wohnung hat eine Größe von 70 m^2. Der Preis für einen Quadratmeter ist derselbe. Wie viel kostet der Quadratmeter, wie viel kostet die andere Wohnung?

LVL **11.** Die Klasse 7d will für ein Schulfest mit dem angegebenen Rezept 20 Brote backen. Berechne die benötigten Zutaten, runde dabei sinnvoll. Ermittelt zusammen mit anderen einen sinnvollen Verkaufspreis für die Brote, und präsentiert euren Vorschlag der Klasse.

Aus einem italienischen Kochbuch:
Pane con pomodori e cipolle (Brot mit Tomaten und Zwiebeln)
Zutaten für 8 Brote: 2 000 g Weizen, 8 Päckchen Frischhefe, 250 ml Olivenöl, 50 g Salz, 4 Teelöffel Honig, ca. 1 *l* lauwarmes Wasser, 8 mittelgroße Zwiebeln, 18 reife Tomaten (ca. 2 000 g), 1 Tasse Olivenöl, 10 zerdrückte Peperoni, 5 Prisen getrockneter Oregano, Salz und Pfeffer aus der Mühle.

12. Auf dem Schulfest hat die Klasse 7c einen Kuchenverkauf organisiert. Sie hat 6 Obstkuchen zu je 12 Stück und 8 Marmorkuchen zu je 20 Stück vorrätig. Nach einer Stunde hat die Klasse mit dem Verkauf von 8 Stück Obstkuchen 6,40 € und dem Verkauf von 5 Stück Marmorkuchen 3 € eingenommen. Am Ende des Schulfestes ist aller Kuchen verkauft. Berechne die Einnahmen.

13. Der Schall legt in der Luft in 5 s rund 1,7 km zurück. Stelle die Zuordnung Zeit ⟶ Weg für den Schall grafisch dar (1 cm für 1 s, 1 cm für 1 km).

a) Welchen Weg legt der Schall in 6 s (3 s; 9 s; 10 s; 7 s) zurück?

b) Wie lange braucht der Schall für 3 km (1 km; 2,5 km)?

LVL **14.** Ein 12 m langes Seil lässt sich 38-mal um eine Trommel wickeln. Wie oft kann ein 36 m langes Seil in gleicher Weise um diese Trommel gewickelt werden?

15. Soeben reist das Ehepaar Krause aus der Pension „Zum Löwen" ab (siehe nebenstehendes Bild). Nach ihnen verbringen Frau Niemitz und ihr Lebensgefährte 18 Tage in der Pension, und zwar auch im Zimmer 25. Mit welchem Rechnungsbetrag müssen sie am Abreisetag rechnen?

16. Für ein Einzelzimmer in der Pension „Zum Löwen" zahlt man für 7 Tage 203 €. Wie teuer ist der Aufenthalt von 11 Tagen im Einzelzimmer?

17. Grand Prix von Monaco: Der Kurs von Monte Carlo muss 78-mal durchfahren werden, das sind 260,520 km. Wie viel Kilometer wären bei einem Rennabbruch nach 52 Runden zurückgelegt? Überschlage zuerst.

LVL **18.** a) Familie Schmitz will eine 793 m^2 große Fläche mit Sportrasen einsäen. Sie hat die Wahl zwischen drei Verpackungsgrößen mit gleichwertigem Inhalt und überlegt, wie sie möglichst kostengünstig einkauft. Welchen Rat würdest du geben?

b) Ein Fußballfeld ist 6 076 m^2 groß und soll Sportrasen erhalten. Wie kauft man zweckmäßig ein?

LVL

Denkmäler und ihre Proportionen

César: Le Pouce (der Daumen)
Ludwig Museum im Deutschherrenhaus Koblenz

von Pilgrim: Adenauer Kopf
Bundeskanzlerplatz, Bonn

1. Schätze die Höhe des Daumens.

2. Schätze die Höhe des Kopfes.

3. Passen Daumen und Kopf größenmäßig zusammen, könnten sie also beide gemeinsam zu einem Denkmal gehören?

4. Wie groß müsste ein Denkmal eines Menschen sein, zu dem dieser Daumen passen würde?

5. Wie groß müsste ein Denkmal des ganzen Adenauer sein, zu dem dieser Kopf passen würde?

Leonardo da Vinci: Proportionsstudie (1490)
Da Vinci setzt die ideale menschliche Gestalt in Beziehung zu den Formen von Quadrat und Kreis. Die Arme des Menschen entsprechen in der gesamten Breite exakt dessen Größe. Seine Größe beträgt $6\frac{1}{2}$ Köpfe. Die Breite der Brust beträgt 2 Köpfe, und die Schulterbreite beträgt 3 Köpfe. Der Mensch ist mit gespreizten Armen und Beinen abgebildet; wenn man mit einer Zirkelspitze im Bauchnabel einen Kreis schlägt, dann werden die Finger- und Fußspitzen berührt.

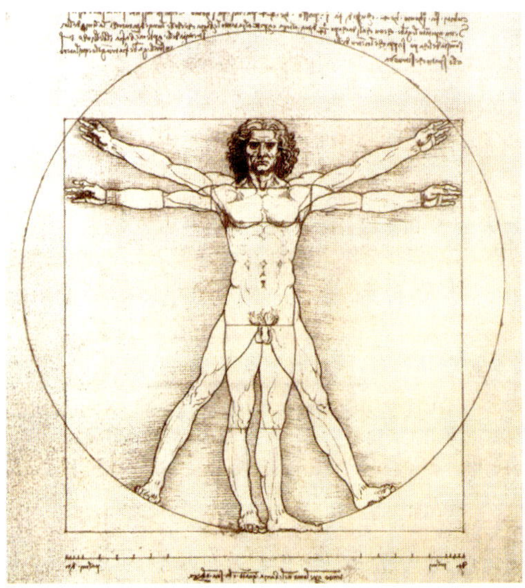

Stundenlohn und Stückpreis

LVL **1.** a) Wer wird für seine Arbeit am schlechtesten bezahlt? Erkläre deinen Mitschülern, wie du das entscheidest.

b) Wer rechnet im rechten Bild falsch? Begründe deine Antwort mit dem Preis pro Waffel.

LVL **2.** Karin erhält für 5 Stunden 45 €, Esther für 8 Stunden 64 €. Wer verdient besser? Erkläre die beiden Rechenwege und die Ergebnisse. Schreibe eine Antwort auf.

Ⓐ Rechnung für Karin: $\frac{45}{5} = 9$ und für Esther: $\frac{64}{8} = 8$

Ⓑ Wenn Karins Stundenlohn so hoch wäre wie der von Esther, dann müsste sie $5 \cdot (\frac{64}{8})$ € erhalten.

3. Die kleine Packung kostet natürlich weniger als die große Packung. Welche würdest du kaufen? Begründe deine Entscheidung mit dem Stückpreis. Brauchst du dafür einen Taschenrechner?

Stundenlohn = $\frac{\text{Lohn}}{\text{Stundenzahl}}$

Stückpreis = $\frac{\text{Preis}}{\text{Stückzahl}}$

4. Ines erhält für vier Stunden Aushilfsarbeit 26 €, Gülan für neun Stunden 45 €. Wer verdient besser?

5. Vergleiche die Angebote: Beachte Menge und Preis.

a) 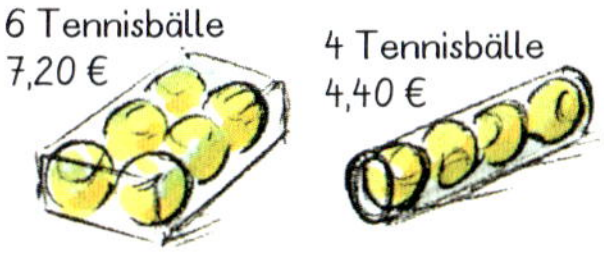

b) 

c) 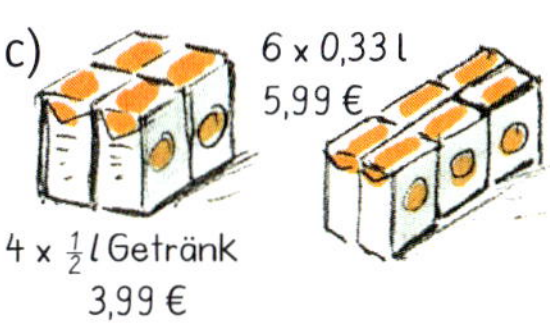

LVL **6.** Thomas hat in den Ferien bei einer Spedition ausgeholfen und wöchentlich Stundenzahl und Lohn notiert. Sein Stundenlohn war in allen Wochen gleich.

a) Hat er alles richtig aufgeschrieben? Überlege und begründe deine Antwort.

b) Wie viel hätte Thomas insgesamt verdienen können, wenn er in den 6 Wochen durchschnittlich 38 Wochenstunden gearbeitet hätte?

1. Woche	2. Woche	3. Woche	4. Woche	5. Woche	6. Woche
38 Stunden	36 Stunden	29 Stunden	40 Stunden	35 Stunden	37 Stunden
266 €	252 €	223 €	280 €	240 €	259 €

LVL **7.** Jan und Rolf geben Nachhilfe. Jan verlangt für 6 Stunden 36 € und Rolf für 8 Stunden 42 €, wobei Rolfs „Stunden" nur 45 Minuten dauern. Wer lässt sich besser bezahlen? Begründe deine Antwort.

Proportionalität und Quotientengleichheit

LVL **1.** Diskutiert zu zweit über die geschilderten Preise für Benzin.

a) Was sagt ihr zu den Behauptungen der drei Personen?

b) Mit welchem Kassenbon würdet ihr den Literpreis berechnen?

c) Sabine überlegt: „100 *l* kosten 118 €, also kostet 1 *l* Benzin 1,18 €." Erklärt Sabines Überlegung, und führt sie zu Ende.

Teilt man bei einer **proportionalen Zuordnung** jeweils die zugeordnete Größe durch die Ausgangsgröße, so ist der Quotient immer gleich: **Die Größenpaare sind quotientengleich.**

x (kg)	y (€)	Quotient $\frac{y}{x}$ $\left(\frac{€}{kg}\right)$
3	13,5	4,5
4	18	4,5
11	49,5	4,5

2. Welches Größenpaar (1. Größe | 2. Größe) gehört nicht zur proportionalen Zuordnung?

a)

kg	€
4	12,80
7	22,40
8	25,60
5	15,80

b)

cm	g
12	67,4
5	28
9	50,4
6	33,6

c)

l	€
9	44,10
17	81,60
13	62,40
7	33,60

d)

h	km
3	135
8	355
5	225
11	495

LVL **3.** Carola sagt: „In der Dreisatz-Tabelle für eine proportionale Zuordnung steht in der 2. Zeile der Tabelle rechts der Quotient: Zweite Größe durch erste Größe". Erkläre Carolas Beobachtung. Gib Beispiele hierzu.

LVL **4.** Herr Scholz, Frau Reinhard, Frau Zimmermann, Herr Kleinert und Ulrike tauschen Euro (€) in US-Dollar ($) um.

Scholz	Reinhard	Zimmermann	Kleinert	Ulrike
€ 400	€ 340	€ 1 200	€ 800,00	€ 30,00
$ 500	$ 400	$ 1 500	$ 941,18	$ 37,50

a) Welche Farbe hat der Hut von Frau Zimmermann?

b) Hat Herr Kleinert im Hotel oder in der Wechselstube X-Change getauscht?

c) Welchen Umrechnungskurs hat Ulrike erhalten? Runde auf 2 Stellen hinter dem Komma.

Weg, Zeit, Geschwindigkeit

LVL **1.** Gruppenarbeit: Wer ist am schnellsten, wer am langsamsten? Ordnet die Beispiele (auf einem Lernplakat), und sprecht darüber mit den anderen Gruppen.

LVL **2.** Mathematik in der Sportstunde: Beim Training für den 100-m-Lauf werden eine Zwischenzeit bei 50 m und die Gesamtzeit gestoppt. Wer am Start nicht schnell genug ist, kann das nur mir einer besseren Durchschnittszeit ausgleichen. Manche müssen besonders das Starten üben, andere die Dauerbelastung auf den letzten 50 m.

a) Wer ist auf den ersten 50 m durchschnittlich schneller als auf der gesamten 100-m-Strecke?

b) Berechne wie weit die Testläufer durchschnittliche pro Sekunde die gesamten 100 m liefen. Übertrage die Tabelle in dein Heft, und ergänze sie mit den berechneten und gerundeten Werten.

	50 m	100 m	$\frac{m}{s}$
Julia	8 s	15 s	6,7
Karina	7,5 s	16 s	
Burak	7,5 s	15 s	
Kevin	9 s	17 s	

c) Wie weit käme Julia in einer Stunde, wenn sie immer nur 15 Sek. pro 100 m brauchen würde?

d) Wie weit könntest du in 1 h laufen, wenn du für jeweils 100 m nur 10 Sekunden brauchst?

Die **Geschwindigkeit** (in $\frac{km}{h}$) gibt an, wie viel Kilometer in einer Stunde zurückgelegt werden.

$$\text{Geschwindigkeit} = \frac{\text{Weg (in km)}}{\text{Zeit (in h)}}, \text{ kurz: } v = \frac{s}{t}$$

Beispiele:

Ein Auto fährt 190 km in 2 h.
Mit Formel: $\frac{190}{2} = 95$
Geschwindigkeit: 95 $\frac{km}{h}$.

Ein Elefant läuft in 3 min. 1,2 km. Geschwindigkeit in $\frac{km}{h}$?
Mit Tabelle: $\cdot 20$ (3 min → 60 min | 1,2 km → **24** km) $\cdot 20$, $v = 24\,\frac{km}{h}$

3 min	1,2 km
60 min	**24** km

---

3. Berechne die durchschnittliche Geschwindigkeit in $\frac{km}{h}$.

a) Eine Schulklasse reiste mit dem Bus nach Berlin. Für die 640 km brauchten sie (ohne Pause) 8 h.

b) Zu Fuß braucht Anna 15 Minuten für 2 km. Mit dem Fahrrad schafft sie 2 km in 5 Minuten.

LVL **4.** a) Conny liest aus der Tabelle ab: „Ein Gepard läuft 100 m in 3 s und hält diese Geschwindigkeit über 800 m." Formuliere selbst drei solcher Aussagen mit den Werten der Tabelle.

b) Tim behauptet, dass der Gepard 120 km pro Stunde schafft. Was meinst du dazu?

c) Erstelle eine Rangliste der Laufgeschwindigkeiten.

Lebewesen	Höchstleistung
Mensch	100 m in 10 s bis zu 200 m
Pferd	35 km in 30 min bis zu 2 km
Gepard	100 m in 3 s bis zu 800 m
Löwe	200 m in 20 s bis zu 500 m
Zebra	40 km in 1 h bis zu 2 km

Masse, Volumen, Dichte

Material	Dichte $\left(\frac{g}{cm^3}\right)$	Material	Dichte $\left(\frac{g}{cm^3}\right)$
Aluminium	2,7	Platin	21,5
Beton	2,4	Sand	1,7
Eisen	7,8	Silber	10,5
Glas	2,5	Styropor	0,02
Gold	19,3	Titan	4,3
Holz (Buche)	0,7	Wasser	1
Kupfer	8,9	Zink	7,3

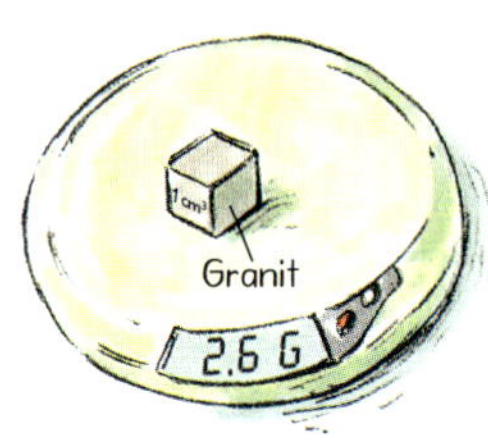

LVL **1.** a) Überlege, ob der Baukran, von dem man nur den Haken sieht, den Betonwürfel heben kann. Begründe deine Antwort. Tipp: Umrechnungen für Größen stehen auf dieser Seite und im Anhang.

b) Welches Volumen darf ein Betonkörper, den der Baukran heben soll, höchstens haben?

Die **Dichte** ϱ (in $\frac{g}{cm^3}$) eines Materials gibt an, wie viel Gramm 1 cm³ wiegt.
Es gilt: Masse = Dichte mal Volumen, kurz: $\mathbf{m = \varrho \cdot V}$ (ϱ, rho: griechischer Buchstabe, sprich: roo)
Die Dichte ϱ ist der Proportionalitätsfaktor in der Zuordnung Volumen (V) → Masse (m).

Wie viel wiegen 24 cm³ Blei?
Dichte von Blei: $\varrho = 11{,}3\,\frac{g}{cm^3}$
Formel: $m = \varrho \cdot V$
$m = 11{,}3 \cdot 24$
$m = 271{,}2$
24 cm³ Blei wiegen 271,2 g.

Welches Volumen haben 100 g Gold?
Dichte von Gold: $\varrho = 19{,}3\,\frac{g}{cm^3}$
$100 = 19{,}3 \cdot V \quad | : 19{,}3$
$V = \frac{100}{19{,}3} \approx 5{,}2$
Das Volumen ist ca. 5,2 cm³.

120 cm³ eines Materials wiegen 328 g, was ist seine Dichte?
$328 = \varrho \cdot 120 \quad | : 120$
$\varrho = \frac{328}{120} \approx 2{,}7$
Die Dichte ist 2,7 $\frac{g}{cm^3}$ (Aluminium).

2. Erkläre die Beispielaufgaben einer Mitschülerin oder einem Mitschüler, dann rechne ebenso.

a) Wie viel wiegen 150 cm³ von diesem Material? Aluminium, Eisen, Kupfer, Gold.

b) Welches Volumen haben 2 kg von diesem Material? Beton, Glas, Holz, Silber, Wasser, Zink.

c) Von welchem Material wiegen 500 cm³ so viel? 1 200 g, 4,45 kg, 10,75 kg, $\frac{1}{2}$ kg.

LVL **3.** *Partnerarbeit* zum Schätzen und Zuordnen:

a) Der Holzzylinder ist 4 cm hoch. Welche anderen Maße könnt ihr jetzt schätzen?

b) Ordnet den Dingen die passenden Angaben zu.
Material: Eisen, Holz, Kalkstein, Marmor, Messing.
Dichte: $0{,}7\,\frac{g}{cm^3}$, $2{,}6\,\frac{g}{cm^3}$, $2{,}8\,\frac{g}{cm^3}$, $7{,}8\,\frac{g}{cm^3}$, $8{,}3\,\frac{g}{cm^3}$.
Masse: 56 g, 100 g, 115 g, 320 g, 4 kg.
Volumen: 12 cm³, 41 cm³, 80 cm³, 121 cm³, 513 cm³.

c) Wie kann man z. B. das Volumen des löchrigen Kalksteins und dann auch seine Dichte bestimmen?

TIPP

$1\,\frac{g}{cm^3} = 1\,\frac{kg}{dm^3} = 1\,\frac{t}{m^3}$

4. Berechne die Massen. Zeichne zur Zuordnung Volumen ⟶ Masse den Graphen.

a) Wasser: 100 *l*; 400 *l*; $\frac{1}{2}$ m³; 1,5 m³

b) Buchenholz: 200 dm³; 800 dm³; 1,6 m³

Bleib FIT!

Die Ergebnisse der Aufgaben 1 bis 9 ergeben leckere Speisen aus Frankreich und Spanien.

1. Berechne
a) (72 + 178) : 25
b) 98 · 86 : 14
c) (82 507 – 480 · 5) – 540 : 6

2. a) 37 607 · 14
b) 43 545 : 15

3. Bestimme den größten gemeinsamen Teiler
a) von 48 und 72,
b) von 28 und 98.

4. Herr Wolter kauft ein Notebook zu einem Teilzahlungspreis von 996 €. Ein Fünftel des Preises zahlt er an, den Rest in 12 gleichen Monatsraten.
a) Wie viel Euro zahlt Herr Wolter an?
b) Wie viel Euro zahlt er im Monat?

5. Im Ergebnis fehlt ein Komma. Überschlage erst, bevor du ein Komma setzt!
a) 14,6 · 43 = 62780
b) 2,1 · 623 = 13083
c) 8,3 · 3,47 = 288010

6. Zeichne zwei Kreise mit r = 2,5 cm und d = 3,4 cm um einen gemeinsamen Mittelpunkt M. Wie viel cm ist der Ring zwischen den beiden Kreisen breit?

7. a) $\frac{1}{8}$ von 1 kg = □ g
b) $\frac{3}{5}$ von 2 t = □ kg
c) $\frac{1}{2}$ von 1 *l* = □ ml

8. Welche Aussagen sind richtig?
(1) $\frac{3}{4} < 0{,}7$
(2) $\frac{1}{3} > 0{,}3$
(3) $\frac{7}{16} > 0{,}5$
(4) $1\frac{1}{4} < 1{,}4$
(5) $\frac{7}{5} > 0{,}75$
(6) $1\frac{1}{5} = 1{,}2$

9. Welches Netz gehört zu demselben Würfel wie das erste Netz?

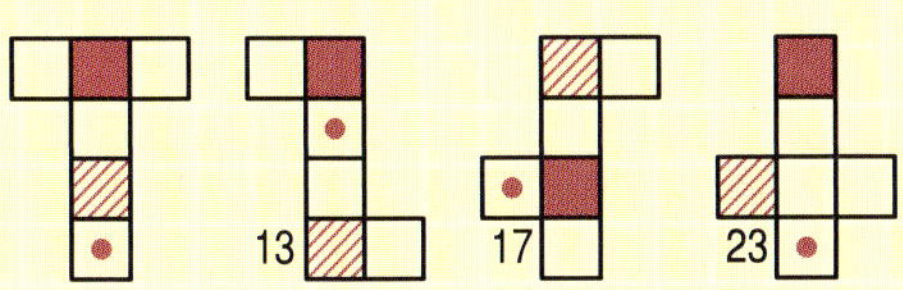

0,3	B
0,8	C
1	Z
2	S
3	W
4	S
5	A
6	N
8	A
10	C
11	N
13	B
14	P
17	T
23	G
24	S
28,801	A
62,780	V
66,40	E
125	R
130,83	Z
199,20	A
500	I
602	R
627,8	L
1200	O
1 308,3	L
2 903	E
80 017	E
526 498	P

Antiproportionale Zuordnungen

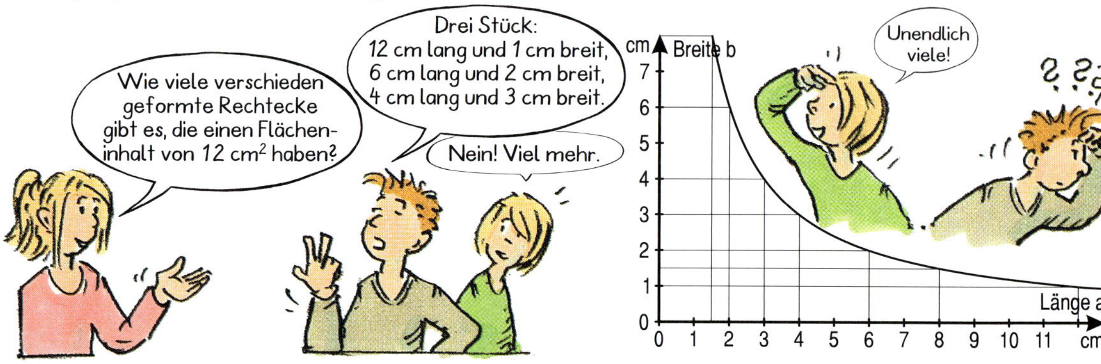

LVL **1.** Partnerarbeit: Wie würdet ihr auf die Frage von Sarah antworten? Gelingen euch grafische Lösungen wie bei proportionalen Zuordnungen?

Eine Zuordnung heißt **antiproportional** (*umgekehrt proportional*), wenn zum Doppelten, Dreifachen ... einer Ausgangsgröße die Hälfte, ein Drittel, ... der zugeordneten Größe gehört.
Beispiel: Rechtecke mit 12 cm² Flächeninhalt.

Zum Doppelten die Hälfte ...

	Länge (cm)	Breite (cm)	
$\cdot 2$	4	3	$: 2$
	8	1,5	

	Länge (cm)	Breite (cm)	
$: 3$	12	1	$\cdot 3$
	4	3	

... und zum dritten Teil das Dreifache.

LVL **2.** Schreibe zur antiproportionalen Zuordnung eine Textaufgabe mit Lösungen auf.

a)

1. Größe	2. Größe
3	24
6	▒
2	▒

b)

1. Größe	2. Größe
8	12
2	▒
10	▒

c)

1. Größe	2. Größe
20	28
80	▒
8	▒

d)

1. Größe	2. Größe
18	48
3	▒
24	▒

3. In einer Weberei kann ein Auftrag mit 8 Webstühlen in 4 Stunden erledigt werden. Die Websachen sollen aber schon in 2 Stunden lieferbar sein. Wie viele Webstühle müssen eingesetzt werden?

4. Ein Metallband wurde in einer Werkstatt zerschnitten. Es reicht für 16 Stücke zu je 25 cm. Wie lang wären die Streifen, wenn man das Band in 4 gleiche Teile zerschnitten hätte?

5. In den USA ernten 24 Mähdrescher ein großes Weizenfeld in 12 Tagen. Wie viel Tage benötigen 8 Fahrzeuge bei gleicher Tagesleistung?

6. Der City-Hopper-Jet Jumbolino legt mit einer durchschnittlichen Reisegeschwindigkeit von 480 $\frac{km}{h}$ eine bestimmte Strecke in 1 Stunde und 12 Minuten zurück. Berechne die Zeiten, die ein ICE (240 $\frac{km}{h}$) und ein Regionalzug (120 $\frac{km}{h}$) für dieselbe Strecke benötigen.

7. Ein Beet soll mit Blumen eingefasst werden. Wenn die Blumen mit 60 cm Abstand gepflanzt werden, benötigt der Gärtner 32 Blumen. Er entscheidet sich für einen Abstand von 20 cm.

8. Bäcker Ambs kann aus der üblichen Teigmenge 80 Brote backen. Für sein Firmenjubiläum möchte er doppelt so schwere Brote backen und zum gleichen Preis verkaufen. Wie viele Brote kann Herr Ambs mit der üblichen Teigmenge herstellen?

Dreisatz bei antiproportionalen Zuordnungen

Aufgabe
Bei einem Verbrauch von 6 *l* Wasser täglich reicht ein Vorrat 24 Tage. Er soll aber 36 Tage reichen. Wie viel Liter dürfen täglich durchschnittlich verbraucht werden?

Beurteilung der Zuordnung
Die Zuordnung Anzahl der Tage ⟶ Liter pro Tag ist umgekehrt proportional.
Doppelte Zeit ⟶ halber Verbrauch …

Dreisatz

	Tage	Liter pro Tag	
: 24	24	6	· 24
· 36	1	144	: 36
	36	**4**	

Antwort: Es dürfen täglich 4 *l* verbraucht werden.

LVL **1.** Kann der Vorrat im obigen Beispiel auch 36 Tage reichen, wenn am 1. Tag und am 2. Tag jeweils 15 Liter verbraucht werden? Begründe deine Antwort.

2. Die Zuordnung Anzahl ⟶ Zeit ist antiproportional. Bestimme die fehlenden Größen.

a)

Anzahl	Zeit
4	12
1	▪
3	▪

b)

Anzahl	Zeit
10	2,5
1	▪
5	▪

c)

Anzahl	Zeit
7	25
1	▪
5	▪

d)

Anzahl	Zeit
14	9
▪	1
▪	7

e)

Anzahl	Zeit
16	100
▪	1
▪	80

3. Ein Schulhof wird gepflastert. Sind die Pflastersteine 25 cm breit, benötigt man 80 in einer Reihe. Wie viele braucht man pro Reihe, wenn die Steine nur 20 cm breit sind?

4. Ein Hüttenvorrat reicht bei einer Belegung mit 32 Personen 15 Tage lang. Wie lange reicht der Vorrat bei 40 Personen in der Hütte?

5. Zehn Arbeiter vollenden ein Projekt normalerweise in 24 Tagen. Gleich zu Beginn fallen 2 Arbeiter wegen Krankheit aus. Wie viele Tage später wird nun das Projekt fertig?

6. Mit fünf Automaten wird die Tagesproduktion an Schrauben in 12 Stunden geschafft. Dieselbe Tagesproduktion soll zukünftig bereits in 10 Stunden geschafft werden. Wie viele Automaten müssen eingesetzt werden?

7. Mit 3 C-Rohren pumpt die Feuerwehr einen überschwemmten Keller in 48 Minuten leer. Wie lange hätte die Aktion beim Einsatz von 4 C-Rohren gedauert?

8. Das Schwimmbecken einer Badeanstalt wird durch 4 Ablaufröhren in $2\frac{1}{2}$ Stunden geleert. Bei der letzten Leerung war eine Ablaufröhre total verstopft. Wie lange hat die Leerung gedauert?

LVL **9.** Acht Maurer erstellen einen Rohbau in 24 Tagen. Rechne, wenn dir die Frage sinnvoll erscheint.
a) Wie lange brauchen 12 Maurer für den Rohbau?
b) Wie viele Maurer müssen eingesetzt werden, damit der Rohbau in 2 Stunden fertig ist?
c) Wie lange braucht ein halber Maurer allein für den ganzen Rohbau?
d) Wie viele Maurer braucht man, um den Rohbau in 48 Tagen zu erstellen?

Antiproportionalität und Produktgleichheit

Mit der Bahn von Bonn nach Berlin

* mit dem ICE (Durchschnittsgeschwindigkeit 150 $\frac{km}{h}$) in 4 Stunden
* mit dem komfortablen City-Night (Durchschnittsgeschwindigkeit 75 $\frac{km}{h}$) in 8 Stunden
* preiswert mit dem Wochenendticket in vielen Regionalzügen (Durchschnittsgeschwindigkeit 50 $\frac{km}{h}$) in 12 Stunden

$\frac{km}{h}$	h
150	4
75	8
50	12

1. Partnerarbeit: Besprecht und erklärt die Überlegungen der drei Personen im Bild oben rechts.

2. Zeichne ein Rechteck mit den Maßen 3 cm und 12 cm. Zeichne dazu zwei weitere Rechtecke mit gleichem Flächeninhalt. Miss und vergleiche die Seitenlängen.

Multipliziert man bei einer **antiproportionalen Zuordnung** jeweils die einander zugeordneten Größen, so ist das Produkt immer gleich:
Die Größenpaare sind produktgleich.

Geschwindigkeit x ($\frac{km}{h}$)	Zeit y (h)	Weg Produkt $x \cdot y$ (km)
60	8	480
120	4	480
20	24	480

3. Die Tabelle der antiproportionalen Zuordnung enthält einen Fehler. Wo ist er? Korrigiere ihn im Heft.

a)

Anzahl	Liter
8	30
15	16
40	6
25	10

b)

Länge (cm)	Breite (cm)
18	30
15	38
20	27
7,2	75

c)

Anzahl	Stunden
3	70
14	15
10	21
8	25

d)

$\frac{km}{h}$	h
8	76
15	40
25	24
75	8

4. Zu welcher Sachsituation könnten die Tabellen in Aufgabe 3 passen?

5. An einem Filmprojektor regelt ein Schalter die Laufgeschwindigkeit: 12 Bilder pro Sekunde, 18 Bilder pro Sekunde, 24 Bilder pro Sekunde, 30 Bilder pro Sekunde, normale Laufgeschwindigkeit ist 24. Gesine und Volker haben denselben Film mit vier Geschwindigkeiten durchlaufen lassen und die Zeit gestoppt:

Bilder pro Sekunde	12	18	24	30
Sekunden	300	200	160	120

a) Bei einem Durchlauf haben sie eine falsche Zeit auf der Stoppuhr abgelesen. Korrigiere die Zahl!

b) Zu dem gemeinsamen Produkt der vier Größenpaare gehört eine Aussage über den Film – welche?

6. Beim Dreisatz für eine antiproportionale Zuordnung steht neben der 1 für die 1. Größe immer für die 2. Größe das Produkt von jeweils einander zugeordneten Größen. Erkläre diese Feststellung.

1. Größe	2. Größe	Produkt
16	25	400
1	400	400
40	10	400

Vermischte Aufgaben

1. Eine Zahnradbahn überwindet bei gleichmäßiger Steigung einen Höhenunterschied von 1 800 m auf einer Länge von 7 200 m.

a) Welchen Höhenunterschied hat sie nach der Hälfte der Länge überwunden?

b) Die Mittelstation erreicht die Bahn nach 2 200 m. Welcher Höhenunterschied ist es bis dahin?

> **TIPP**
> Prüfe zuerst: Proportional … oder antiproportional … oder keins von beiden.

2. Bei den Bundesjugendspielen werden die Schüler in Riegen eingeteilt. Die Sportlehrer können 35 Riegen zu je 12 Schülern bilden. Da der Zeitplan so nicht erfüllt werden kann, werden 30 Riegen gebildet.

3. Ist die Zuordnung proportional oder antiproportional oder keines von beiden? Begründe.

a)
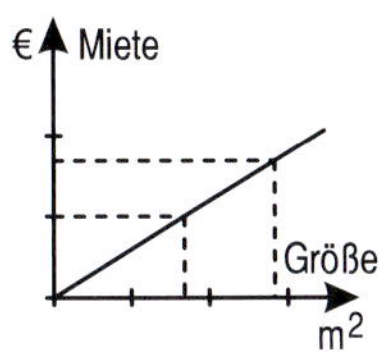

b)
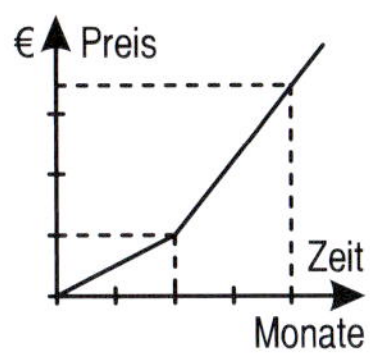

c)
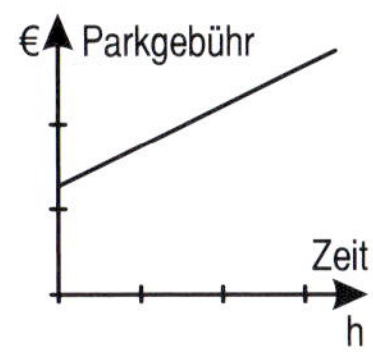

d)
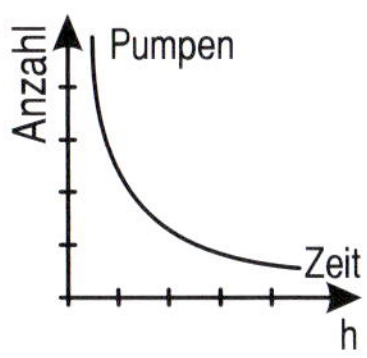

LVL **4.** Prüfe, ob die Aufgabe lösbar ist. Löse sie, oder begründe, warum sie nicht lösbar ist.

a) Neun Brötchen kosten 2,70 €. Wie teuer sind dann 15 Brötchen?

b) Ein Talkmaster überzieht seine erste Sendung um 12 Minuten. Wie lange überzieht er die dritte Sendung?

c) Maria bekommt mit 14 Punkten im Test die Note 3. Welche Note bekommt sie mit 5 Punkten?

d) Ein Radfahrer braucht für 20 km 1 Stunde. Wie viele km fährt er dann in 15 Minuten?

5. Ein Lottogewinn von 120 000 € soll gleichmäßig verteilt werden.

a) Notiere in einer Tabelle, wie viel € jede Person bei einem, zwei … zwölf Gewinnern erhält.

b) Zeichne den Graphen der Zuordnung Anzahl Personen ⟶ Gewinn.

c) Bestimme aus dem Graphen der Zuordnung den ungefähren Gewinn für 7 und 11 Personen.

LVL **6.** Tobias muss wegen des Verdachts auf Scharlach für einige Tage zu Hause bleiben. Die Tabelle zeigt die Zuordnung Zeit ⟶ Körpertemperatur.

a) Beschreibe mithilfe der Tabelle den Krankheitsverlauf.

b) Zeichne den Graphen der Zuordnung in dein Heft.

c) Kannst du die Temperatur für Mittwoch um 14 Uhr angeben?

	Zeit	°C
Mo	06.00	39,2
	14.00	40,3
	22.00	39,5
Di	06.00	38,9
	14.00	39,4
	22.00	39,0
Mi	06.00	38,1
	14.00	
	22.00	

7. Eine Raumstation umkreist die Erde in 90 Minuten in 300 km Höhe auf einer etwa 42 000 km langen Umlaufbahn. Wie viel Kilometer legt es in 1 Stunde zurück? Übertrage und ergänze die Tabelle in deinem Heft.

Zeit	3 min	30 min	1 h	1 Tag 10 h
Weg				

8. In einem alten Buch finden wir unter dem Kapitel „Dreisatz“ Tabellen, die kaum noch lesbar sind. Kannst du erkennen, welche Zuordnung jeweils vorliegt, und die Tabellen vervollständigen?

a)

1. Größe	2. Größe
40	25
1	[redacted]
120	75

b)

1. Größe	2. Größe
4	27
1	108
3	[redacted]

c)

1. Größe	2. Größe
60	120
1	[redacted]
40	180

d)

1. Größe	2. Größe
[redacted]	180
1	[redacted]
30	60

LVL

Achtung – aufgepasst

Lies genau, und überlege, bevor du losrechnest.
Einige Aufgaben enthalten proportionale oder antiproportionale Zuordnungen und können mit dem Dreisatz gelöst werden.
Viele Aufgaben müssen mit anderen Überlegungen gelöst werden oder sind gar nicht lösbar. Formuliere einen Antwortsatz, wenn du eine Lösung gefunden hast.

1. An einer Kreuzung werden zwischen 12.00 Uhr und 12.15 Uhr 312 Fahrzeuge gezählt.
Wie viele Fahrzeuge werden diese Kreuzung ungefähr zwischen 12.00 Uhr und 13.00 Uhr befahren?

2. 4 Personen waren mit einem Kleinbus von Köln nach München 6 Stunden unterwegs.
Wie lange hätte die Fahrt gedauert, wenn 8 Personen im Kleinbus gesessen hätten?

3. Der 12-jährige Peter ist 1,40 m groß.
a) Wie groß war er als Sechsjähriger?
b) Wie groß wird er mit 18 Jahren sein?

4. Der VfB hat nach einer Viertelstunde Spielzeit 2 Tore erzielt.
Wie viele Tore werden es am Ende des Spiels sein (2 x 45 min)?

5. Ein Quadrat mit einer Seitenlänge von 3,5 cm hat einen Flächeninhalt von 12,25 cm^2.
Wie groß ist der Flächeninhalt eines Quadrates mit einer 7 cm großen Seitenlänge?

6. Bei einem Verbrauch von 5 *l* auf 100 km kommt ein Pkw mit einer Tankfüllung rund 1 200 km weit.
Welche Strecke schafft er mit einer Tankfüllung bei einem Verbrauch von 8 *l* auf 100 km?

7. Andrea hat Lieblingssendungen im Fernsehen mit einem Videorekorder aufgenommen. Sie verfügt über 24 Kassetten von 2 Stunden Spieldauer. Diesen Bestand will sie auf 3-Stunden-Bänder überspielen.
Wie viele dieser Bänder braucht sie?

8. Ein Taschenrechner multipliziert eine 5-stellige Zahl mit 8 in einer Hundertstelsekunde.
Wie lange braucht er, um eine 5-stellige Zahl mit 800 zu multiplizieren?

9. Ein Rechteck hat einen Umfang von 1 m und eine Fläche von 625 cm^2.
Welche Länge hat ein Rechteck mit gleicher Fläche, das 50 cm breit ist?

LVL

10. Ein Buch mit 160 Seiten ist ohne Einband 12 mm dick. Wie dick ist ungefähr ein Buch mit 560 Seiten ohne Einband?

11. Ein Rechteck mit einem Umfang von 20 cm hat einen Flächeninhalt von 21 cm^2. Welchen Flächeninhalt hat ein Rechteck mit einem Umfang von 60 cm?

12. Ina hat Perlen von 3 mm Durchmesser; Jens' Perlen haben 5 mm Durchmesser. Beide wollen jeweils gleich lange Ketten herstellen. Ina brauchte für ihre Kette 120 Perlen. Wie viele Perlen braucht Jens?

13. Herr Mahnke muss 3 Kartoffeln 20 Minuten kochen lassen, bis sie gar sind. Wie lange hätte er 12 Kartoffeln kochen lassen müssen?

14. 5 cm^3 Aluminium wiegen 14 g.
a) Wie viel cm^3 Aluminium wiegen 42 g?
b) Wie viel g wiegen 60 cm^3 Aluminium?

15. Nach 10 s anstrengendem Pusten hat Michaels Luftballon einen Durchmesser von 25 cm. Welchen Durchmesser hat der Ballon, wenn Michael ihn mit gleicher Stärke 3 min lang aufpustet?

16. Durch gewaltige Regenfälle sind von einem 100 Hektar großen Gebiet 20 ha überschwemmt worden, 80 ha blieben verschont. Wie viel Hektar wären verschont geblieben, wenn eine doppelt so große Fläche überschwemmt worden wäre?

17. Ilona gibt ihren Fischen täglich 4 g Trockenfutter. Die Packung reicht ungefähr 120 Tage. Durch den Zukauf weiterer Fische muss sie täglich 6 g Trockenfutter geben. Wie lange reicht nun eine Packung?

18. Angelika schafft am PC 60 Anschläge pro Minute, Jessica 80 Anschläge. Beide tippen denselben Brief ab. Jessica braucht 12 Minuten. In welcher Zeit schafft Angelika den Brief?

19. An Miriams Schule gibt es 40 Lehrerinnen und Lehrer. Miriam schafft ihren Schulabschluss nach 10 Jahren. Wie lange hätte sie für ihren Schulabschluss gebraucht, wenn an ihrer Schule 80 Lehrerinnen und Lehrer tätig wären?

20. Ein 9 dm^2 großes Bild kostet 280 €. Wie teuer ist ein anderes Bild vom gleichen Künstler, das 180 dm^2 groß ist?

LVL

Ausflug in den Safaripark

1. 26 Schülerinnen und Schüler der Klasse 7a fahren mit Klassenlehrerin und Sportlehrer mit dem Bus zum Safaripark. Bei 60 $\frac{km}{h}$ Durchschnittsgeschwindigkeit braucht der Bus 1 h 20 min. Maren hat den Bus verpasst. Ihre Mutter bringt sie mit dem Pkw hinterher und braucht 5 min weniger für dieselbe Strecke. Überlege dir dazu eine Aufgabe, und löse sie.

2. Es sind nur 26 Schülerinnen und Schüler, weil zwei wegen Krankheit fehlen. Wenn die Klasse vollständig wäre, müsste jede Person 10,50 € für die Busfahrt zahlen. Wie hoch sind jetzt die Buskosten pro Person? Erkläre, wie du rechnest.

3. Der Eintritt kostet für alle zusammen 360,– €. Wie viele „Geburtstagskinder" sind an diesem Tag in der Klasse? Ist eines vielleicht ein Lehrer?

4. Ist die Zuordnung *Schülerzahl* → *Gesamteintrittspreis* proportional? Erkläre deine Antwort.

5. Mehrere Schülerinnen und Schüler fahren auf der Go-Kart-Bahn. Uwe stoppt 86,7 Sekunden für die ersten 3 Runden von Max. Schafft Max bei gleicher Geschwindigkeit 10 Runden für 2,– €?

LVL

6. Sabine ist unter Ausnutzung aller Preisvorteile für 3,50 € Looping-Achterbahn gefahren. Wie lange und welche Strecke ist sie gefahren?

7. Prüfe, ob es sich um eine proportionale Zuordnung handelt.

a) Anzahl der Loopingfahrten → Preis

b) Anzahl der Loopingfahrten → Fahrzeit

8. Ina erkundigt sich nach dem Futtervorrat für die 10 Giraffen des Safariparks. Sie erfährt, dass er noch für 24 Tage reicht. Dann aber sieht sie, wie 2 weitere Giraffen aus einem benachbarten Zoo hinzukommen. Stelle eine Frage, und berechne die Lösung.

9. Kemal erfährt, dass für die Antilopen gerade Futter für 5 Wochen zum Preis von 650 € geliefert wurde. Wie viel kostet das Antilopenfutter für ein ganzes Jahr, wenn sich weder die Preise noch das Fressverhalten der Tiere ändern?

LVL

Sport

1. Bei den 4 Grand-Slam-Turnieren (Australian-Open, French-Open, Wimbledon, US-Open) starten jeweils 128 Tennisspielerinnen und -spieler im Einzel. Wer verliert, scheidet aus.

a) Wie viele Begegnungen sind jeweils nötig, bis der Sieger und die Siegerin des Turniers feststehen?

b) Wie viele Begegnungen gibt es bei einem Turnier mit 64 Spielerinnen?

c) Wie kannst du die Anzahl der Begegnungen bei 32, 16 und 8 Spielern bestimmen, ohne lange zu rechnen?

2. 2002 wurde Brasilien Fußballweltmeister. An der Weltmeisterschaft in Südkorea und Japan nahmen 32 Mannschaften teil. In der Vorrunde wurde in 8 Gruppen zu je 4 Ländern gespielt, jedes gegen jedes. Danach ging es für die besten 16 Mannschaften nach dem K.o.-System weiter; jeweils der Verlierer schied aus, bis der Weltmeister feststand. Zusätzlich fand ein Spiel um den 3. Platz statt. Stelle Fragen, und beantworte sie.

3. Im Eiskunstlauf gibt es sechs verschiedene Sprünge: Axel, Flip, Lutz, Rittberger, Salchow und Toeloop. Sie werden nicht nur einzeln gesprungen, sondern auch in Sprungfolgen mit nur wenigen Zwischenschritten. Wie viele verschiedene Sprungfolgen bestehend aus zwei Sprüngen sind möglich? Überlegt in 3er-Gruppen, und vergleicht eure Lösung mit denen anderer Gruppen.

4.

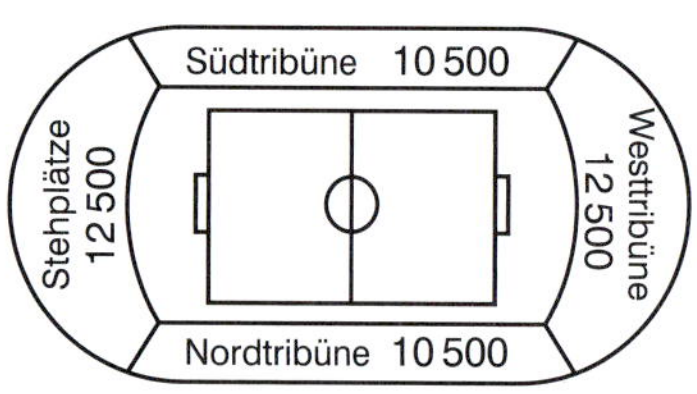

Südtribüne:	45 €
Nordtribüne:	35 €
Westtribüne:	25 €
Stehplatz:	15 €
Stehplatz ermäßigt:	8 €

a) Angenommen, das Stadion ist ausverkauft. Stelle Fragen, und berechne die Lösungen.

b) 20 000 zahlende Besucher sahen ein Spiel in dem oben abgebildeten Stadion. Wie hoch kann der Durchschnittspreis für eine Karte mit Sicherheit *nicht* gewesen sein: 8 €, 15 €, 30 €, 40 €?

5. Ein Top-Verdiener des Sports war der Basketballstar Michael Jordan von den Chicago Bulls (USA). Im Jahr 1995 verdiente er 43,9 Millionen Dollar. Nach damaligem Wechselkurs hatte 1 Dollar den Wert von 0,77 €.
Ein anderer Großverdiener ist Michael Schumacher. 2002 verdiente er 50 Millionen Euro. Stelle Fragen, und beantworte sie.

6. Kareem Abdul Jabbar (USA) bestritt in seiner 20-jährigen Karriere insgesamt 1 797 Spiele in der NBA (National Basketball Association). Dabei erzielte er 44 119 Punkte. Stelle Fragen, und beantworte sie.

1. Berechne die fehlende Größe der proportionalen Zuordnung.

a)

€	kg
6	31
12	

b)

h	km
5	13
25	

c)

m	g
40	88
5	

d)

h	€
6	39
2	

e)

kg	m
4	10
	5

f)

g	€
12	7
	21

2. Für 5 $ (US-Dollar) bekommt man 4 €. Stelle die Zuordnung Dollar ⟶ Euro grafisch dar (je 1 cm für € und $).

a) Wie viel € bekommt man für 12 $ (3 $, 8 $)?

b) Wie viel $ bekommt man für 20 € (13 €, 6 €)?

3. In der Seefahrt wird die Geschwindigkeit in Knoten (Kn) gemessen. 24 Kn sind ca. $45\frac{km}{h}$. Stelle die Zuordnung Knoten ⟶ $\frac{km}{h}$ grafisch dar (1 cm für 5 Knoten und 1 cm für $10\frac{km}{h}$).

a) Wie viel $\frac{km}{h}$ sind 35 Knoten ungefähr?

b) Wie viel Knoten sind $40\frac{km}{h}$ ungefähr?

4. Sieben Vollkornbrötchen kosten 3,50 €. Wie teuer sind 12 Vollkornbrötchen?

5. Drei Flaschen Ketchup kosten 7,50 €. Wie viele Flaschen erhält man für 20 €?

6. Berechne die fehlende Größe der antiproportionalen Zuordnung.

a)

Anz.	cm
7	44
14	

b)

$\frac{km}{h}$	h
20	36
80	

c)

Anz.	h
12	21
4	

d)

l	km
15	150
3	

e)

Anz.	m
12	5
	15

f)

Tage	Anz.
50	3
	30

7. Ein Bericht der Klassenfahrt hat einen Umfang von 80 Seiten, wenn auf jede Seite 32 Zeilen passen. Welchen Umfang hat der Bericht, wenn auf jede Seite 40 Zeilen passen?

8. Herr Krause erhielt seinen Lottogewinn mit 400 Scheinen zu 100 € ausgezahlt. Wie viele Scheine zu 20 € hätte er bekommen müssen?

9. Prüfe erst: proportional oder ...

a) Eine Kiste Orangen ergibt 75 4er-Beutel. Wie viele 6er-Beutel wären es?

b) Für 7 Theaterkarten zahlt Gisela 45,50 €. Wie viel kosten 5 Karten?

Eine Zuordnung heißt **proportional,** wenn zum Vielfachen einer Ausgangsgröße das entsprechende Vielfache der zugeordneten Größe gehört. (Zum Doppelten gehört das Doppelte ...).

	1. Größe	2. Größe	
· 3	5	12	· 3
	15	36	

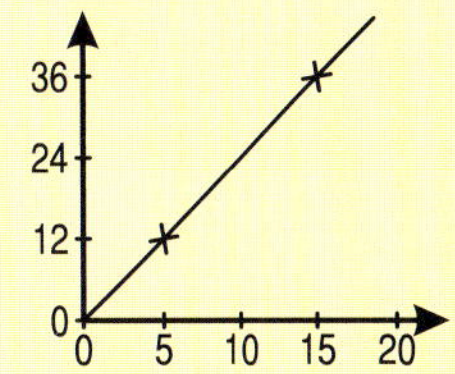

Der Graph einer proportionalen Zuordnung ist ein vom Nullpunkt ausgehender Strahl.

Beim **Dreisatz** schließt man zunächst von dem gegebenen Vielfachen einer Größe auf die Einheit und anschließend auf ein anderes Vielfaches der Größe.

Beispiel

7 kg kosten 35 €. Wie teuer sind 9 kg?

Die Zuordnung Masse ⟶ Preis ist proportional.

Dreisatz

	kg	€	
: 7	7	35	: 7
· 9	1	5	· 9
	9	45	

Antwort: 9 kg kosten 45 €.

Eine Zuordnung heißt **antiproportional,** wenn zum Vielfachen einer Ausgangsgröße der entsprechende Teil der zugeordneten Größe gehört. (Zum Doppelten gehört die Hälfte ...).

	1. Größe	2. Größe	
: 4	12	10	· 4
	3	40	

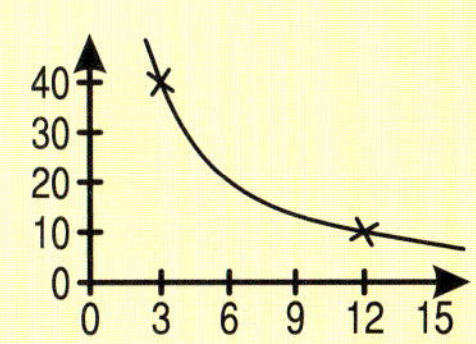

Beispiel

5 Arbeiter brauchen 12 Tage für eine bestimmte Arbeit. Wie lange brauchen 3 Arbeiter dafür?

Die Zuordnung Zahl der Arbeiter ⟶ Zeit ist antiproportional.

Dreisatz

	Anz.	Tage	
: 5	5	12	· 5
· 3	1	60	: 3
	3	20	

Antwort: 3 Arbeiter brauchen 20 Tage.

TESTEN · ÜBEN · VERGLEICHEN

1. a) Die Miete für 4 Monate beträgt 1 880 €. Wie viel Euro kostet eine Jahresmiete?

b) Für das Ausheben eines Grabens benötigen 2 Gärtner 3 h. Wie viele Stunden würde ein Gärtner brauchen, der den Graben alleine ausheben soll?

2. a) Berechne die fehlenden Größen der proportionalen Zuordnung.

b) Schreibe eine Textaufgabe hierzu.

Strecke (km)	7	4	
Zeit (min)	28		84

3. Auf einer Baustelle sind 7 Lkw im Einsatz, die jeweils 8 Transportfahrten unternehmen müssen. Der Vorarbeiter überlegt: Wie viele Fahrten sind wohl bei 4 Lkw für jedes Fahrzeug notwendig?

4. Christina hat für 3 h Nachhilfe 15 € erhalten. Wie viel hat sie diesen Monat für 14 h Nachhilfe verdient?

5. Lottogewinn. 180 000 € werden gleichmäßig verteilt. Notiere in einer Tabelle, wie viel Euro Gewinn jeder erhält, wenn 2, 3, 4 oder 6 Personen beteiligt sind.

Wähle weitere 5 Aufgaben aus

1. Ein Mensch braucht täglich 1,5 g Zucker pro kg Körpergewicht. Zeichne den Graphen der Zuordnung Körpergewicht ⟶ Zuckerbedarf. Lies aus dem Graphen den täglichen Zuckerbedarf bei einem Körpergewicht von 40 kg bzw. 50 kg ab.

2. Stellt der Graph eine proportionale, eine antiproportionale oder eine sonstige Zuordnung dar?

a)
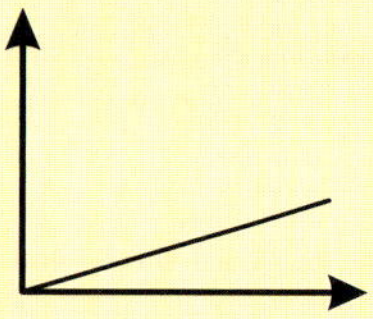

b)
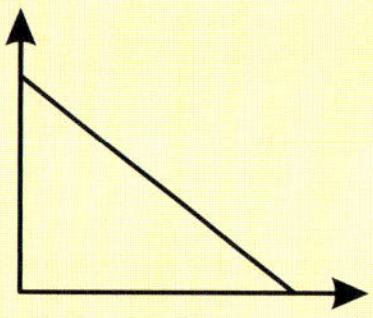

c)
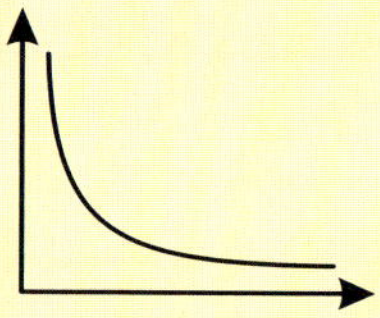

d)
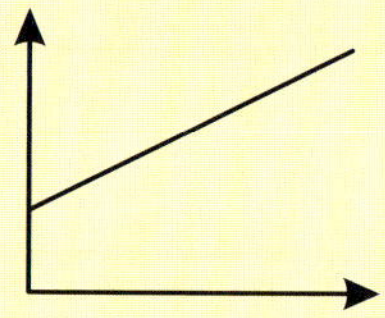

3. Durch den Wasserhahn über einer Badewanne laufen bei voller Öffnung 36 *l* in 4 min.

a) Wie viel Liter fließen in 7 min durch den geöffneten Wasserhahn?

b) Wie lange dauert es, bis die Badewanne mit 270 *l* Fassungsvermögen gefüllt ist?

4. Eine 2,4 m lange Schnur soll in gleich lange Stücke geschnitten werden. Ergänze die fehlenden Angaben in der Tabelle.

Länge eines Stückes (cm)	120	30	5	0,5
Anzahl der Stücke				

5. Die Tabelle gibt an, wie viele Tage man mit einem Satz Batterien im Walkman auskommt, wenn man ihn die genannte Zeit von Stunden pro Tag benutzt. Berechne die fehlenden Angaben.

a)

Std. pro Tag	Tage
6	16
13	■

b)

Std. pro Tag	Tage
2	48
■	64

6. Die Decke eines Partykellers soll mit 30 Brettern von jeweils 18 cm Breite verkleidet werden. Im Baumarkt sind nur Bretter mit 20 cm Breite vorrätig. Wie viele solcher Bretter werden benötigt?

7. Die Transportgebühr bei der Post für ein Paket bis 5 kg beträgt in Deutschland 6,70 €.

a) Emily rechnet: „Mein Paket wiegt nur $2\frac{1}{2}$ kg, kostet also 3,35 € Porto." Was sagst du dazu?

b) Es sollen 27,5 kg mit Postpaketen versendet werden. Portokosten?

3 Zeichnen und Konstruieren

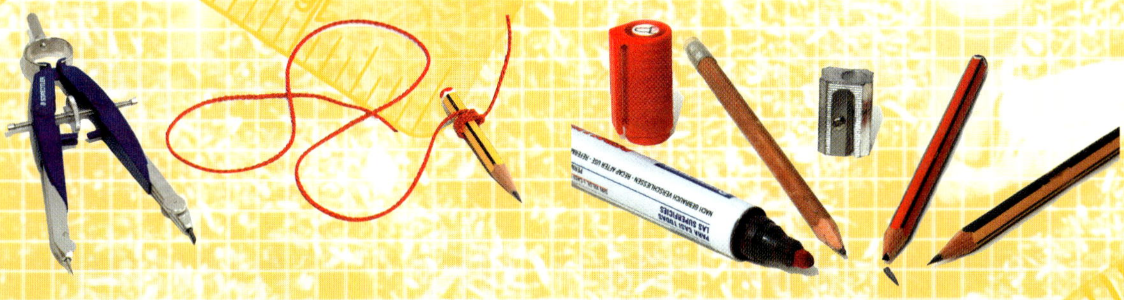

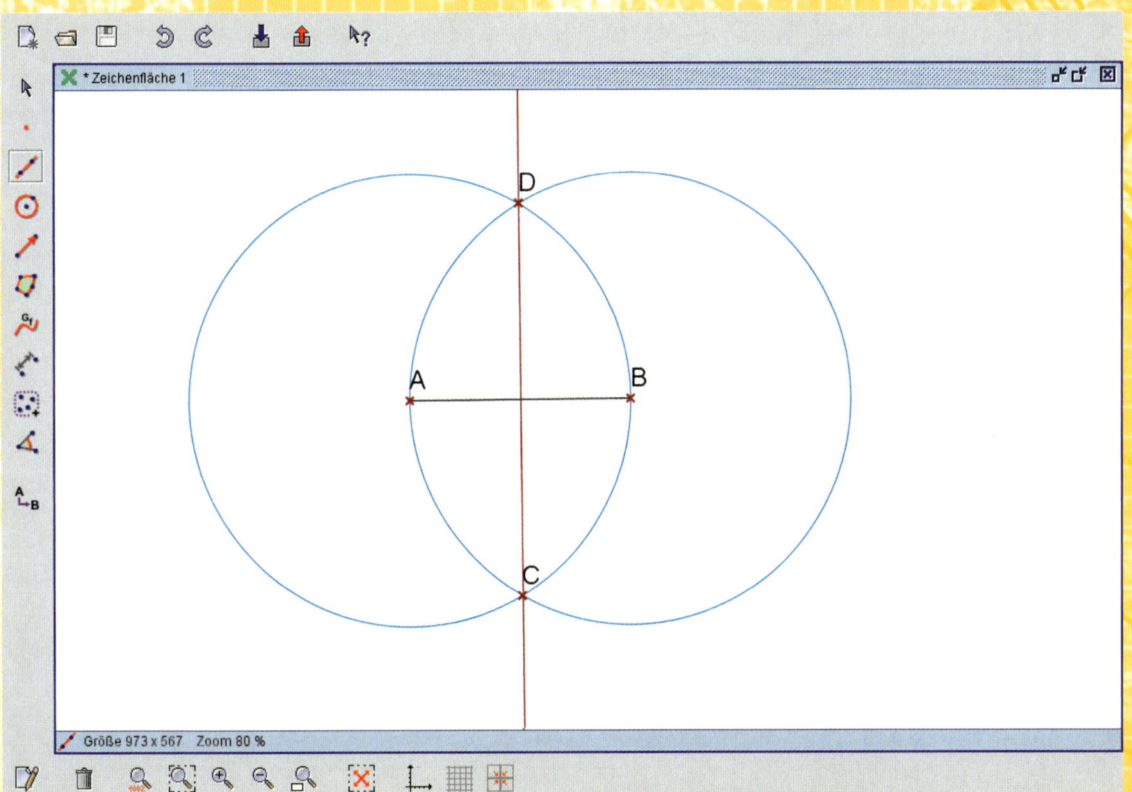

Figuren im Koordinatensystem

LVL **1.** Und wie geht es im obigen Bild weiter? Spielt selbst in Partnerarbeit das Übertragen der Figur.

Ein **Koordinatensystem** besteht aus einer x-Achse (Rechtsachse) und einer y-Achse (Hochachse).
Ein Punkt P ist durch die x-Koordinate und die y-Koordinate festgelegt.

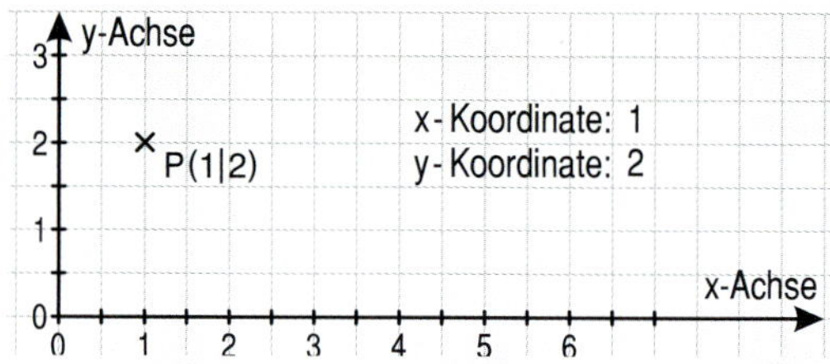

2. Notiere die Punkte mit ihren Koordinaten.

a)

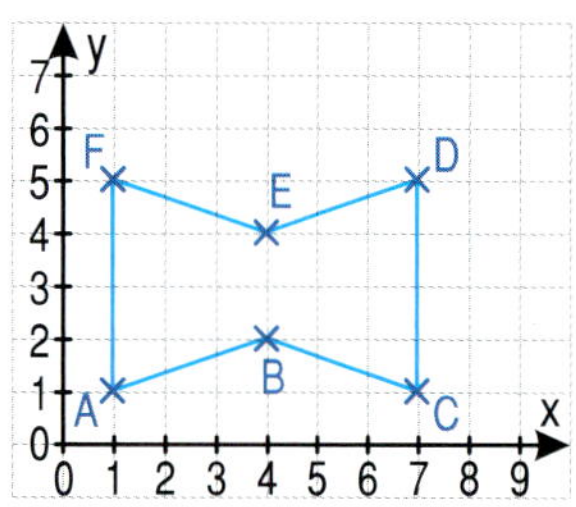

b)

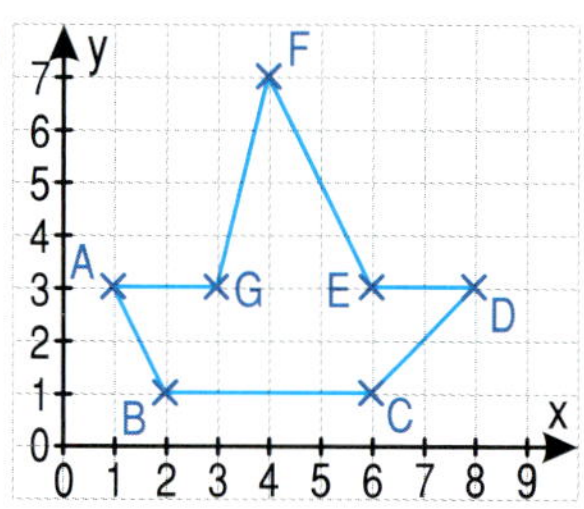

c)

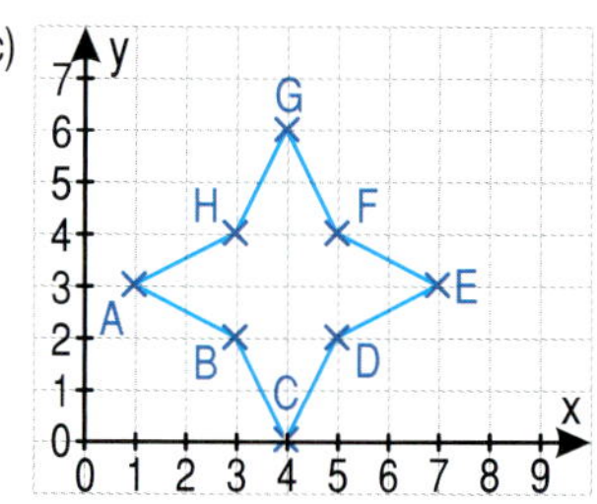

LVL **3.** Zeichne eine Figur in ein Koordinatensystem, und bestimme die Koordinaten aller Eckpunkte. Gib die Koordinaten deinem Nachbarn, und lass ihn die Figur in ein Koordinatensystem zeichnen.

4. Zeichne ein Koordinatensystem (Einheit: 1 cm), beide Achsen sollen bis 10 reichen.
Trage die Punkte ein, notiere den Namen des Vierecks ABCD.

a) A(4|0) B(3|1) C(4|3) D(1|3)
b) A(1|3) B(4|0) C(7|3) D(4|6)
c) A(2|3) B(4|1) C(6|1) D(8|3)
d) A(2|8) B(2|5) C(5|2) D(8|2)

5. Zeichne ein geeignetes Koordinatensystem. Markiere die Punkte, verbinde sie, notiere ihre Koordinaten und den Namen der entstehenden Figur.

a) Starte im Punkt A(0|0), gehe 6 nach rechts und 2 nach oben zu B, dann 5 nach oben zu C, und schließlich 6 nach links und 2 nach unten zu D.

b) Starte in Punkt A(3|4), gehe 1 nach rechts zu B, dann 1 nach oben zu C, und von dort 2 nach links zu D. Gehe danach 2 nach unten zu E, 3 nach rechts zu F, und 3 nach oben zu G.

LVL c) Denke dir selbst eine Figur im Koordinatensystem aus. Schreibe dazu für deine Mitschüler und Mitschülerinnen die Laufrichtung auf, sodass sie die Figur nachzeichnen können.

LVL

Geometrie mit dem Computer

Mit Hilfe einer sogenannten „Dynamischen Geometriesoftware"* lassen sich geometrische Konstruktionen und Achsenspiegelungen auch am Computer durchführen. Die konstruierten Figuren kannst du ohne viel Aufwand verändern und bewegen; außerdem kannst du dir auch die Konstruktionsbeschreibungen anzeigen lassen. Die Konstruktionsleiste am linken Rand enthält Zeichenobjekte, die auch im Menüpunkt „Objekte" zu finden sind.

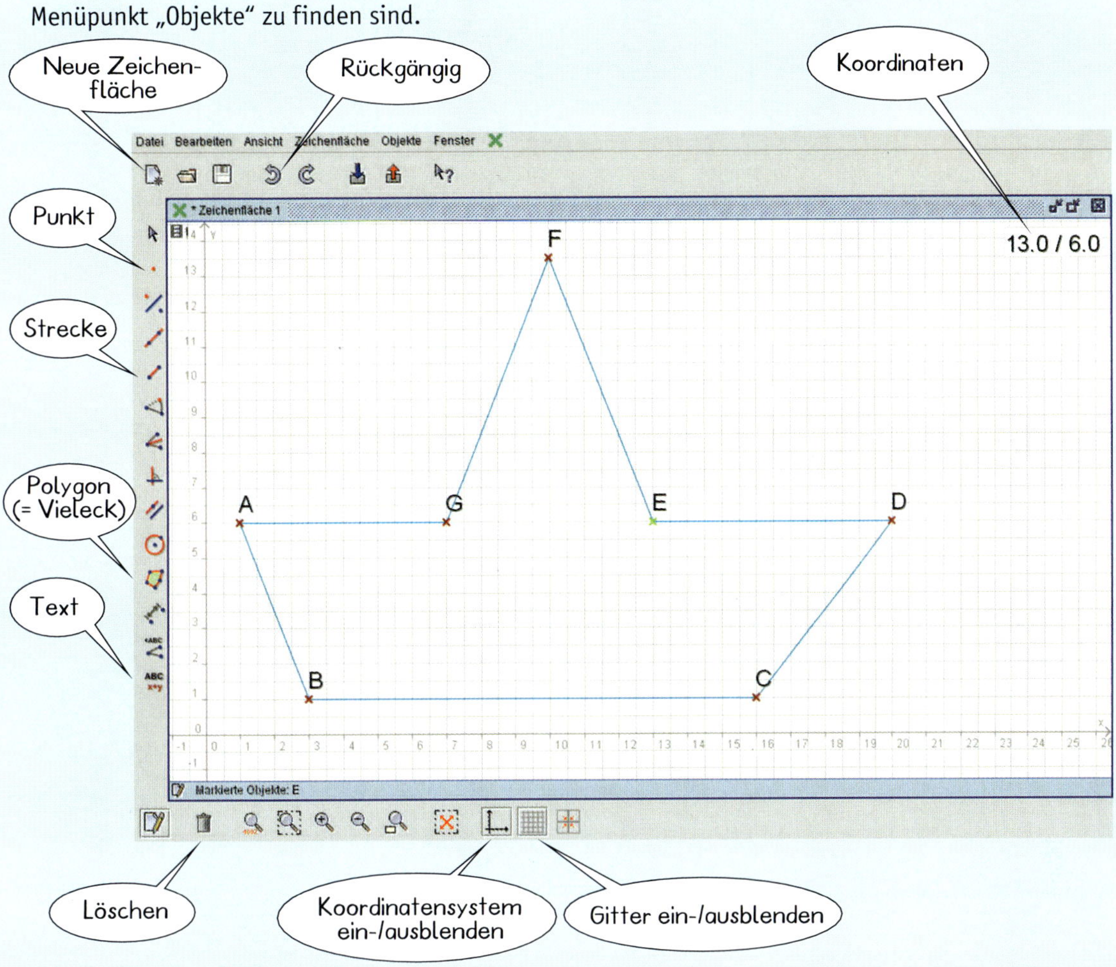

1. Figuren im Koordinatensystem

- Öffne eine *neue Zeichenfläche.*
- *Blende* das *Koordinatensystem ein.*
- *Verschiebe* das Koordinatensystem so, dass die positiven Koordinatenachsen sichtbar sind.
- *Blende* das *Gitter ein.*
- Zeichne mehrere *Punkte* als Eckpunkte eines Segelschiffes in das Koordinatensystem ein.
- Verbinde die Eckpunkte mit *Strecken.*
- Gib die Koordinaten der Eckpunkte an, und vergleiche dein Ergebnis durch Anklicken der Punkte und der Anzeige auf der Zeichenfläche oben rechts.
- *Verkleinere* und *vergrößere* die Figur.
- Zeichne eigene Figuren in ein Koordinatensystem.
- Speichere deine Ergebnisse ab (*Datei* → *Speichern unter*), und gib der Datei einen Namen.

* Das hier verwendete Programm „GEONExT" wird am Lehrstuhl für Mathematik und ihre Didaktik der Universität Bayreuth entwickelt. Ein kostenloser Download ist unter http://geonext.de möglich.

Mittelsenkrechte

LVL **1.** Zeichnet in Partnerarbeit eine Gerade als „Straße“, markiert zwei Punkte A, B abseits der „Straße“, und versucht wie in der Bildfolge, den Punkt der „Bushaltestelle“ zu konstruieren.

Auf der **Mittelsenkrechten** der Strecke $\overline{AB}$ liegen alle Punkte, die von A und B gleich weit entfernt sind.

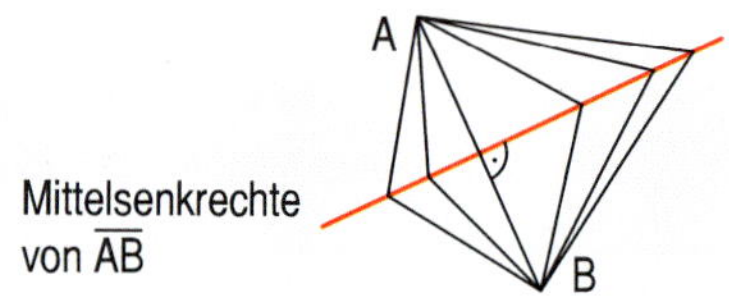

Konstruktion mit Zirkel und Lineal

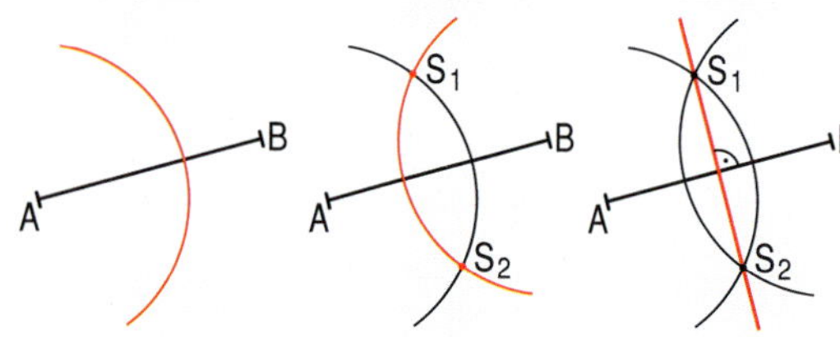

mit dem Geodreieck

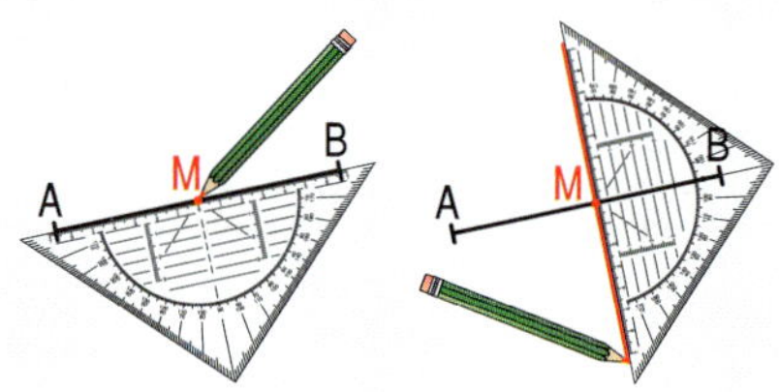

2. Zwei Dörfer A und B wollen gemeinsam ein Denkmal für einen bekannten Musiker errichten, der in A geboren und in B gestorben ist. Das Denkmal soll von beiden Dörfern gleich weit entfernt sein und an der Kreisstraße liegen. Übertrage die Zeichnung ins Heft, und finde den Punkt, an dem das Denkmal errichtet werden soll.

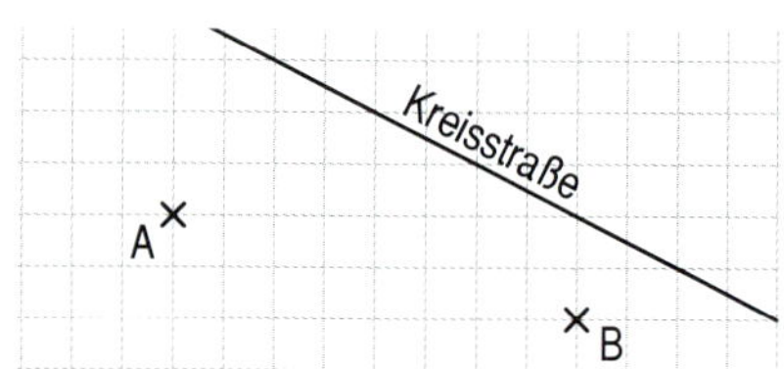

3. Konstruiere die Mittelsenkrechte zur Strecke $\overline{AB}$.

a) $\overline{AB} = 6$ cm b) $\overline{AB} = 4{,}5$ cm c) $\overline{AB} = 7{,}7$ cm d) $\overline{AB} = 9{,}9$ cm e) $\overline{AB} = 8\frac{1}{2}$ cm

LVL **4.** Ein Schatz wurde an einer Stelle vergraben, die von den drei großen Eichen A, B und C gleich weit entfernt liegt. Gibt es mehrere Stellen, an denen der Schatz begraben sein kann? Überlege zusammen mit anderen, begründe. Zeichne.

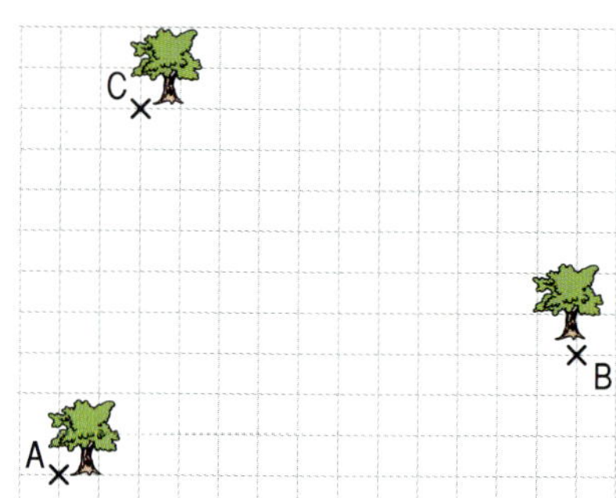

5. Zeichne die Punkte A(1|0), B(7|1) und C(3|5) in ein Koordinatensystem mit der Einheit 1 cm.
Finde den Punkt M, der von A, B und C gleich weit entfernt ist, und notiere seine Koordinaten.

Winkelhalbierende

LVL **1.** Schneidet in Partnerarbeit ein Dreieck aus, und faltet es wie in der Bildfolge angegeben. Was macht die Faltgerade mit dem Winkel α? Markiert einen Punkt P auf der Faltgeraden, und messt seine Abstände zu den Schenkeln des Winkels.

Die **Winkelhalbierende** w_α eines Winkels α ist die Symmetrieachse des Winkels.
Die Winkelhalbierende besteht aus allen Punkten, die von den Schenkeln des Winkels denselben Abstand haben.

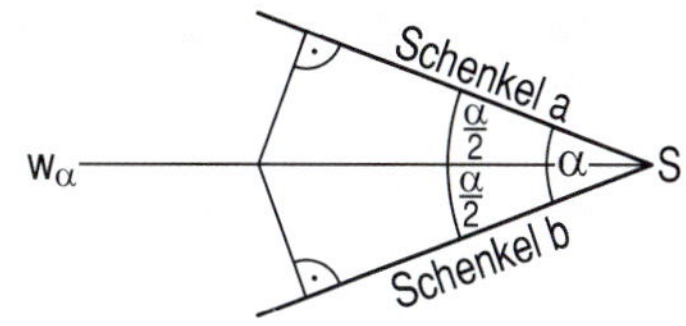

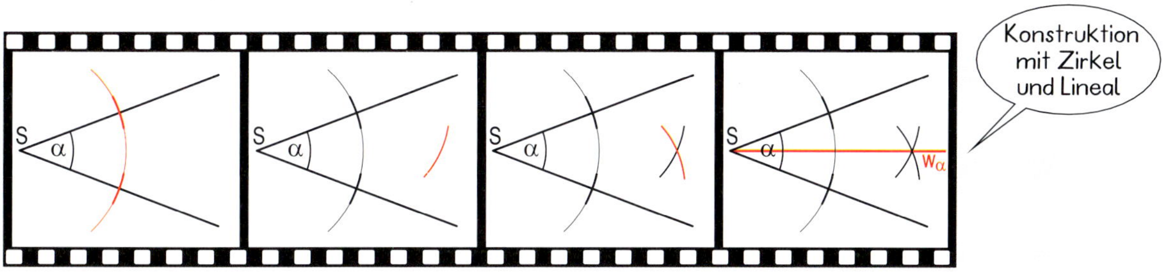

LVL **2.** Überlegt in Partnerarbeit, wie man die Winkelhalbierende mit dem Geodreieck zeichnet. Vergleicht, welches Verfahren „Geodreieck" oder „Zirkel und Lineal" euch besser erscheint.

3. Zeichne den Winkel α mit dem Scheitelpunkt S und den Schenkeln durch P und Q in ein Quadratgitter (Gittereinheit 1 cm). Konstruiere die Winkelhalbierende des Winkels.

a) S(1 | 2) P(4 | 1) Q(5 | 3)   b) S(5 | 2) P(1 | 5) Q(1 | 0)   c) S(4 | 5) P(1 | 4) Q(7 | 1)

4. Eine Wasserleitung soll so zwischen zwei Straßen verlegt werden, dass sie zu beiden Straßen stets denselben Abstand hat.

a) Übertrage ins Heft und konstruiere.

b) 400 m von der Gabelung der Straßen entfernt: Wie groß ist hier der Abstand der Wasserleitung von den beiden Straßen?

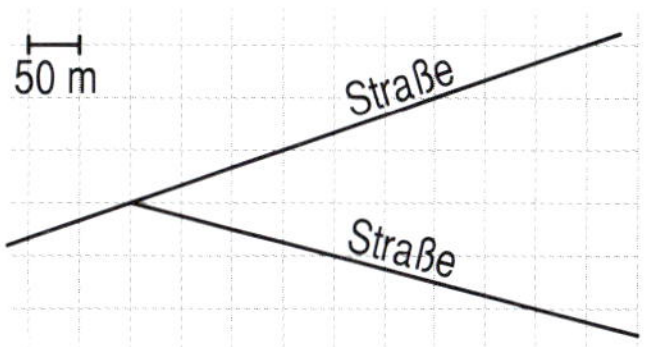

LVL **5.** Drei geradlinig verlaufende Waldwege begrenzen eine Dreiecksfläche. Gibt es einen Punkt, der von allen drei Waldwegen denselben Abstand hat? Überlege mit anderen, begründe, zeichne.

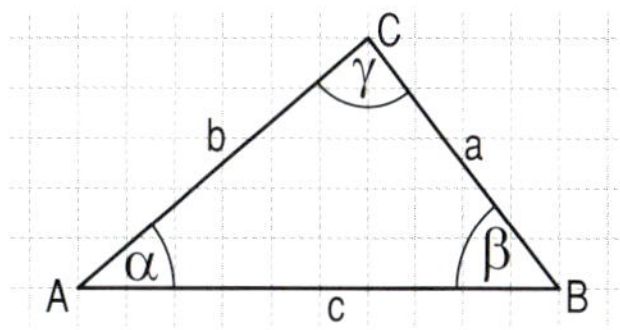

LVL **6.** Gibt es ein Dreieck, bei dem ein Punkt von allen drei Seiten und allen drei Eckpunkten denselben Abstand hat?

LVL

Konstruieren und Messen mit dem Computer

1. Grundkonstruktionen

- Zeichne eine Gerade durch zwei Punkte A und B und eine *Parallele* zu AB durch einen Punkt C.
- Zeichne eine Gerade durch zwei Punkte D und E und eine *Senkrechte* zur Geraden DE durch einen Punkt F.
- Zeichne eine Strecke $\overline{GH}$, und bestimme ihre Länge (*Abstand* der Endpunkte).
- *Bewege* die verschiedenen Punkte, und verfolge die Veränderungen.
- Speichere die 3 Konstruktionen mit einem passenden Namen ab.

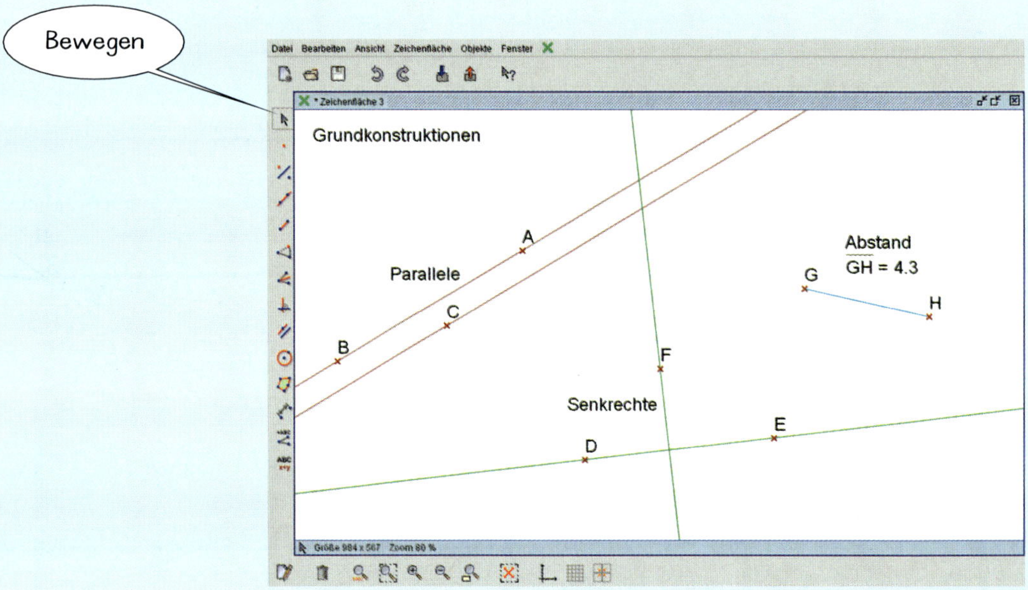

2. Winkel messen, Winkelsumme im Dreieck

- Zeichne ein Dreieck ABC als *Polygon*.
- Aktiviere den Befehl *„Winkel messen"*.
- Klicke nacheinander die drei Punkte an, durch die ein Winkel bestimmt ist z. B. B → A → C. Du erhältst dann die Winkelgröße von α angezeigt.
- Bestimme auf diese Weise die Größe aller drei Innenwinkel des Dreiecks.
- Berechne die Summe der drei Innenwinkel. Was fällt dir auf?
- *Bewege* die Eckpunkte des Dreiecks, und verfolge die Veränderung bei den Winkelgrößen und der Winkelsumme.

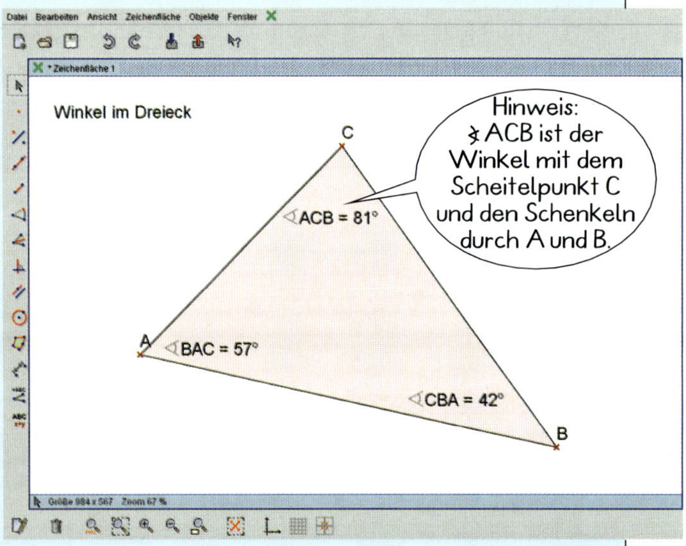

Winkelpaare

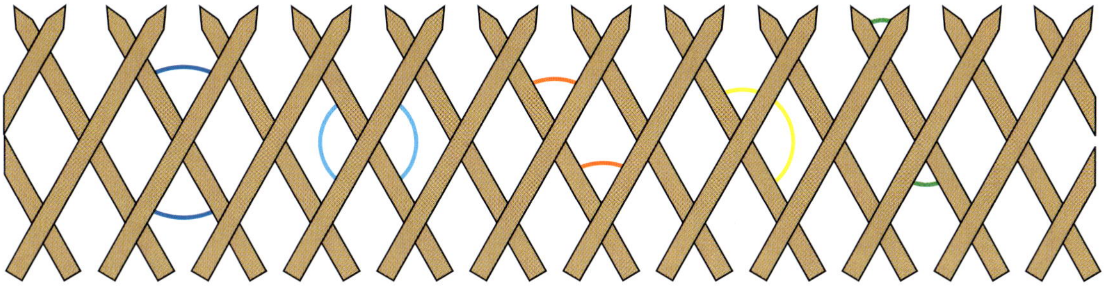

Schnitt zweier Geraden

Nebenwinkel

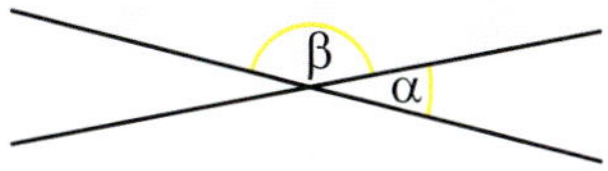

Nebenwinkel ergänzen sich zu 180°.

Scheitelwinkel

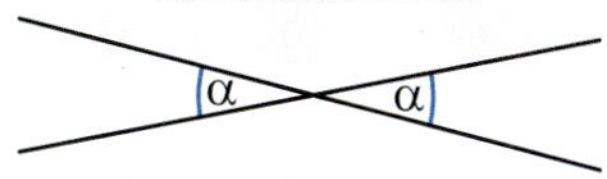

Scheitelwinkel sind gleich groß.

Schnitt einer Geraden mit zwei Parallelen: Stufen- und Wechselwinkel sind gleich groß.

Stufenwinkel

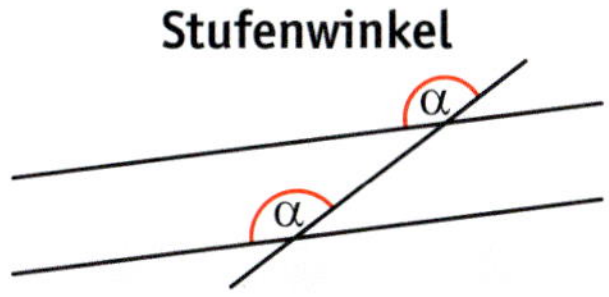

Wechselwinkel

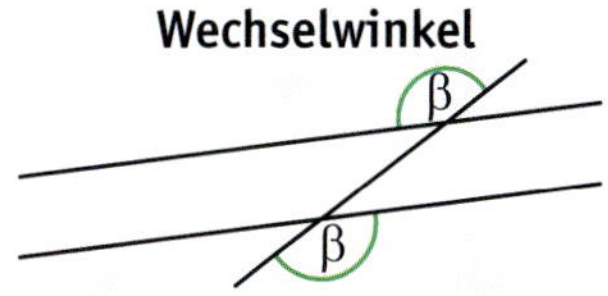

LVL **1.** a) Im Gartenzaun am oberen Seitenrand findest du alle Winkelpaare. Notiere im Heft jeweils die Farbe und daneben, um welche Art von Winkelpaaren es sich handelt.

b) Ist es für Stufen- und Wechselwinkel wichtig, dass zwei Geraden parallel zueinander sind? Überlegt euch das in Partnerarbeit, und stellt eure Lösung in der Klasse vor.

2. a)

α = ?
β = ?
γ = ?

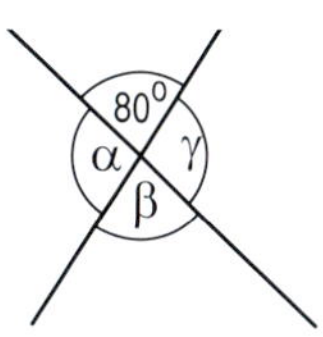

b)

α = ?
β = ?
γ = ?
δ = ?

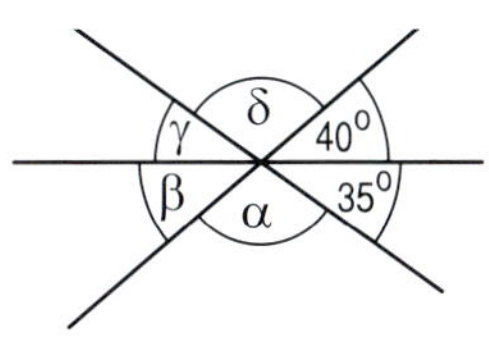

c)

α = ?
β = ?
γ = ?
δ = ?

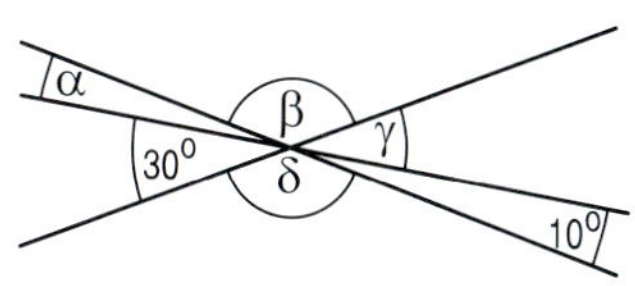

3. Berechne alle Winkel in der Figur (g ∥ h).

a)

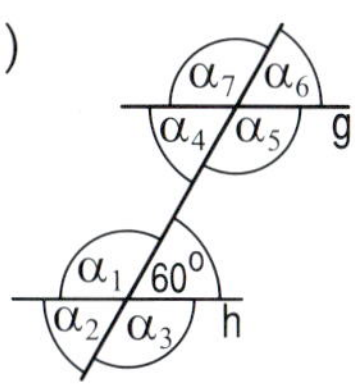

b)

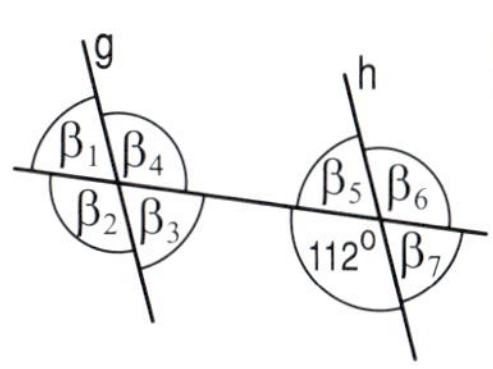

c)

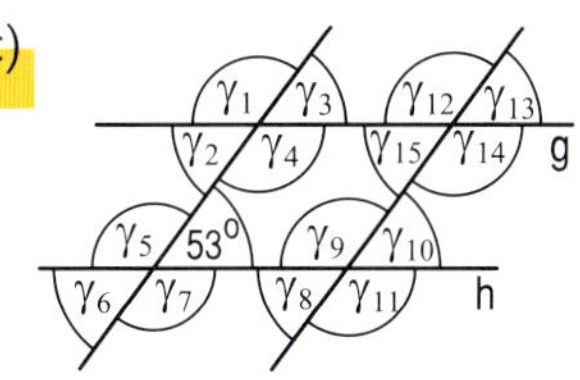

d)

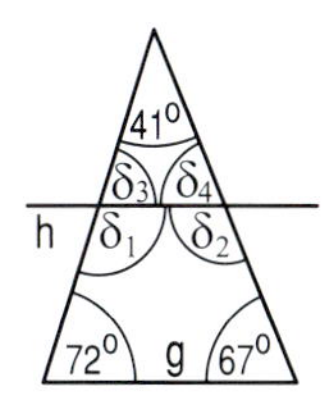

4. Zeichne das Parkettmuster ins Heft.

a) Färbe zwei Scheitelwinkel rot, zwei Nebenwinkel grün, zwei Wechselwinkel blau und zwei Stufenwinkel gelb.

b) Färbe möglichst viele Paare von Stufenwinkeln (blau) und Wechselwinkeln (rot).

①

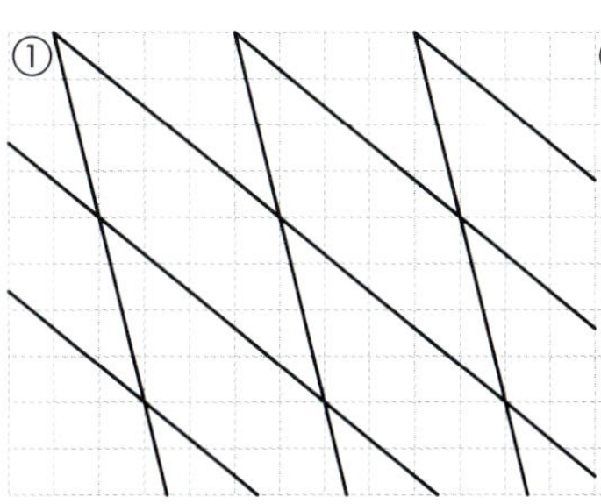

②

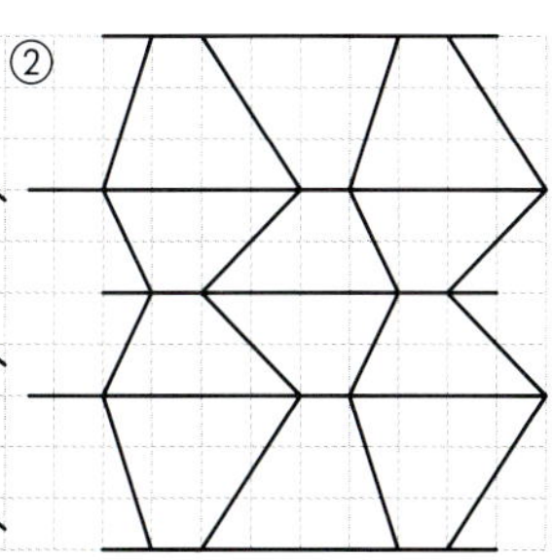

Winkelsumme im Dreieck

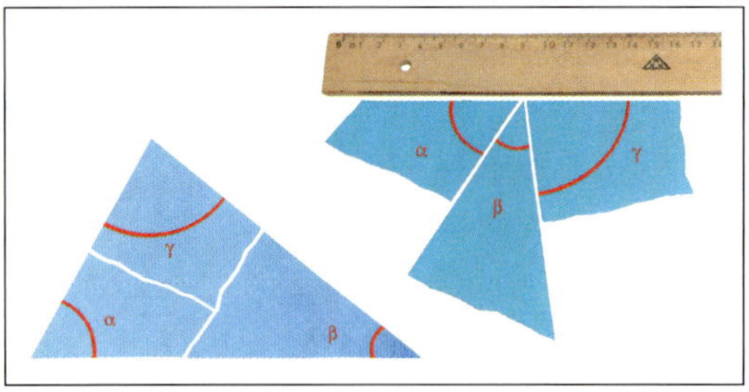

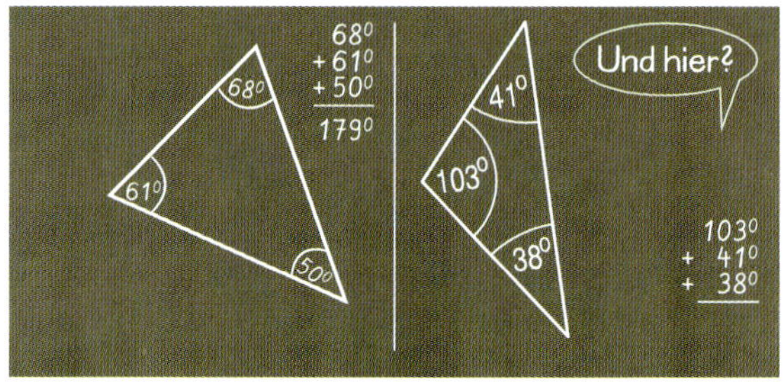

LVL **1.** Partnerarbeit: Zeichnet ein Dreieck auf ein DIN-A4-Blatt, zerlegt es wie im Bild oben links in drei Teile, und fügt diese wie abgebildet zusammen. Vergleicht euer Ergebnis mit den Ergebnissen anderer, und formuliert gemeinsam, was ihr über Winkel im Dreieck entdeckt habt.

LVL **2.** Die Messwerte und Rechenergebnisse im Bild oben rechts scheinen den Satz über Winkel in Dreiecken zu widerlegen. Findet ihr eine Erklärung, die auch andere überzeugt?

In jedem Dreieck ist die Winkelsumme 180°: $\alpha + \beta + \gamma = 180°$

3. Bestimme den fehlenden Winkel.

a) 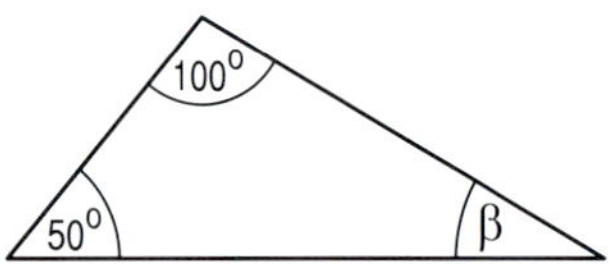

b) 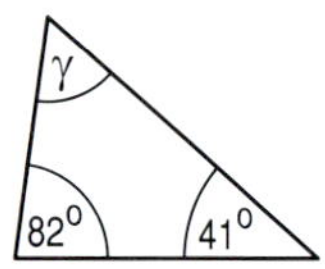

c) 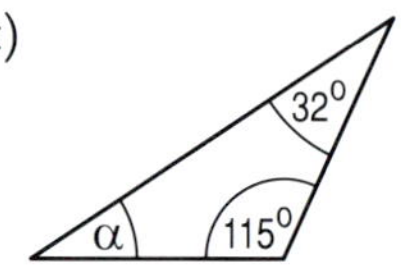

d) 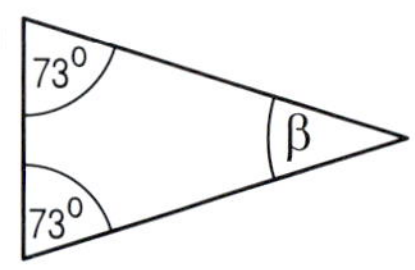

4. Berechne den fehlenden Winkel im rechtwinkligen Dreieck.

a) 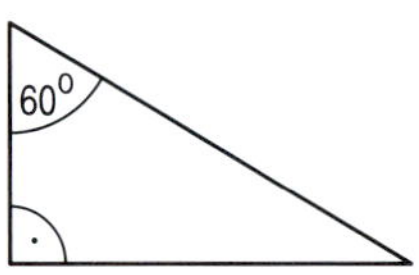

b) 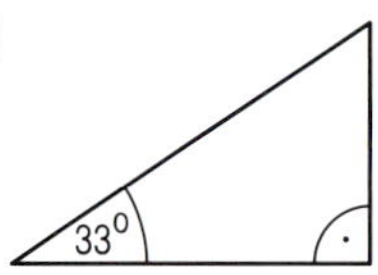

c) 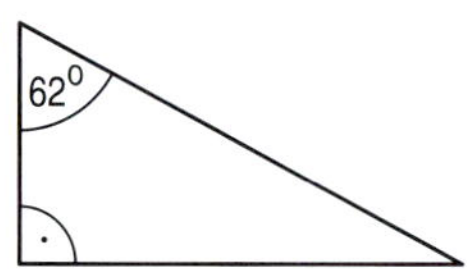

d) 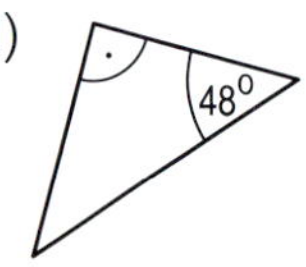

LVL **5.** Berechne den rot gefärbten Winkel, und stelle deinen Lösungsweg vor.

a) 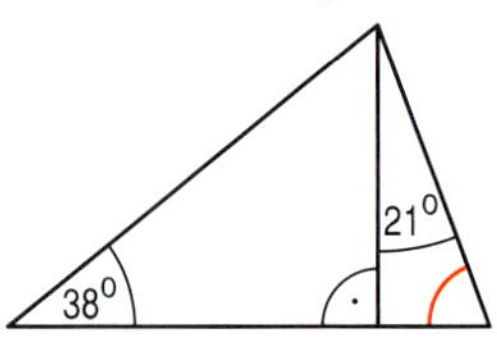

b) 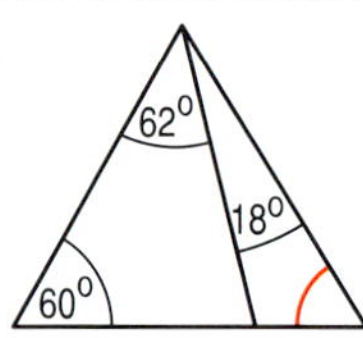

c) 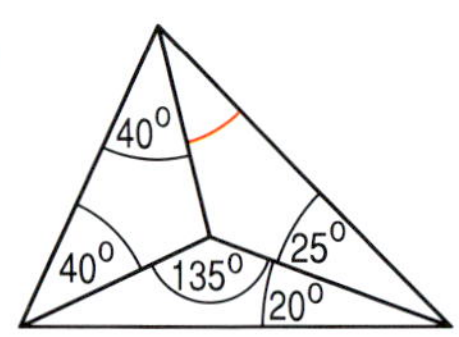

6. Berechne den rot gefärbten Winkel γ eines Dreiecks.

a) Alle drei Winkel sind gleich groß.

b) α ist 30° und β ist 100° größer als α.

c) α ist 55° und β ist doppelt so groß wie α.

d) γ ist so groß wie α und doppelt so groß wie β.

e) γ ist so groß wie α und β zusammen.

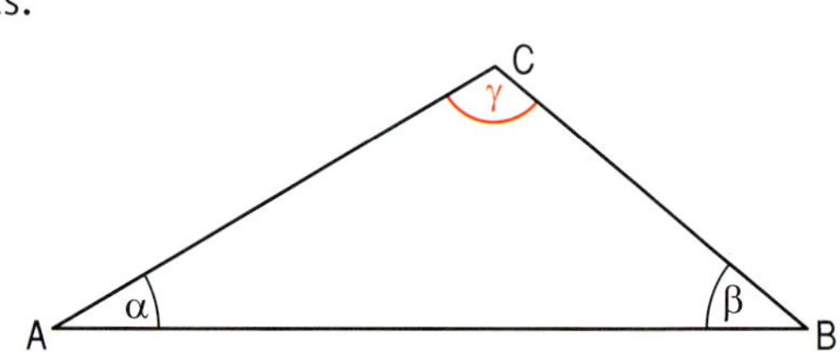

LVL **7.** Partnerarbeit: Seht euch auf dem Globus an, ob es dort Längen- und Breitenkreise gibt, die ein „Dreieck" auf der Erde begrenzen und drei rechte Winkel haben. Präsentiert eure Lösung.

Übertragen von Dreiecken

LVL

1. Übertrage das Dreieck ABC maßgetreu in dein Heft. Notiere, wie du vorgehst.

2. Vergleiche deinen Lösungsweg mit dem deiner Mitschülerinnen und Mitschüler. Notiert alle Möglichkeiten, die ihr findet, an der Tafel.

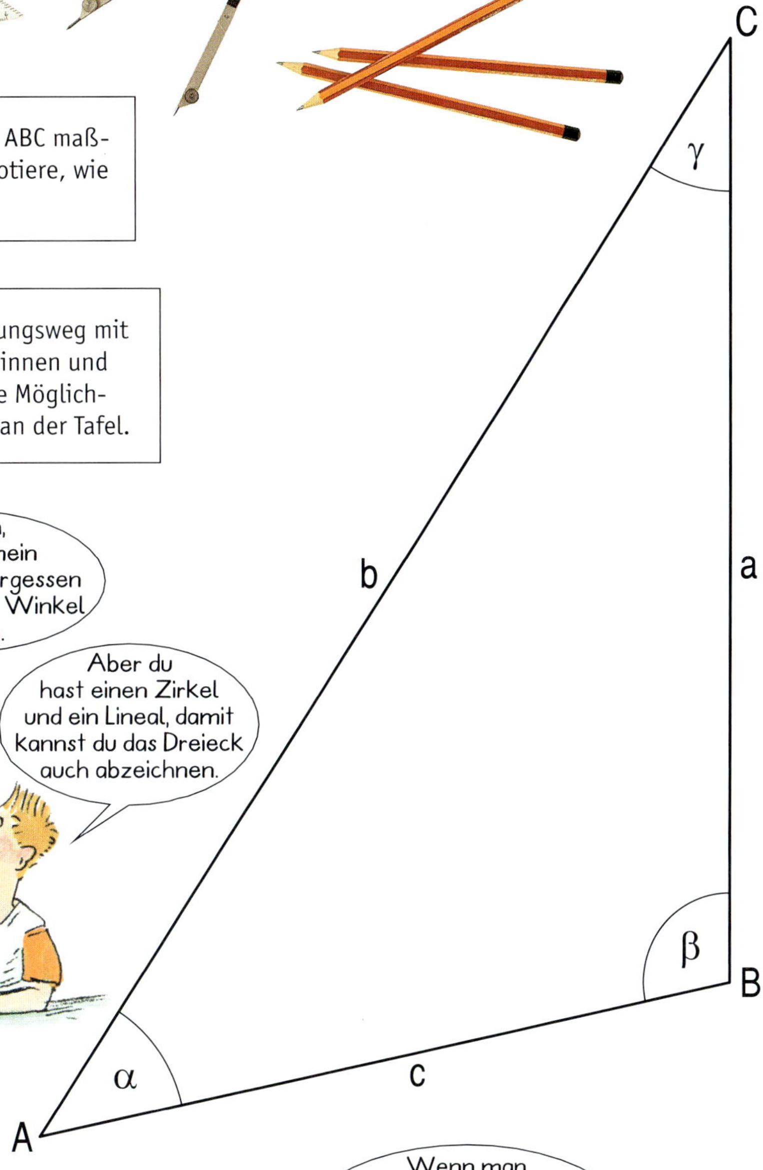

3. Nach welchem System sind Winkel und Seiten bezeichnet?

Dreieckskonstruktionen (WSW)

Wenn man von einem Dreieck eine Seite und die zwei anliegenden Winkel kennt, kann man das Dreieck eindeutig konstruieren. Kurzform: **WSW**

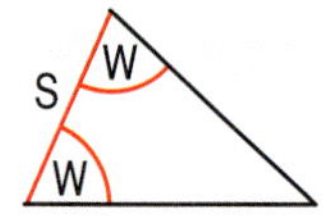

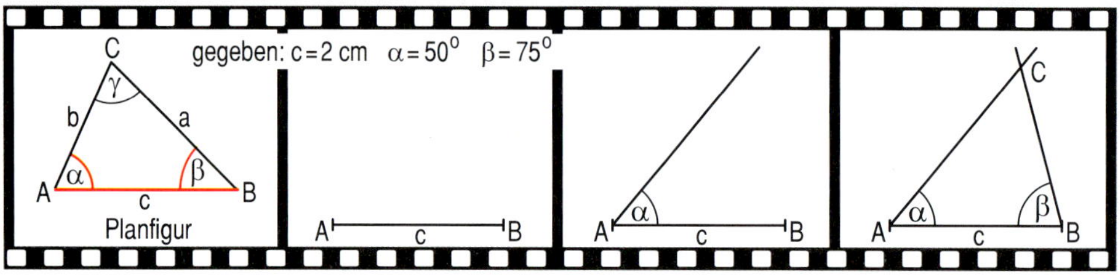

LVL **1.** Wurmberg und Achtermann sind die beiden höchsten Berge im Westharz. Der Brocken ist der höchste Berg des Harzes, sein Gipfel war bis zur Wiedervereinigung Deutschlands 1989 nicht erreichbar. Man konnte ihn aber unter den angegebenen Peilwinkeln sehen.
Erstellt in Gruppen eine maßstäbliche Zeichnung, und bestimmt die Luftlinienentfernungen des Brockengipfels von den beiden anderen Berggipfeln.
Besorgt euch im Reisebüro einen Prospekt vom Urlaubsgebiet Harz, und prüft, ob eure Ergebnisse ungefähr der Wirklichkeit entsprechen.

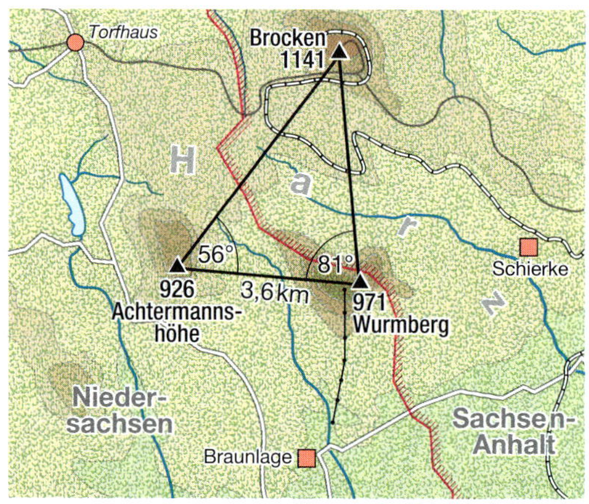

2. Nach der vorliegenden Planfigur soll ein Dreieck konstruiert und eine *Konstruktionsbeschreibung* angefertigt werden. Bringe dazu die Konstruktionsschritte in die richtige Reihenfolge.

gegeben:
$b = 5{,}5$ cm
$\alpha = 44°$
$\gamma = 80°$

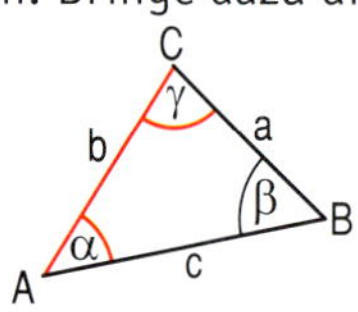

Schnittpunkt B nennen.

In C den Winkel $\gamma = 80°$ antragen.

Die Strecke $\overline{AC}$ ($b = 5{,}5$ cm) zeichnen.

In A den Winkel $\alpha = 44°$ antragen.

3. Die Höhe eines freistehenden Baumes soll mithilfe eines Theodolits bestimmt werden.
Dazu wird eine waagerechte Strecke von 50 m abgemessen. Mit dem Theodolit misst man $\alpha = 42°$. Zeichne im Maßstab 1 : 1 000, und ermittle die Höhe des Baumes. Berücksichtige dabei, dass sich der Theodolit 1,5 m über dem Boden befindet.

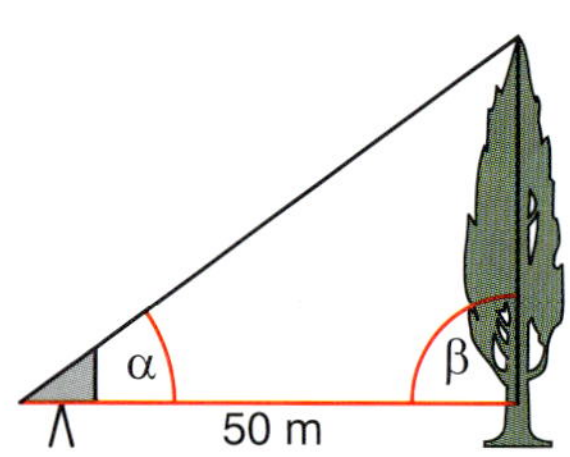

LVL **4.** Darf man für eine Dreieckskonstruktion WSW als Winkel $\alpha = \square°$, $\beta = \square°$ ohne Nachdenken beliebige Zahlen vorgeben, oder kann es dann passieren, dass gar kein Dreieck mit diesen Winkeln existiert? Probiere und überlege zusammen mit anderen.

Dreieckskonstruktionen (SWS)

Wenn man von einem Dreieck zwei Seiten und den eingeschlossenen Winkel kennt, kann man das Dreieck eindeutig konstruieren. Kurzform: **SWS**

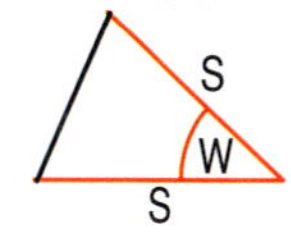

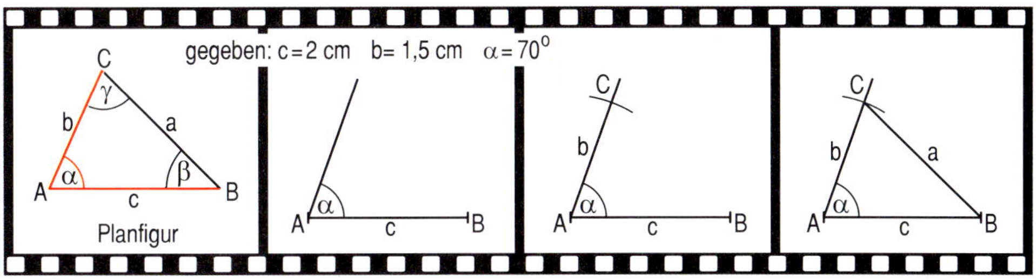

1. Um die Länge eines Sees zu bestimmen, werden die Punkte A und C vom Punkt B aus angepeilt. Für β misst man 78°. Ermittelt in Partnerarbeit die Länge des Sees, und vergleicht die Ergebnisse innerhalb der Klasse.

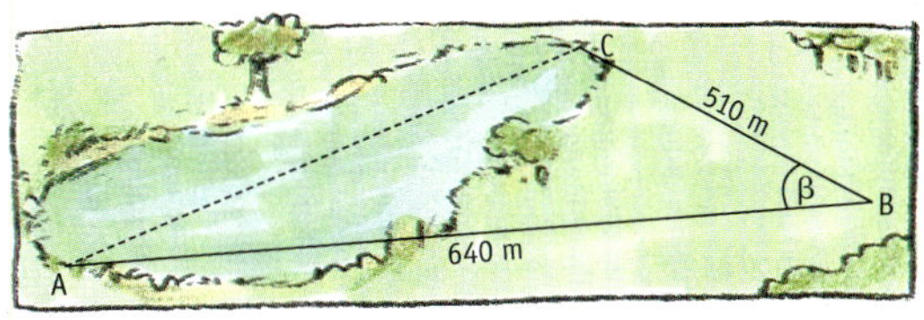

2. Eine 4,80 m lange Leiter soll an eine senkrechte Hauswand gelehnt werden.

a) Würdet ihr die Leiter so anstellen, dass sie mit dem Boden einen Winkel von 30°, von 50°, von 70° oder von 85° einschließt? Probiert das in Gruppenarbeit mit einer richtigen Leiter aus, ihre Länge ist dabei nicht entscheidend.

b) Wie weit muss man das untere Ende einer 4,80-m-Leiter von der Hauswand entfernt aufstellen, damit der geeignete Winkel aus a) möglichst genau erreicht wird?

3. Nach der vorliegenden Planfigur soll ein Dreieck konstruiert und eine Konstruktionsbeschreibung angefertigt werden. Bringe dazu die Konstruktionsschritte in die richtige Reihenfolge.

gegeben:
b = 6,5 cm
c = 5,2 cm
α = 80°

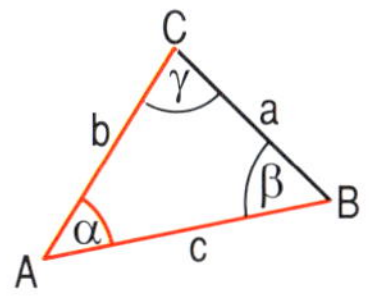

- B und C verbinden.
- In A den Winkel α = 80° antragen.
- Kreisbogen um A mit Radius b = 6,5 cm zeichnen; man erhält C.
- Die Strecke $\overline{AB}$ (c = 5,2 cm) zeichnen.

4. Konstruiere das Dreieck ABC. Fertige zunächst eine Planfigur an. Miss im konstruierten Dreieck die nicht gegebenen Seiten und Winkel, und vergleiche mit den Ergebnissen deiner Mitschüler.

a) b = 4,5 cm; c = 7 cm; α = 73°
b) a = 5,8 cm; c = 4,6 cm; β = 57°
c) a = 7 cm; b = 8 cm; γ = 35°
d) b = 6,8 cm; c = 6,8 cm; α = 45°
e) a = 5 cm; b = 5 cm; γ = 90°

5. Von einem Antennenmast werden aus 45 m Höhe drei Drahtseile zu Befestigungsankern am Boden straff gespannt. Die Befestigungsanker sind vom Fuß des Mastes jeweils 60 m entfernt. Wie lang muss ein solches Drahtseil mindestens sein?

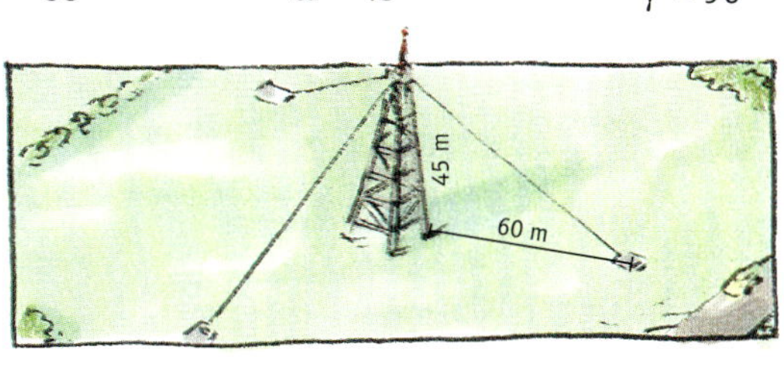

Dreieckskonstruktionen (SSS)

Wenn man von einem Dreieck drei Seiten kennt, kann man das Dreieck eindeutig konstruieren. Kurzform: **SSS**

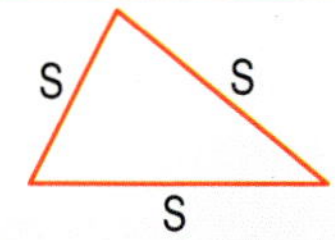

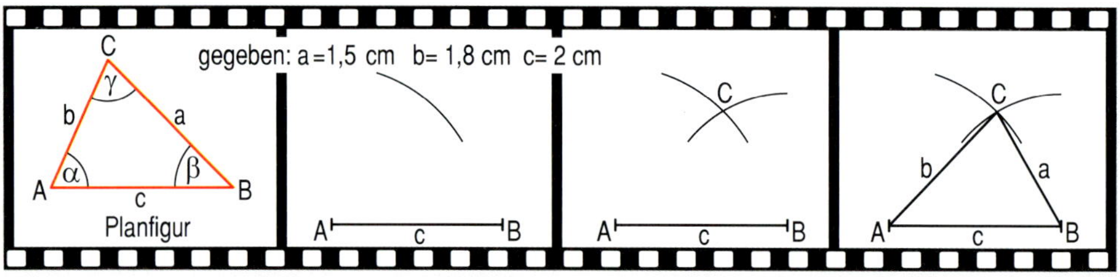

LVL **1.** Bei einer Segelregatta sind drei Bojen A, B und C zu umsegeln. Bestimme mit einer Zeichnung die Winkel, um die an den Wendebojen die Fahrtrichtung zu ändern ist. Diskutiere mit anderen, welche Winkel anzugeben sind, und begründe deine Meinung.

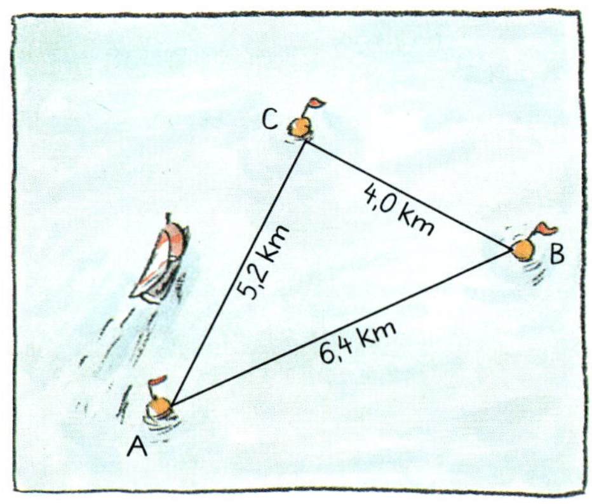

LVL **2.** Ein Dreieck ABC hat die Seitenlängen a = 12 cm, b = 9 cm, c = 7 cm. Kannst du vorhersagen, welches sein größter Winkel ist? Vergleiche deine Vermutung mit denen anderer, und überlegt, wie zu klären ist, wer recht hat.

3. Nach der vorliegenden Planfigur soll ein Dreieck konstruiert und eine Konstruktionsbeschreibung angefertigt werden. Bringe dazu die Konstruktionsschritte in die richtige Reihenfolge.

gegeben:
a = 6,5 cm
b = 5,2 cm
c = 7,1 cm

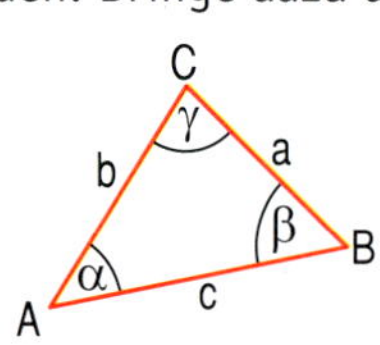

A und C sowie B und C verbinden.

Kreisbogen um A mit Radius b = 5,2 cm zeichnen.

Kreisbogen um B mit Radius a = 6,5 cm zeichnen.

Die Strecke $\overline{AB}$ (c = 7,1 cm) zeichnen.

Schnittpunkt der Kreisbögen mit C benennen.

4. Konstruiere das Dreieck ABC. Miss seine Winkel, vergleiche mit den Ergebnissen von Mitschülern.

a)	b)	c)	d)	e)
a = 4,5 cm	a = 5,8 cm	a = 7 cm	a = 6,3 cm	a = 3,2 cm
b = 7 cm	b = 4,6 cm	b = 8 cm	b = 6,8 cm	b = 4,3 cm
c = 6,2 cm	c = 8,4 cm	c = 6 cm	c = 6,0 cm	c = 5,4 cm

LVL **5.** Darf man für eine Dreieckskonstruktion SSS als Längen a = ▒ cm; b = ▒ cm; c = ▒ cm ohne Nachdenken beliebige Zahlen vorgeben, oder kann es dann passieren, dass gar kein Dreieck mit diesen Seitenlängen existiert? Probiere und überlege zusammen mit anderen.

LVL **6.** Wähle drei Seitenlängen für ein Dreieck ABC und zeichne es. Zeichne dann ein Dreieck mit den doppelten Seitenlängen. Vergleiche in beiden Dreiecken die Größen der Winkel. Was stellst du fest? Stelle dein Ergebnis in der Klasse vor.

Dreieckskonstruktionen (SsW)

Wenn man von einem Dreieck zwei Seiten und den Winkel kennt, der der längeren Seite gegenüberliegt, kann man das Dreieck eindeutig konstruieren. Kurzform: **SsW**

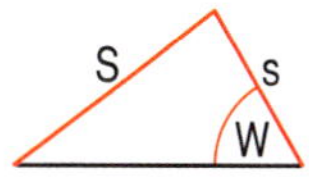

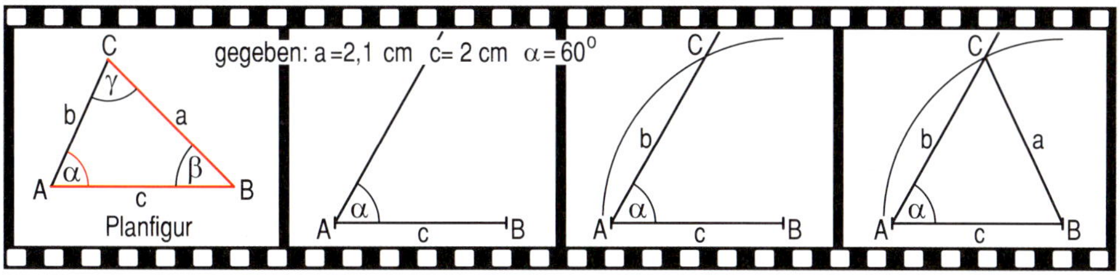

LVL **1.** 10 m vor einer Mauer wird eine Böschung aufgeschüttet und befestigt. Die Böschungslinie ist 11,50 m lang. Wie groß ist der Böschungswinkel α? Wie hoch ist die Mauer? Zeichnet in Partnerarbeit maßstäblich, und vergleicht eure Ergebnisse mit anderen. Wie erklärt ihr Unterschiede?

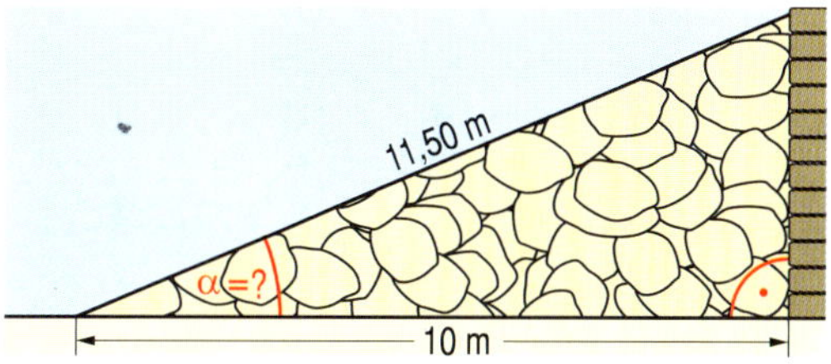

LVL **2.** Warum muss bei der Dreieckskonstruktion SsW der gegebene Winkel der längeren der beiden gegebenen Seiten gegenüberliegen? Überlegt in Gruppenarbeit, was geschehen kann, wenn der Winkel der kürzeren Seite gegenüberliegt? Stellt die Möglichkeiten mit eigenen Beispielen auf einem Lernplakat in der Klasse vor. Die Zeichnungen müssen dazu hinreichend groß sein.

3. Bringe die Konstruktionsschritte in die richtige Reihenfolge, und konstruiere das Dreieck.

gegeben:
a = 5 cm
b = 6 cm
β = 72°

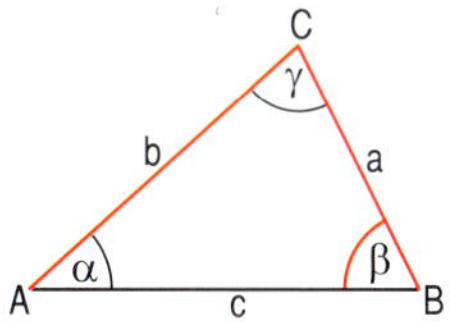

- A und C verbinden.
- Strecke $\overline{BC}$ (a = 5 cm) zeichnen.
- Kreisbogen um C mit Radius b = 6 cm zeichnen, den Schnittpunkt A nennen.
- In B den Winkel β = 72° antragen.

4. Konstruiere das Dreieck. Vergiss die Planfigur nicht. Miss und vergleiche mit Nachbarn die nicht gegebenen Seiten und Winkel.

a)	b)	c)	d)
a = 6,5 cm	a = 6,1 cm	a = 7,5 cm	b = 6,3 cm
b = 5,5 cm	c = 7,2 cm	c = 5,5 cm	c = 4,9 cm
α = 37°	γ = 55°	α = 62°	β = 49°

5. Durch das Bergmassiv soll zwischen den Punkten B und C ein Straßentunnel gebaut werden. Vermessungen haben die eingezeichneten Daten ergeben. Zeichne in deinem Heft maßstäblich, und ermittle so die Länge des Straßentunnels.

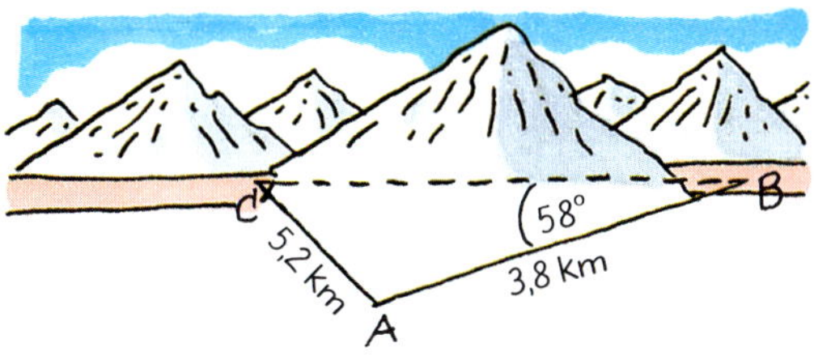

6. Konstruiere ein Rechteck mit der Seitenlänge a = 8 cm und der Diagonalen e = 10 cm. Fertige erst eine Planfigur an, und überlege, welcher Winkel durch „Rechteck" festgelegt ist.

LVL

Dreieckskonstruktionen mit dem Computer *

SWS

1. Konstruiere mit dem Computer ein Dreieck mit $c = \overline{AB} = 5$ cm, $b = \overline{AC} = 4$ cm und $\alpha = 40°$.

Geometrieprogramm:

- Punkte A, B markieren und durch eine Strecke verbinden, Streckenlänge anzeigen lassen, B bewegen bis c = 5 cm.
- In A den Winkel von 40° abtragen.
- Um A den Kreis mit dem Radius 4 cm zeichnen.
- Den Schnittpunkt C markieren, und mit B durch eine Strecke verbinden.

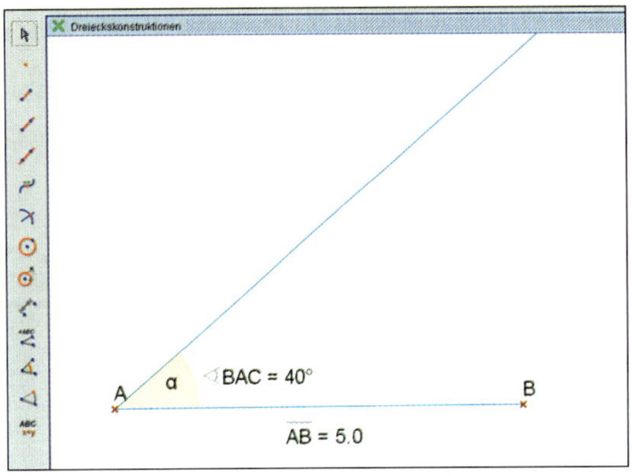

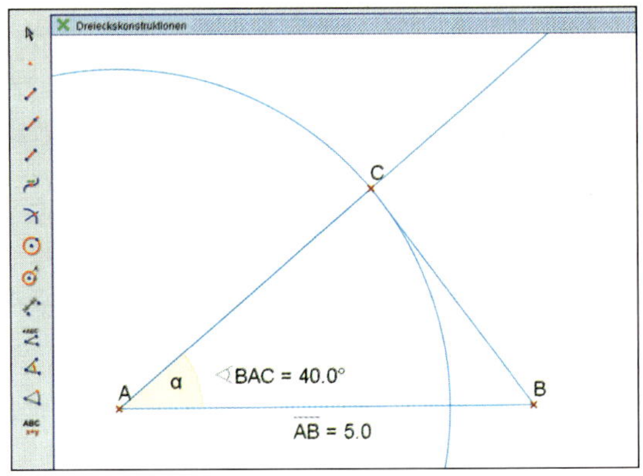

SSS

2. Konstruiere ein Dreieck mit $a = \overline{BC} = 4$ cm, $b = \overline{AC} = 6$ cm und $c = \overline{AB} = 5$ cm.

Geometrieprogramm:

- Punkte A, B markieren und durch eine Strecke verbinden, Streckenlänge anzeigen lassen, B bewegen bis c = 5 cm.
- Um A den Kreis mit $r = \overline{AC} = 6$ cm zeichnen.
- Um B den Kreis mit dem Radius a = 4 cm zeichnen.
- Den Schnittpunkt C markieren, und mit A und B durch Strecken verbinden.

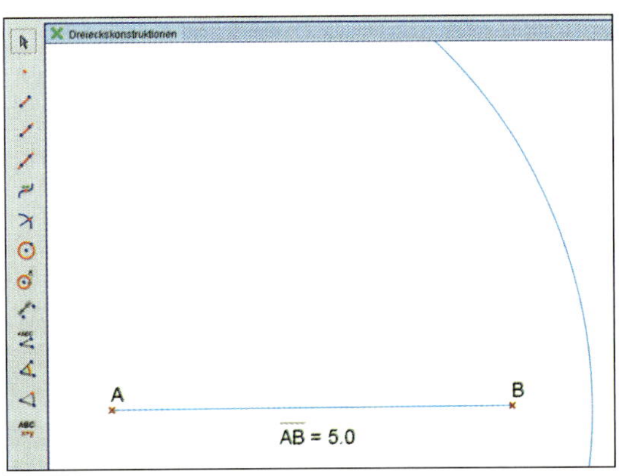

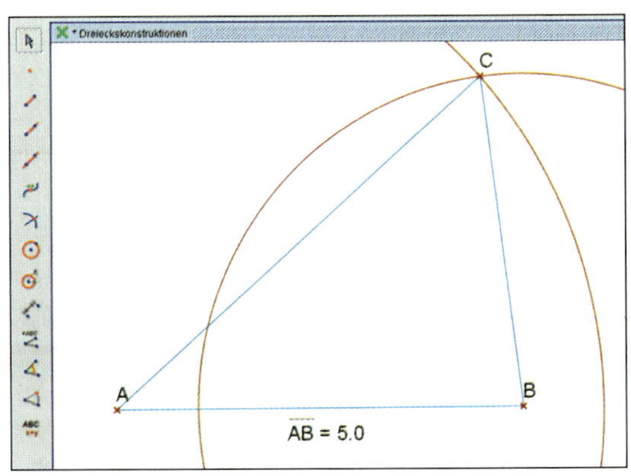

WSW

3. Konstruiere mit dem Computer ein Dreieck mit $c = \overline{AB} = 6$ cm, $\alpha = 40°$ und $\beta = 60°$.
Notiere zuerst die einzelnen Schritte, die du mit dem Programm ausführen willst.

* Das hier verwendete Programm „GEONExT" wurde am Lehrstuhl für Mathematik und ihre Didaktik der Universität Bayreuth entwickelt. Ein kostenloser Download ist unter http://www.geonext.de möglich.

Dreieckstypen

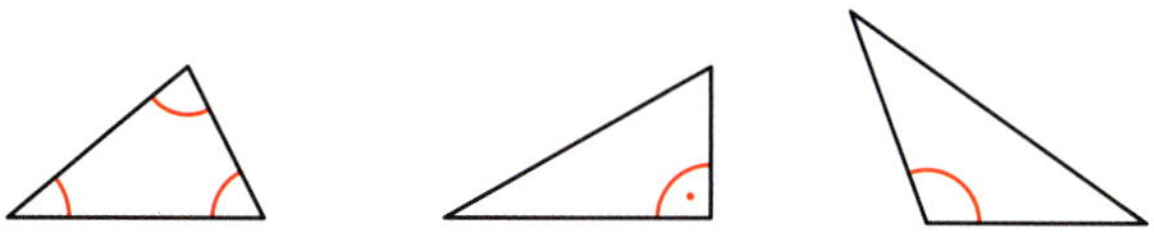

spitzwinklig Alle drei Winkel sind kleiner als 90°.

rechtwinklig Ein Winkel ist 90° groß.

stumpfwinklig Ein Winkel ist größer als 90°.

gleichschenklig Zwei Basiswinkel sind gleich groß; zwei Seiten sind gleich lang.

gleichseitig Jeder Winkel ist 60° groß; alle Seiten sind gleich lang.

1. Welche Dreieckstypen erkennst du?

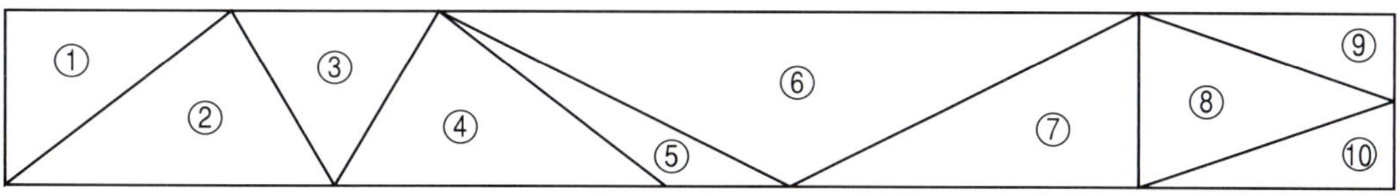

2. Um welche Dreieckstypen handelt es sich? Berechne zuerst den dritten Winkel γ.

	a)	b)	c)	d)	e)	f)	g)	h)
α	90°	70°	45°	60°	105°	33°	1°	89°
β	30°	55°	90°	60°	35°	66°	2°	56°

3. Stelle fest, welcher Typ von Dreieck vorliegt. Zeichne dazu das Dreieck aus den gegebenen Stücken.

a) a = 5 cm; b = 5 cm; c = 5 cm
b) c = 6 cm; α = 40°, β = 40°
c) a = 7 cm; b = 7 cm; γ = 90°
d) b = 4 cm; c = 6 cm; α = 105°
e) a = 4 cm; b = 5 cm; c = 3 cm
f) c = 6 cm; α = 55°; β = 65°

4. Zeichne ein gleichseitiges Dreieck. Zeichne anschließend alle seine Symmetrieachsen ein.

a) Jede Seite ist 64 mm lang.
b) Sein Umfang beträgt 14,1 cm.

5. Zeichne das gleichschenklige Dreieck. Zeichne anschließend die Symmetrieachse ein.

a) a = b = 5 cm; γ = 50°
b) c = 5 cm; α = β = 42°
c) b = c = 4,8 cm; α = 45°

6. Berechne die gesuchten Winkel. Mit + ist der Mittelpunkt eines Kreises markiert.

a) β =
γ =

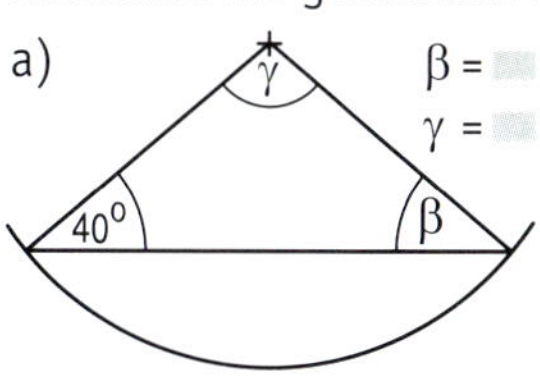

b) α =
β =

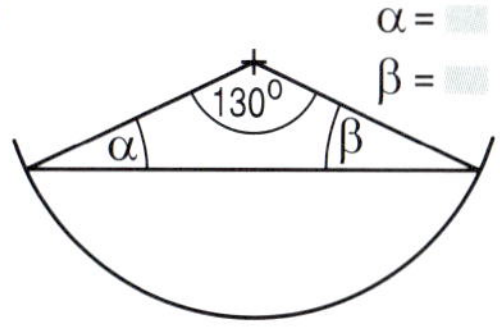

c) β =
γ =

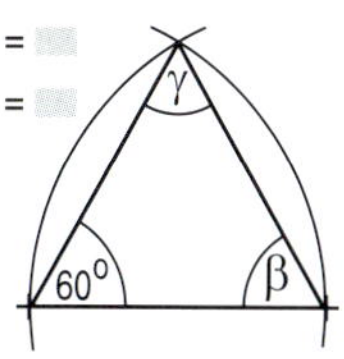

LVL **7.** Wie viele gleichschenklige Dreiecke enthält die Figur? Wie viele davon sind sogar gleichseitig? Vergleiche deine Beantwortung der Fragen mit den Ergebnissen von Mitschülerinnen und Mitschülern.

a)

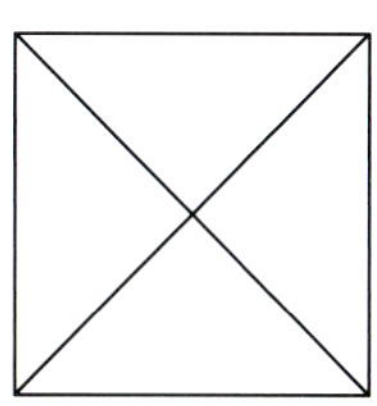

b)

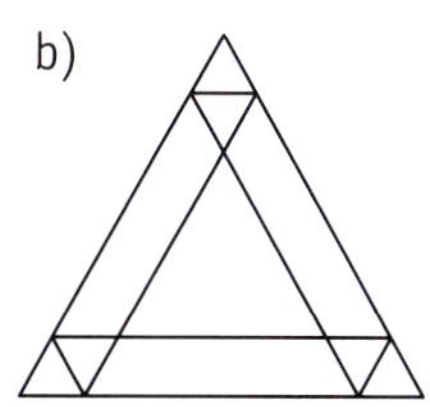

c)

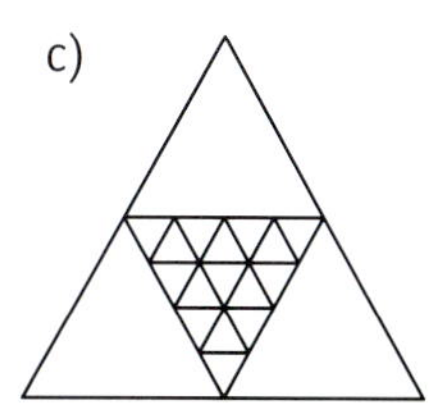

Vermischte Aufgaben

1. Konstruiere die Mittelsenkrechte zur Strecke $\overline{AB}$ mit $\overline{AB}$ = 6,3 cm (4,9 cm; 10,1 cm).

LVL **2.** Ein Schüler hat beim Konstruieren der Mittelsenkrechten einen Fehler gemacht, erkläre ihn.

a)
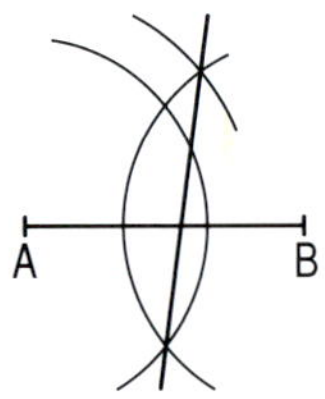

b)
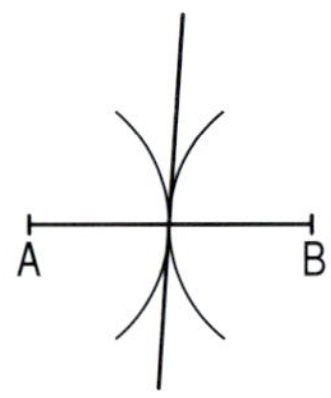

c)
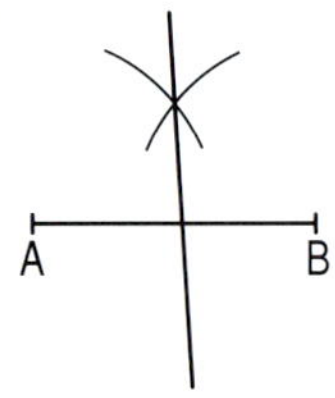

d)
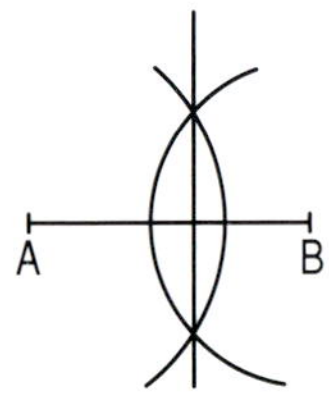

3. Zeichne den Winkel α mit dem Scheitelpunkt (0|5) und den Schenkeln, die durch P und Q gehen. Konstruiere die Winkelhalbierende. Kontrolliere mit dem Winkelmesser.

a) P(4|6) Q(2|3) b) P(6|6) Q(3|3) c) P(1|10) Q(4|4) d) P(1|10) Q(2|1)

4. Zeichne mit dem Geodreieck einen Winkel von 79°, und teile ihn mit Zirkel und Lineal in vier gleich große Winkel.

5. a) Zeichne zwei Punkte A und B. Wie viele Kreise kannst du zeichnen, die durch beide Punkte gehen? Wo liegen die Mittelpunkte dieser Kreise?

b) Zeichne drei Punkte A, B und C. Wie viele Kreise kannst du durch alle Punkte zeichnen?

c) Wie müssen drei Punkte A, B und C liegen, damit es keinen Kreis gibt, der durch alle drei Punkte geht?

6. Berechne die fehlenden Winkel.

a)
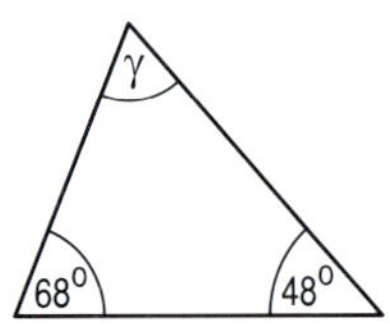

b)
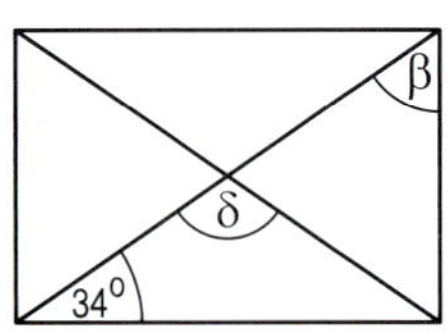

c)
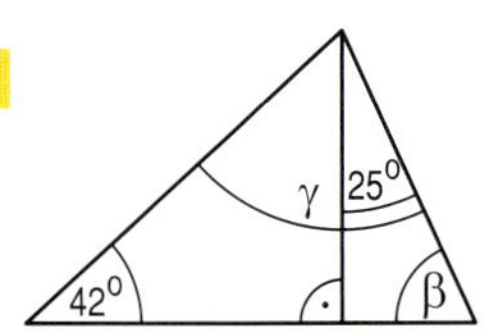

LVL **7.** a) Wie viele Dreiecke findest du in dieser Figur? Schätze zuerst, dann zähle genau.

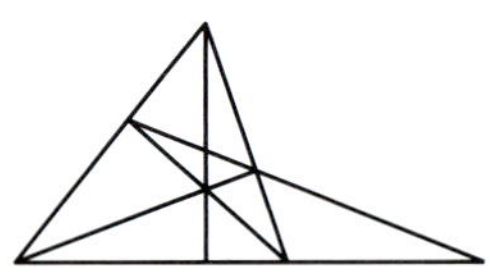

b) Wie viele Dreiecke können auf einem Nagelbrett (3 mal 3) gespannt werden?

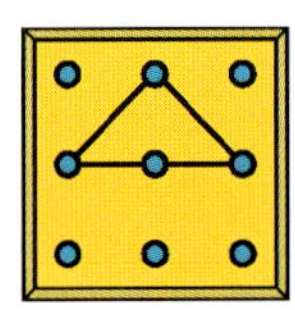

8. Konstruiere das Dreieck. Fertige zuerst eine Planfigur an.

a) a = 6,6 cm; b = 7,7 cm; c = 8,8 cm

b) a = 6,8 cm; b = 5,6 cm; γ = 55°

c) a = 7 cm; β = 80°; γ = 60°

d) a = 4,8 cm; c = 6,4 cm; γ = 65°

e) a = 4,3 cm; b = 7,8 cm; c = 6,5 cm

9. Bestimme durch Zeichnung in geeignetem Maßstab die gesuchte Größe.

a) gesucht: $\overline{QR}$

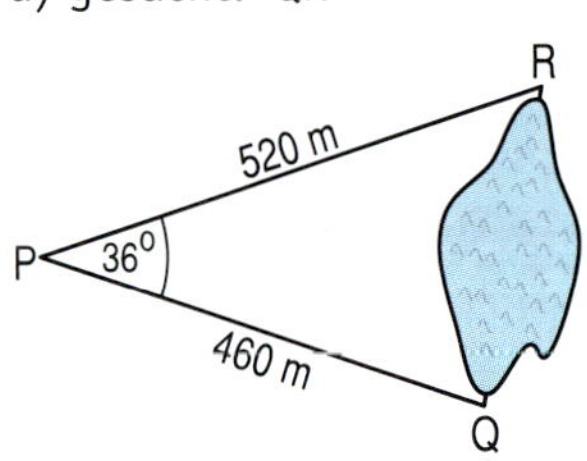

b) gesucht: $\overline{BC}$

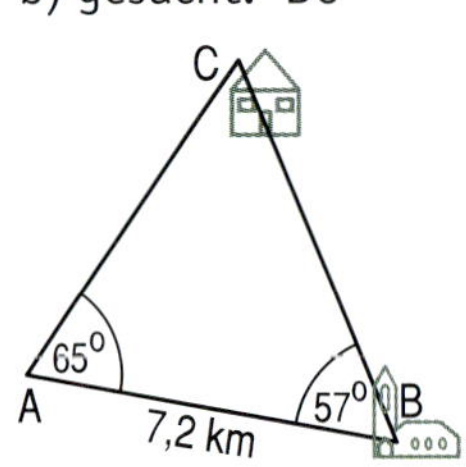

c) gesucht: β

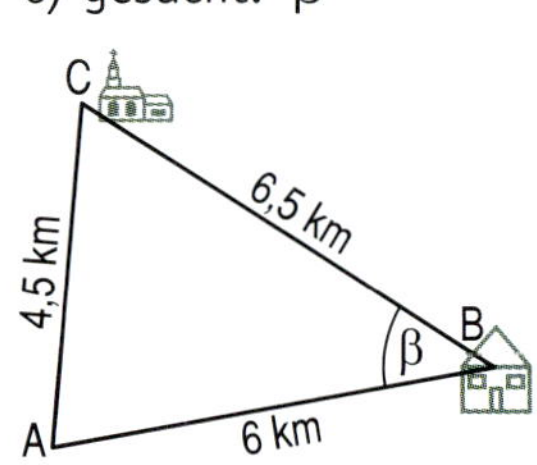

d) gesucht: x

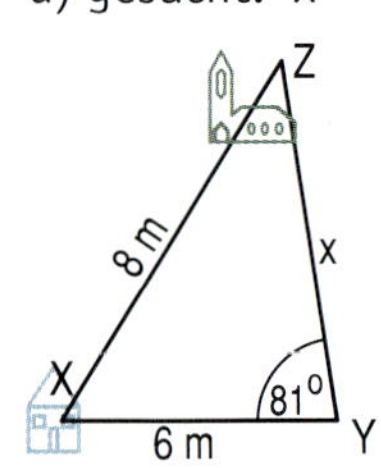

10. Von einem Dreieck sind gegeben: a = 7,7 cm; $\alpha = 62°$; $\gamma = 59°$. Diese Angaben entsprechen keiner der vier Grundaufgaben. Fertige eine Planfigur an, und überlege, wie du dennoch das Dreieck konstruieren kannst.

11. Zeichne das Dreieck ABC mit a = 5,5 cm; b = 6,0 cm; c = 6,5 cm. Konstruiere anschließend den Kreis durch die Punkte A, B und C (Umkreis).

12. Um welchen Dreieckstyp handelt es sich bei der Planfigur? Berechne die fehlenden Winkel.

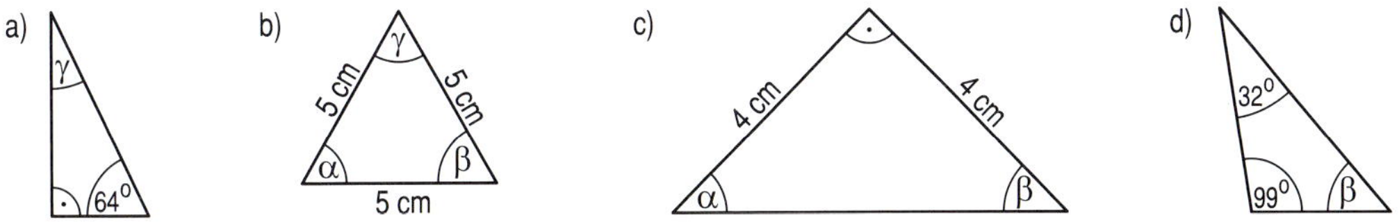

13. Bestimme für das gleichschenklige Dreieck (a = b) die fehlenden Winkel.

a) $\alpha = 43°$ b) $\beta = 76°$ c) $\gamma = 22°$ d) $\beta = 5°$ e) $\gamma = 118°$

14. Konstruiere die Figur. Bestimme anschließend durch Messen den Winkel β.

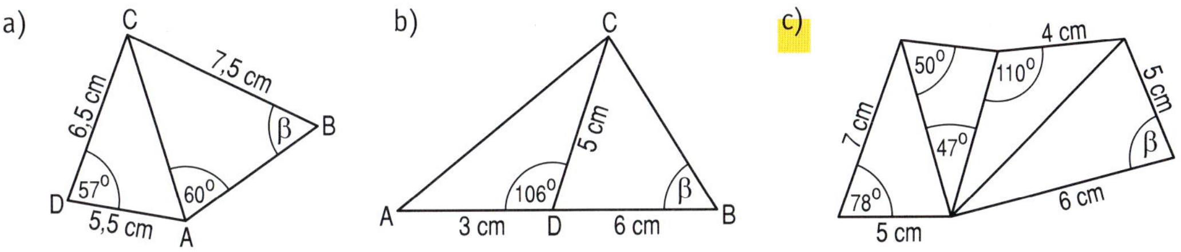

15. Übertrage das Dreieck ins Heft, und benenne Ecken, Seiten und Winkel. Dreieckstyp?

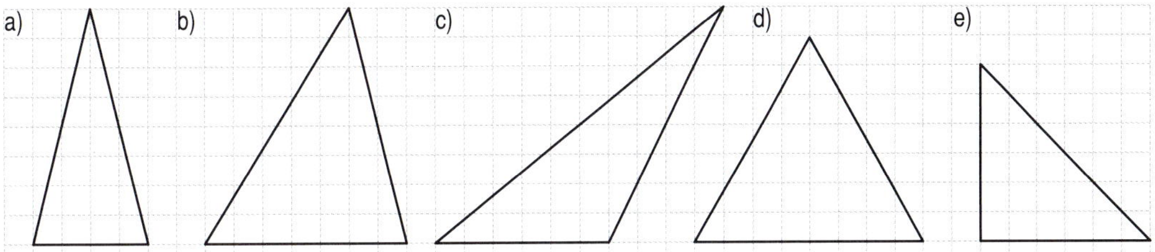

16. Berechne den rot gefärbten Winkel.

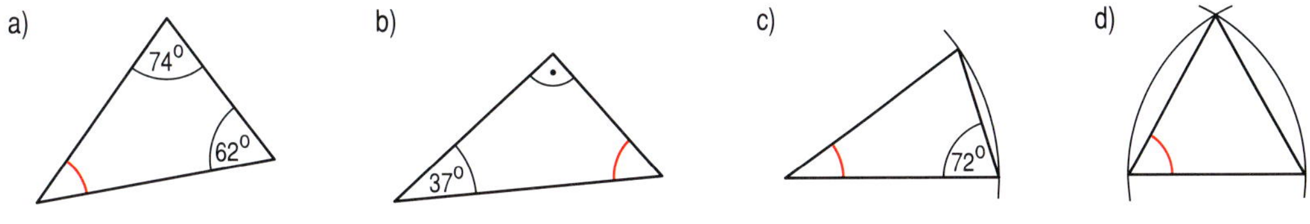

17. Zeichne das Dreieck, und bestimme durch Messen die gesuchte Größe.

a) gesucht: $\overline{BC}$ b) gesucht: α c) gesucht: h

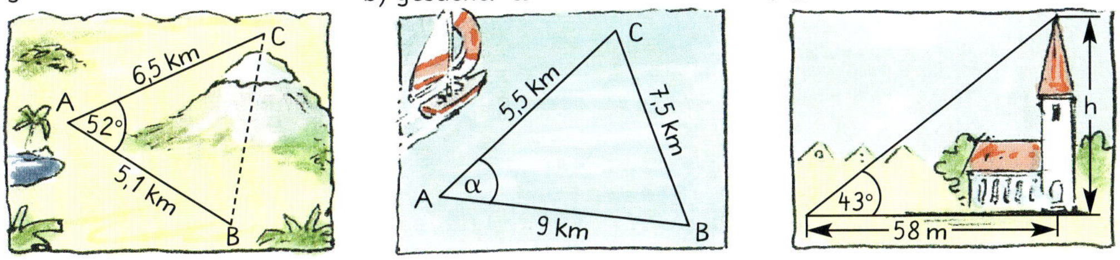

Bleib FIT!

Die Ergebnisse der Aufgaben 1 bis 9 ergeben zwei Speisen aus Norddeutschland.

1. a) Berechne das Produkt von 23 und 17.
b) Berechne die Differenz von 39 und 18.

2. 6 Hefte kosten 3,90 €. 5 Hefte kosten ▒ €.

3. Ein Kreis hat den Durchmesser 7,6 cm. Wie viel cm ist der Radius lang?

4. Gegeben sind die Winkel 19°, 90°, 111°, 176°, 180°, 270°. Addiere alle stumpfen Winkel.

5. Berechne. a) $\frac{2}{3} + \frac{1}{4}$ b) $\frac{5}{7} \cdot \frac{3}{4}$

6. Addiere die Kennzahlen der Figuren
a) die achsensymmetrisch sind,
b) die punktsymmetrisch sind.

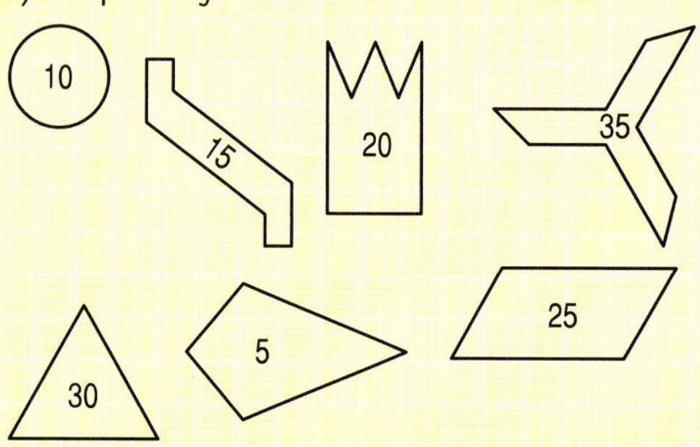

7. Berechne das Volumen des Quaders.
V = ▒ cm^3

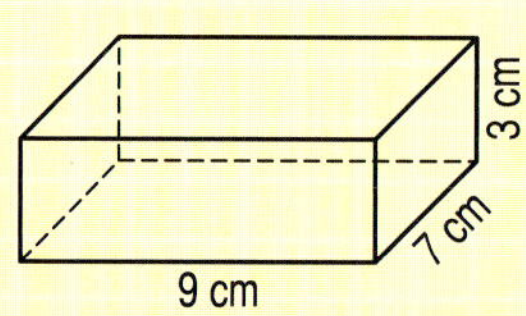

8. Berechne. a) 9,753 – 1,246
b) 0,312 : 0,12

9. Wandle in die angegebene Einheit um.
a) 7 min = ▒ s
b) 6 h = ▒ min
c) 2 Tage 8 h = ▒ h
d) $\frac{3}{4}$ h = ▒ min

$\frac{3}{7}$	B
$\frac{3}{10}$	S
$\frac{15}{28}$	R
$\frac{5}{6}$	R
$\frac{11}{12}$	S
2,3	P
$\frac{21}{20}$	K
3,25	T
2,6	R
3,8	J
3,4	D
8,507	G
8,123	L
25	N
21	A
45	E
40	I
56	Z
50	T
65	O
70	W
189	E
287	E
350	H
360	T
391	M
410	C
737	F
420	Ü

Kongruente Figuren

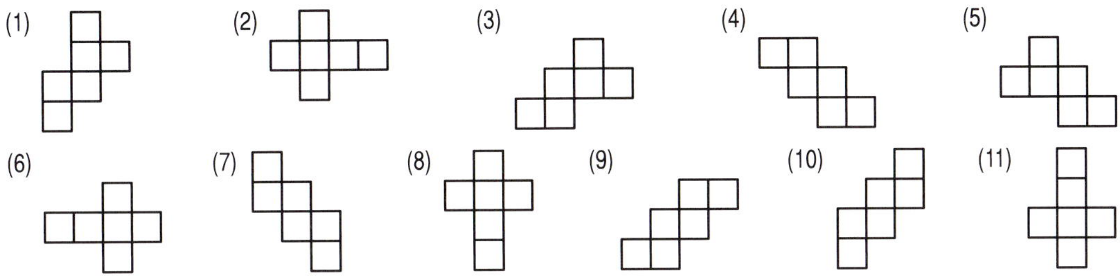

LVL **1.** Wie viele verschiedene Formen von Würfelnetzen sind hier zu sehen? Überlege gemeinsam mit anderen, welche Netze genau aufeinander passen würden. Begründet eure Meinung so anschaulich wie möglich. Papier, Bleistift, Geodreieck und Schere sind dabei sehr hilfreich.

Figuren sind **kongruent** (deckungsgleich), wenn sie so übereinander gelegt werden können, dass sie genau aufeinander passen. In kongruenten Figuren stimmen Winkel und Seitenlängen überein.

2. Welche Figuren sind kongruent? Ordne zu (z. B.: Figur Ⓕ ist kongruent zu Figur ⑥).

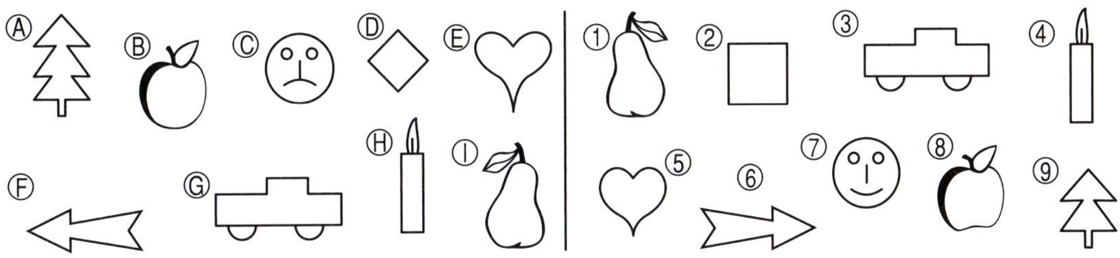

3. Übertrage die Zeichnung in dein Heft. Die beiden Figuren sind jeweils zueinander kongruent. Kennzeichne entsprechende Winkel und Seiten mit derselben Farbe.

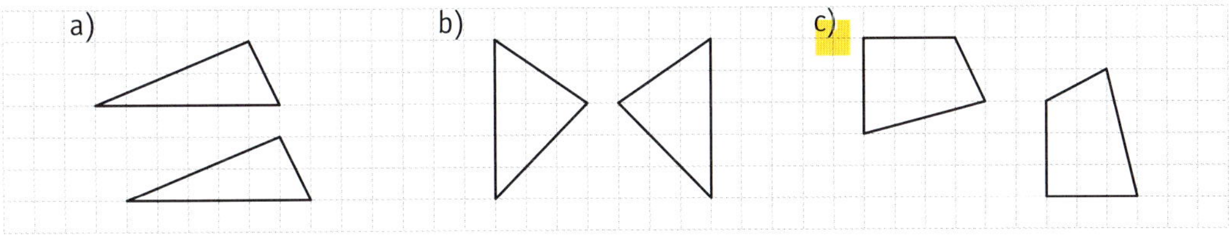

4. Welche Figuren sind zueinander kongruent?

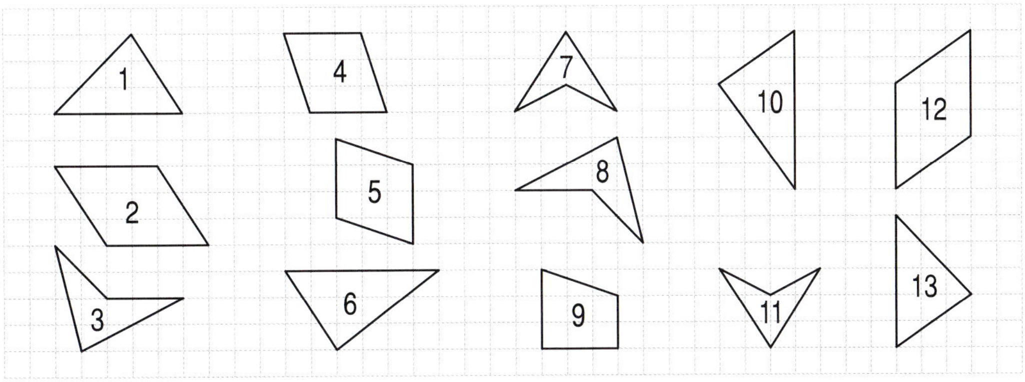

Parkette

LVL **1.**

Zeichne selbst zwei solche Parkette, die du gesehen oder erfunden hast.

2. Zeichne im Heft Parkette mit einem Trapez und mit einem Drachen als Grundfigur.

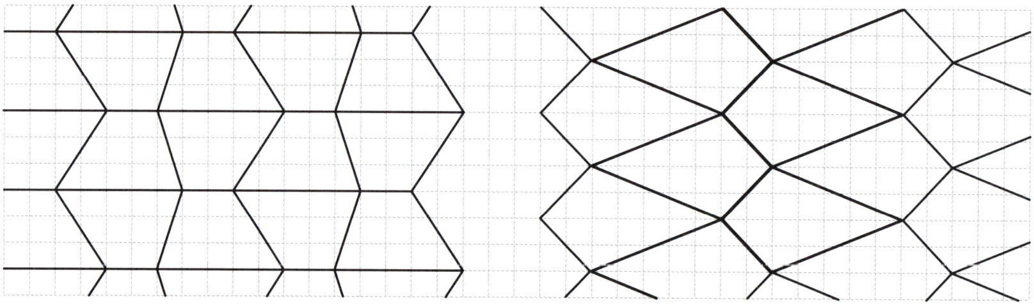

3. Zeichne im Heft mit der Grundfigur ein Parkett.

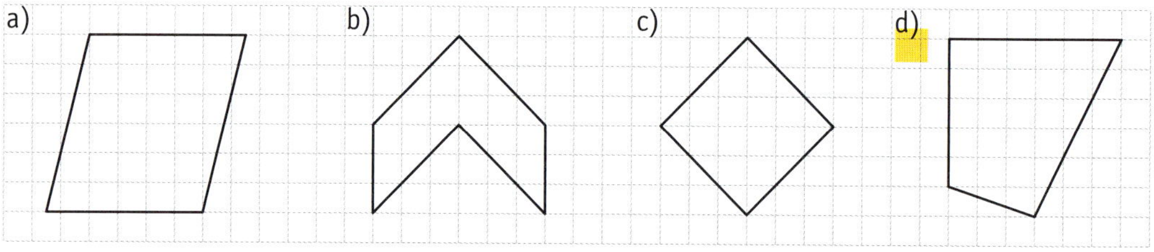

LVL **4.** Kannst du mit dieser Figur ein Parkett zeichnen? Präsentiere dein Ergebnis.

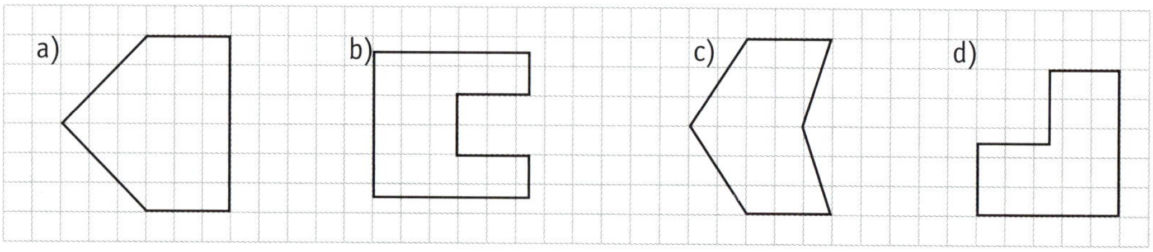

5. a) Zeichne ein Parkett mit einem beliebigen Dreieck als Grundfigur. Beginne so, dass du zunächst mit zwei Dreiecken ein Parallelogramm erhältst.

b) Gibt es ein Dreieck, mit dem kein Parkett gezeichnet werden kann? Begründe deine Antwort.

LVL **6.** Erfinde selbst nicht rechteckige Grundfiguren für ein Parkett, und zeichne drei verschiedene Parkette.

Schrägbilder

LVL **1.** Der im Schrägbild gezeichnete Quader ist 3 cm breit, 2 cm hoch und 5 cm lang.

a) Das Schrägbild ist die sogenannte „Kavalierperspektive“. Schreibe in deinem Heft auf, wie ein derartiges Schrägbild gezeichnet wird. Vergleiche deinen Text mit den Texten von Mitschülerinnen und Mitschülern; einigt euch auf einen gemeinsamen Text.

b) Übertrage den abgebildeten Quader ins Heft.

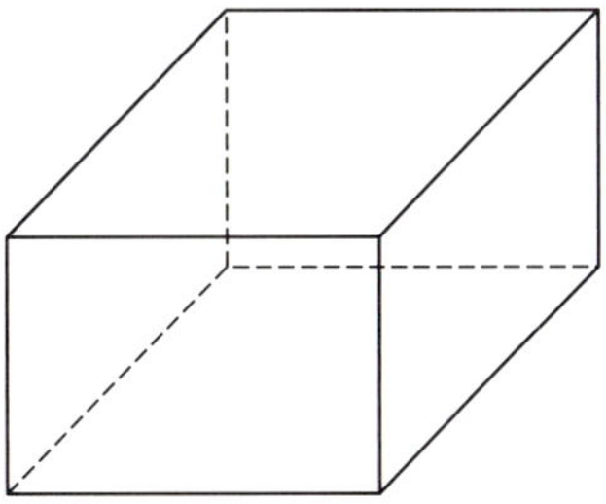

Zeichnen eines Schrägbildes in Kavalierperspektive

Vorderfläche zeichnen.

Senkrecht nach hinten laufende Kanten in halber Länge unter 45° zeichnen.

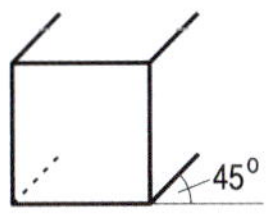

Fehlende Kanten zeichnen. Unsichtbare Kanten gestrichelt.

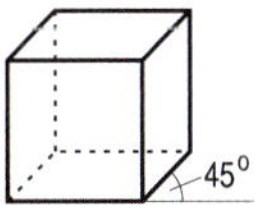

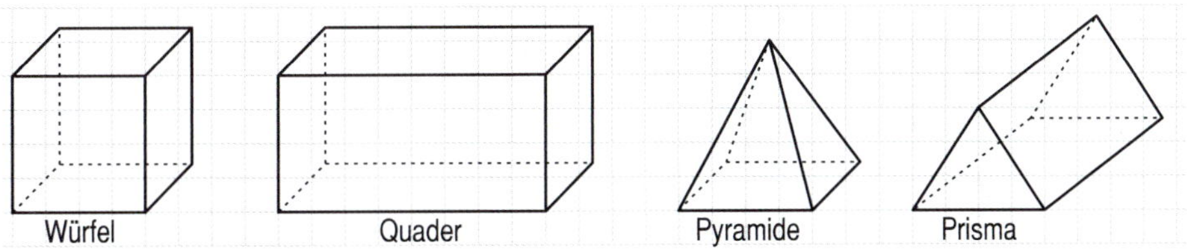

TIPP

Nach hinten verlaufende Kanten enden nicht immer auf einem Gitterpunkt.

2. Zeichne das Schrägbild eines Würfels bzw. eines Quaders mit den angegebenen Kantenlängen.

a) $a = b = c = 5$ cm b) $a = 5$ cm $b = 3$ cm $c = 7$ cm c) $a = 4{,}8$ cm $b = 5{,}1$ cm $c = 8{,}4$ cm

3. Besorge dir einen quaderförmigen Gegenstand aus der Wohnung, und fertige davon drei verschiedene Schrägbilder an. Beginne dabei mit unterschiedlichen Vorderflächen.

LVL **4.** Finde die Fehler bei den abgebildeten Schrägbildern.

a) Würfel b) Quader c) Prisma d) Würfel e) Quader f) Pyramide

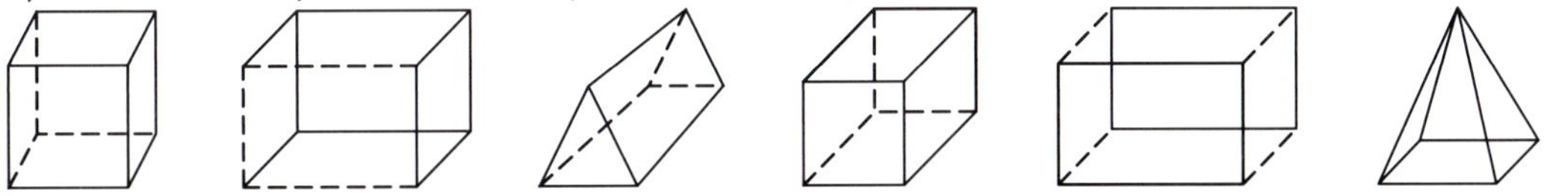

5. Aus welcher Blickrichtung siehst du den Würfel?

a) b) c)

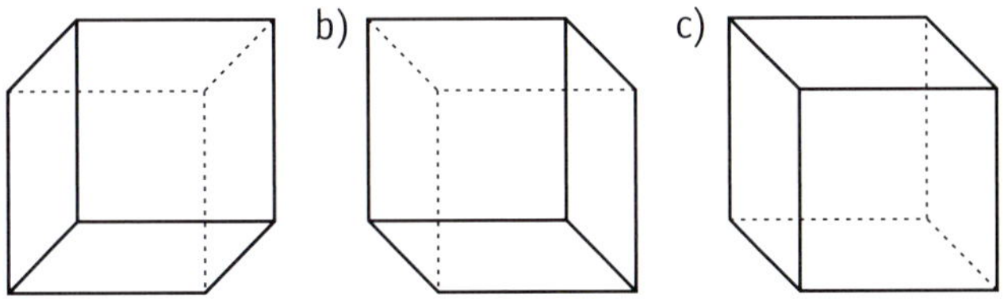

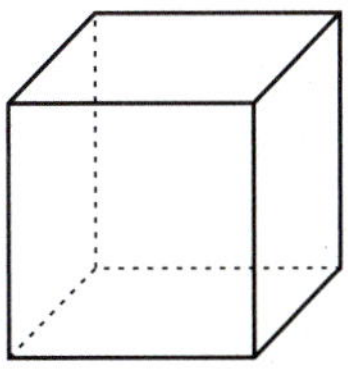

Diesen Würfel sieht man von rechts oben.

6. Zeichne das Schrägbild des Körpers in dein Heft.

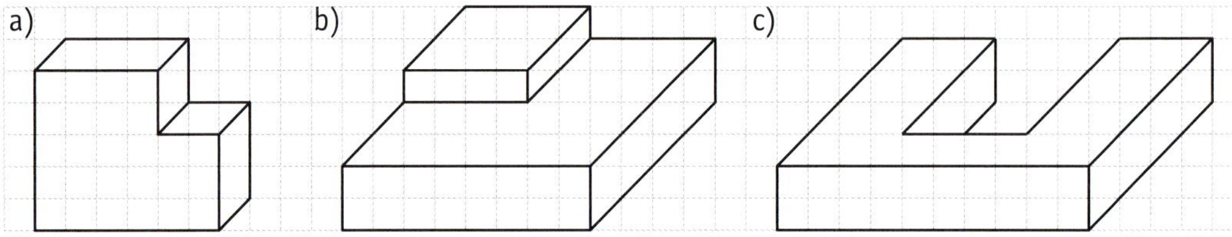

7. Zeichne das Schrägbild des Körpers.

a) Würfel mit a = 4,5 cm   b) Quader mit a = 4 cm   b = 6 cm   c = 7,5 cm

8. a) Zeichne den Blockbuchstaben H im Schrägbild. Wähle dafür folgende Maße: a = 1 cm, b = 2 cm, c = 8 cm, d = 3 cm.

b) Zeichne entsprechende Schrägbilder der Buchstaben T, L und E. Wähle die Maße selbst.

LVL c) Überlege dir weitere Buchstaben, von denen man gut Schrägbilder zeichnen kann, und zeichne Wörter aus diesen Buchstaben.

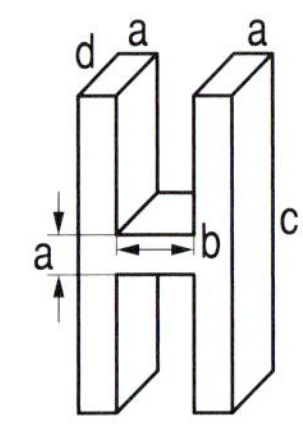

9. a) Zeichne das Schrägbild einer Pyramide mit der Grundflächenseite a = 5 cm und der Höhe h = 7 cm. Beginne mit der quadratischen Grundfläche, und zeichne dann die Höhe über dem Diagonalenschnittpunkt.

b) Zeichne das Schrägbild derselben Pyramide, aber mit der Spitze unterhalb der Grundfläche.

c) Zeichne das Schrägbild einer Pyramide mit a = 5 cm und der Höhe h = 1 cm, die Spitze oberhalb der Grundfläche.

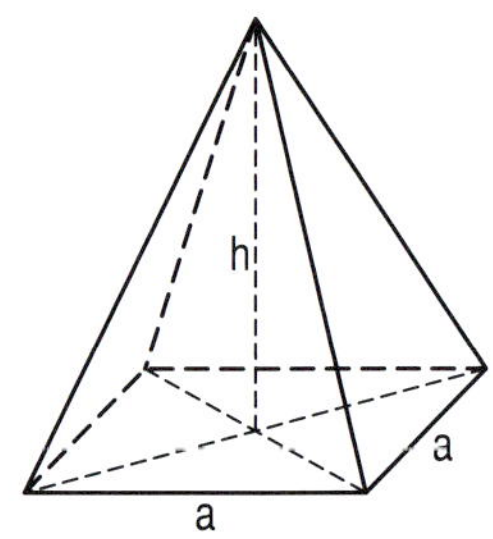

LVL 10. Fritzi und Luise zeichnen zwei verschiedene Schrägbilder eines Prismas mit der abgebildeten Grundfläche und 5 cm Prismenhöhe. Überlegt in Partnerarbeit, wie beide zu zeichnen sind, und zeichnet.

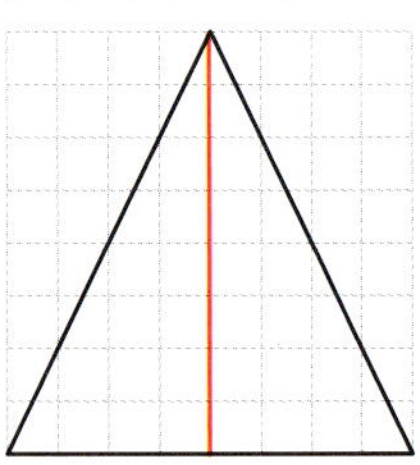

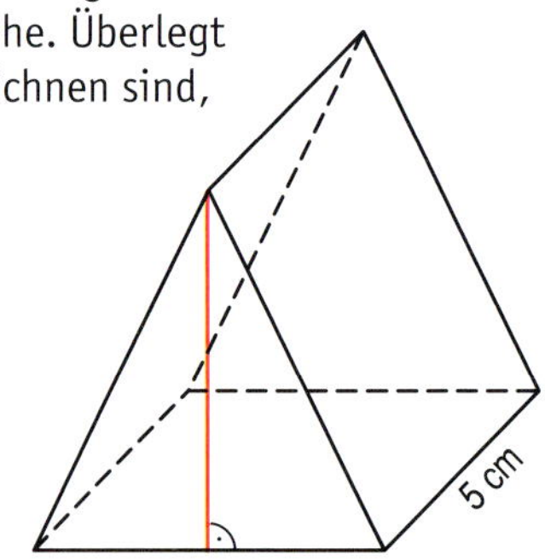

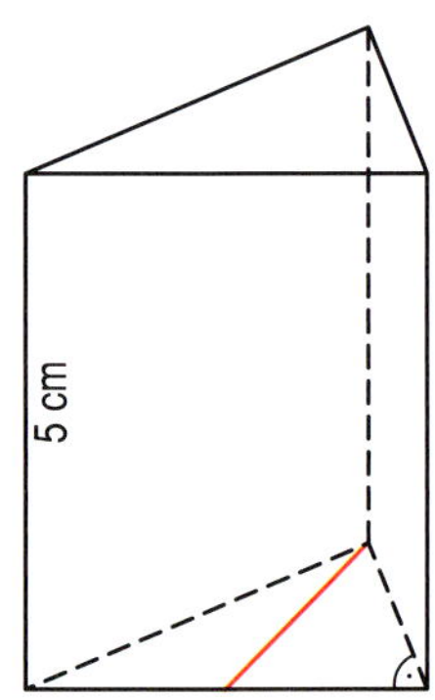

LVL 11. Auf welcher Würfelfläche ist der Kreis, vorne, hinten, seitlich oder unten? Begründe deine Meinung, oder erkläre, warum sich die Frage nicht zweifelsfrei beantworten lässt.

① 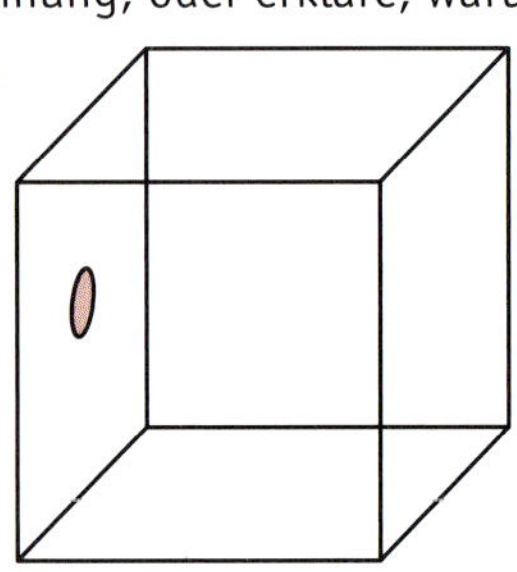

② 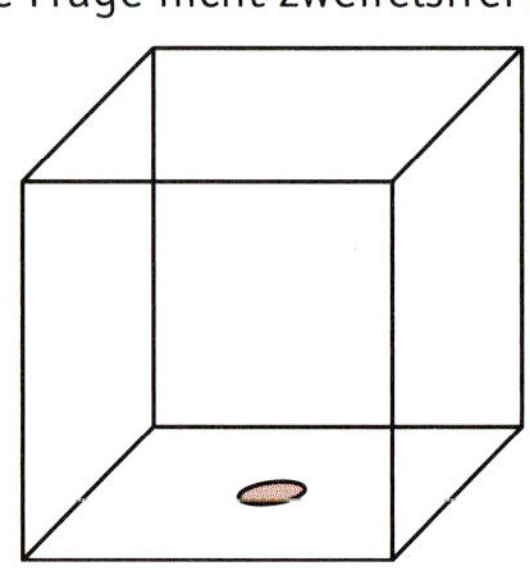

③ 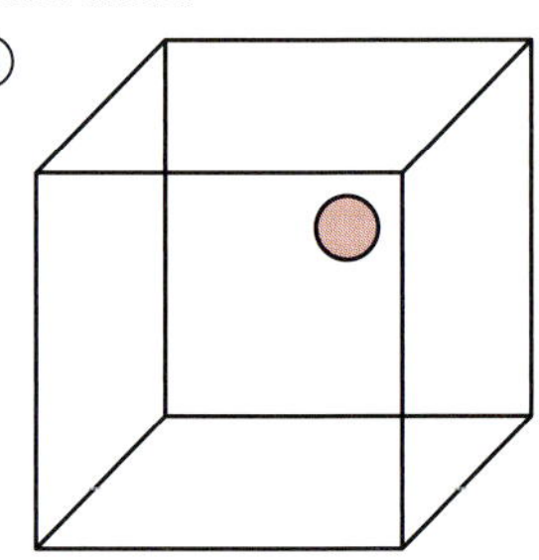

1. Zeichne die Strecke $\overline{AB}$, und konstruiere die zugehörige Mittelsenkrechte.

a) $\overline{AB}$ = 5 cm   b) $\overline{AB}$ = 7,7 cm

2. Zeichne den Winkel α, und konstruiere die zugehörige Winkelhalbierende.

a) $\alpha = 36°$ b) $\alpha = 83°$

c) $\alpha = 127°$ d) $\alpha = 90°$

3. Zeichne die Planfigur, und gib an welche Grundaufgabe vorliegt (WSW, SWS, SSS oder SsW).

a) a = 8 cm; b = 6,5 cm; c = 5,8 cm

b) c = 6 cm; $\alpha = 48°$; $\beta = 75°$

c) a = 3,9 cm; b = 5,3 cm; $\gamma = 70°$

d) b = 4,4 cm; a = 5,4 cm; $\alpha = 84°$

4. Konstruiere das Dreieck (Planfigur zuerst!).

a) b = 6 cm; c = 8 cm; $\alpha = 41°$

b) b = 8 cm; $\alpha = 50°$; $\gamma = 70°$

c) a = 7,5 cm; b = 6 cm; c = 8 cm

d) a = 7,8 cm; b = 6,2 cm; $\alpha = 87°$

5. Berechne den fehlenden Dreieckswinkel.

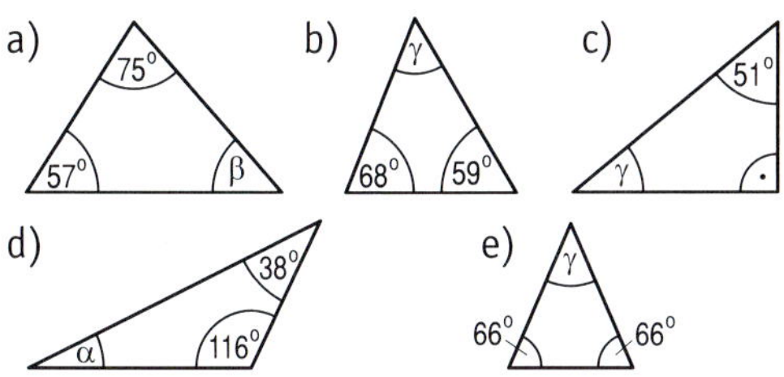

6. Welcher Dreieckstyp liegt vor?

a) a = 6 cm; b = 6 cm; c = 6 cm

b) $\alpha = 90°$; $\beta = 35°$; $\gamma = 55°$

c) a = 7 cm; b = 7 cm; c = 8 cm

d) $\alpha = 60°$; $\beta = 60°$; $\gamma = 60°$

e) $\alpha = 40°$; $\beta = 40°$; $\gamma = 100°$

f) a = 4 cm; b = 4 cm; $\alpha = 60°$

7. Zeichne das Dreieck und seine Symmetrieachsen.

a) gleichseitiges Dreieck: a = b = c = 6,5 cm

b) gleichschenkliges Dreieck:
a = b = 7 cm; $\gamma = 42°$

8. Zeichne das Schrägbild eines Würfels mit der Kantenlänge a = 5 cm.

9. Zeichne das Schrägbild eines Quaders mit den Kantenlängen a = 3 cm, b = 7 cm, c = 5 cm.

Mittelsenkrechte

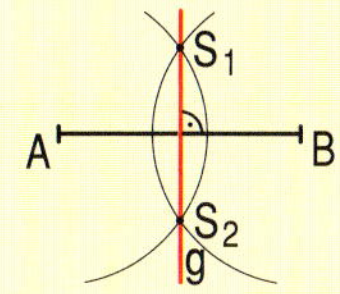

Winkelhalbierende

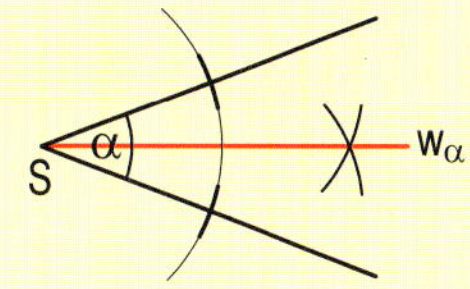

Dreieckskonstruktionen

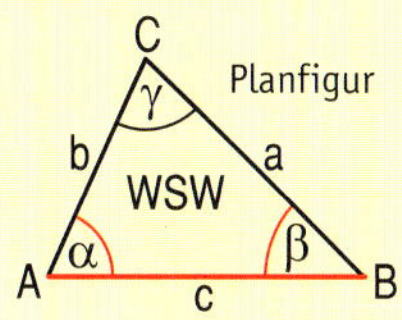

1. Strecke $\overline{AB}$ zeichnen
2. Winkel α und β antragen

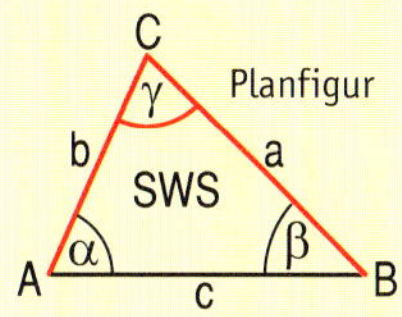

1. Strecke $\overline{BC}$ zeichnen
2. Winkel γ an $\overline{BC}$ antragen
3. Strecke $\overline{AC}$ abtragen

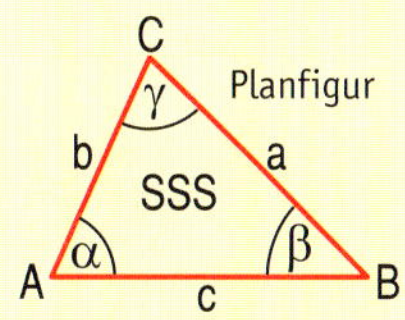

1. Strecke $\overline{AB}$ zeichnen
2. Kreisbogen um A mit Radius b
3. Kreisbogen um B mit Radius a

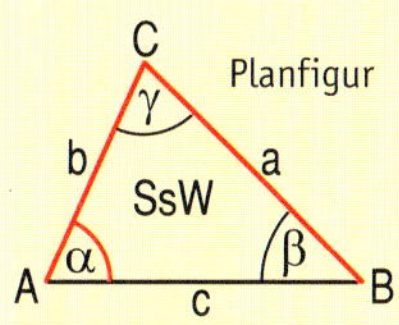

1. Strecke $\overline{AC}$ zeichnen
2. Winkel γ an $\overline{AC}$ antragen
3. Kreisbogen um A mit Radius c

Winkelsumme im Dreieck:
$\alpha + \beta + \gamma = 180°$

Dreieckstypen

rechtwinklig	gleichschenklig	gleichseitig
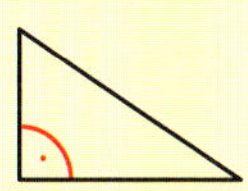	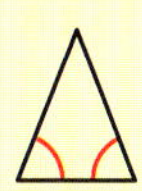	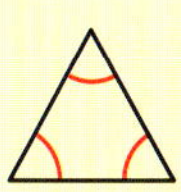
Ein Winkel ist 90° groß.	Zwei Winkel sind gleich groß, zwei Seiten gleich lang.	Jeder Winkel ist 60° groß, alle Seiten sind gleich lang.

Schrägbild

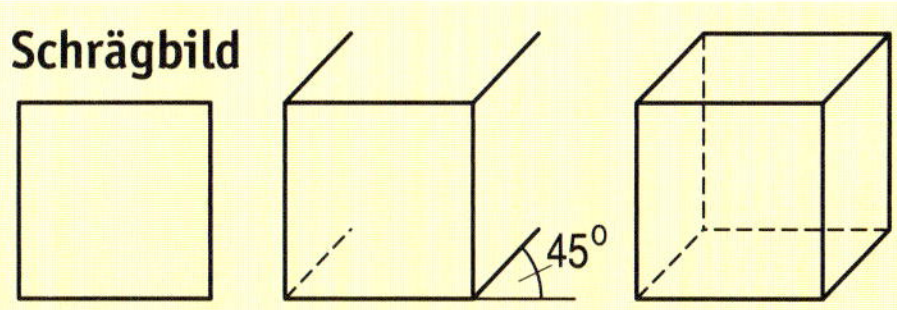

1. Vorderfläche zeichnen
2. Senkrecht nach hinten laufende Kanten mit halber Länge unter 45° zeichnen.

DIAGNOSETEST

1. a) Zeichne die Strecke $\overline{AB}$ = 6,9 cm, und konstruiere die zugehörige Mittelsenkrechte.
b) Zeichne einen Winkel α = 73°, und konstruiere die zugehörige Winkelhalbierende.

2. Zeichne die Planfigur, und konstruiere das Dreieck mit a = 5,0 cm; b = 7,5 cm; γ = 67°.

3. Konstruiere das Dreieck ABC mit α = 66°; β = 47°; c = 6,4 cm. Zeichne zuerst die Planfigur.

4. Berechne den fehlenden Dreieckswinkel.

a) b)

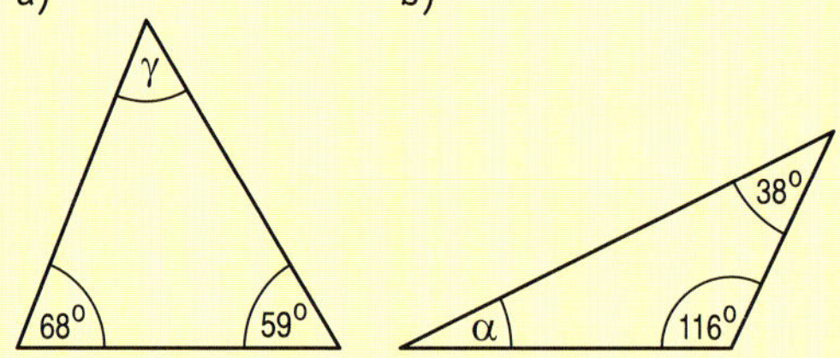

5. Markiere die Eckpunkte des Dreiecks ABC im Koordinatensystem, und bestimme den Dreieckstyp.
a) A(1|1) B(7|1) C(4|4)
b) A(2|2) B(8|2) C(2|6)

Wähle weitere 5 Aufgaben aus

1. Konstruiere das Dreieck ABC mit a = 4 cm; b = 6,4 cm und c = 8 cm. Mache zuerst eine Planfigur und notiere dann die einzelnen Konstruktionsschritte.

2. Woran erkennst du ohne zu konstruieren, dass ein solches Dreieck ABC nicht möglich ist?
a) c = 8,0 cm; α = 125°; β = 65° b) a = 5 cm; b = 3 cm; c = 10 cm

3. Wie lang ist die nicht direkt zu messende Strecke von B nach C?

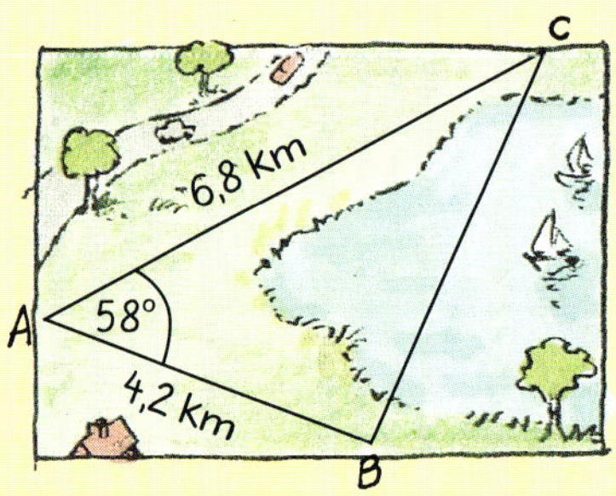

4. Wie hoch ist der Turm? Beachte, dass er aus 1,50 m Augenhöhe angepeilt wird.

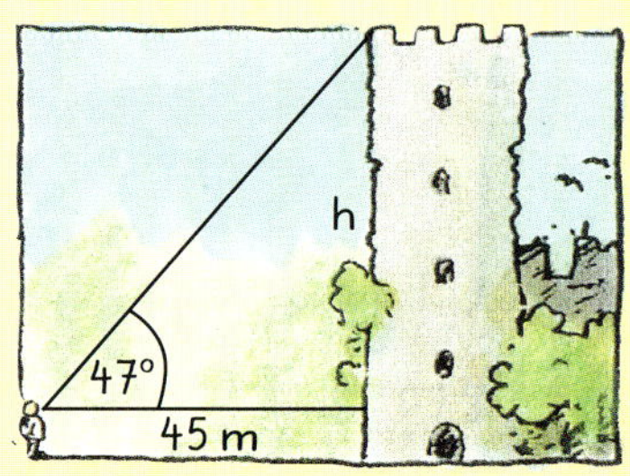

5. Berechne den fehlenden Winkel.

a) b)

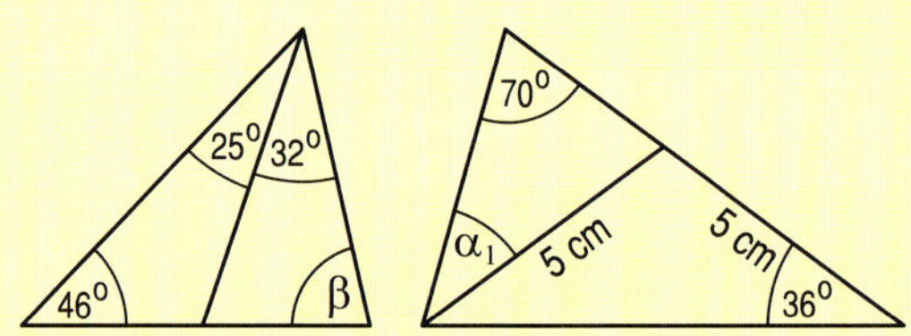

6. In einem Dreieck ist ein Winkel doppelt so groß wie der kleinste Winkel und der dritte Winkel dreimal so groß wie der kleinste Winkel. Wie groß sind die drei Winkel des Dreiecks?

7. Zeichne das Schrägbild des Quaders mit den Kantenlängen a = 3 cm; b = 4 cm; c = 10 cm.

8. Zeichne ein Dreieck mit c = 8 cm; α = 70° und β = 60°. Konstruiere anschließend den Kreis durch die Punkte A, B und C.

9. Ein Schiff fährt in östliche Richtung. Den Leuchtturm „Felsencliff" sieht man vom Schiff unter dem Winkel von 30° (nach Osten von der Nordrichtung abweichend). 10 Seemeilen weiter sieht man vom Schiff den Leuchtturm unter dem Winkel von 10° (nach Osten von der Nordrichtung abweichend). Wie weit ist das Schiff dann vom Leuchtturm entfernt?

4

Prozentrechnung

Prozentsätze

LVL **1.** Bildet Gruppen mit jeweils drei oder vier Schülerinnen und Schülern. Jede Gruppe gestaltet ein Lernplakat zum Thema „Prozentsätze". Aus jeder Gruppe stellt eine Person das Lernplakat vor und erklärt es. Anschließend berät die Klasse darüber, welches Lernplakat besonders geeignet ist, an der Wand der Klasse aufgehängt zu werden.

LVL **2.** Partnerarbeit: Auf der vorigen Seite ist das Ergebnis einer Schülerbefragung dargestellt.

a) Um welche Befragung handelt es sich? Wie sind die Ergebnisse dargestellt?

b) Beide Diagramme zeigen die gleichen Anteile. Schätzt, wie groß sie sind. Wo lest ihr die Anteile am besten ab?

c) Wie würdet ihr eine Befragung zum Thema in eurer Schule durchführen? Beschreibt das Vorgehen, und schätzt die Ergebnisse einer solchen Untersuchung.

3. Schreibe den Prozentsatz als Bruch und den Bruch als Prozentsatz. Kürze, wenn es geht.

a)	b)	c)	d)	e)	f)	g)
16%	1%	50%	20%	2%	75%	100%
$\frac{57}{100}$	$\frac{8}{100}$	$\frac{25}{100}$	$\frac{10}{100}$	$\frac{13}{100}$	$\frac{7}{100}$	$\frac{99}{100}$

4. Bestimme 1% von der Größe.

a) 1% von 500 €
1% von 700 €

b) 1% von 900 m
1% von 200 m

c) 1% von 300 kg
1% von 100 kg

d) 1% von 1 200 €
1% von 3 700 €

e) 1% von 7 500 m
1% von 6 800 m

f) 1% von 2 350 kg
1% von 9 470 kg

> 1% von 400 €
>
> 400 € · $\frac{1}{100}$ = 4 € (400 : 100)
>
> 1% von 400 € = 4 €

5. Welche Kugel gehört in welchen Eimer? Schreibe so: 1% von 250 kg = 2,5 kg.

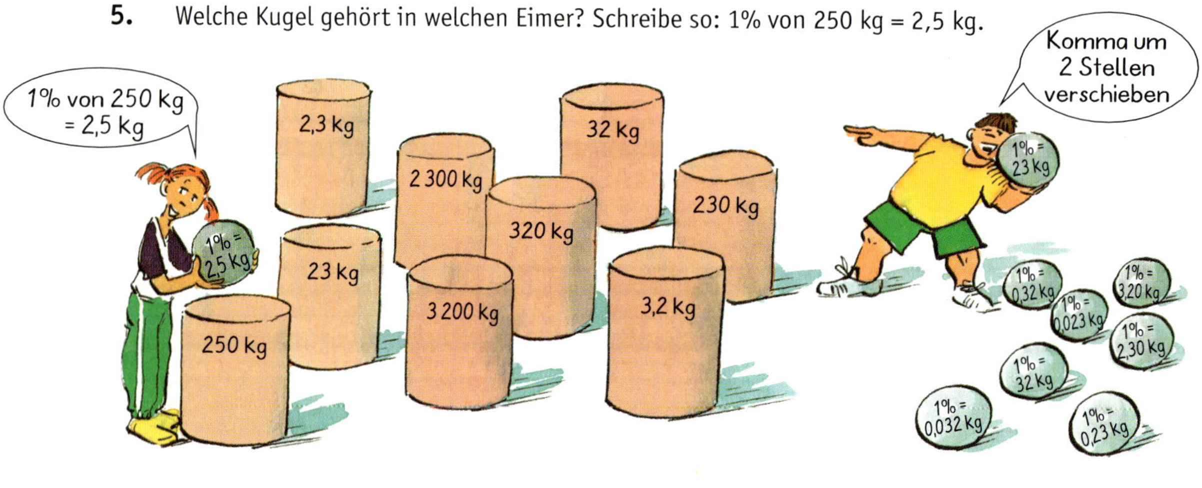

6. Bestimme immer ein Prozent.

a) 1% von 67 m b) 1% von 29 € c) 1% von 94 m d) 1% von 103 €
e) 1% von 57 cm f) 1% von 23 kg g) 1% von 48 m h) 1% von 38 kg
i) 1% von 7 € j) 1% von 5 kg k) 1% von 1 m l) 1% von 6 *l*
m) 1% von 2 € n) 1% von 3 kg o) 1% von 5 m p) 1% von 8 km

TIPP
Denke dir ein Komma nach dem Einer und verschiebe es:
67 m = 67,0 m

7. Bestimme immer 1% von der Größe.

a)	b)	c)	d)	e)
900 €	459,00 km	234,500 km	4 378,5 kg	2 kg
40 €	26,50 km	74,320 km	657,8 kg	0,3 kg
2 €	1,82 km	8,675 km	12,4 kg	0,07 kg

8. Bestimme erst 1%, dann 3% von der Größe.

a) 500 € b) 800 € c) 700 €
d) 2 600 kg e) 3 200 kg f) 6 800 kg
g) 250 m h) 110 m i) 320 m

3% von 400 € sind ▪ €.

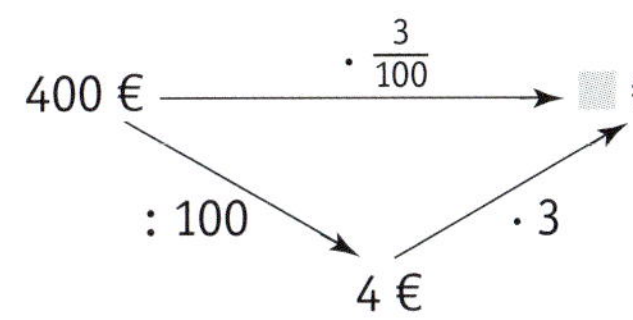

3% von 400 € = 12 €

9. Bestimme immer 5% von der Größe.

a) 200 € b) 600 € c) 500 €
d) 4 300 kg e) 2 150 kg f) 1 260 kg

10. a) 2% von 700 € b) 4% von 300 € c) 5% von 600 € d) 10% von 500 €

11. Pascal hat 300 Briefmarken. 4% davon sind aus Asien, 3% stammen aus Afrika. Wie viele Marken besitzt er von diesen Erdteilen, wie viele von den übrigen Erdteilen?

LVL **12.** Bei einer Tombola werden 600 Lose verkauft. Es gibt einen Hauptpreis, 3 % der Lose sind mittlere Gewinne und 7 % der Lose sind Trostpreise. Stelle drei Fragen, und berechne die Lösungen.

LVL **13.** Für einen Versuch im Biologieunterricht hat Marion auf jedes Feld gleich viele Erbsen gelegt. Stelle drei Fragen, und berechne die Lösungen.

14. Zeichne ein Hunderterfeld. Färbe 50% blau, 25% grün, 10% gelb, 5% schwarz und 1% rot.

a) Wie viel Prozent des Hunderterfeldes sind nicht gefärbt?
b) Denk dir auf jedem Feld sechs 1-Euro-Münzen.
Wie viele Euro liegen dann auf den blauen, grünen, gelben, schwarzen und roten Feldern?
Wie viele Euro sind es insgesamt?

15. Denke dir auf jedem einzelnen der 100 Felder 4 Autos.

a) Wie viele Autos sind dann auf dem Hunderterfeld?
b) Wie viele Autos sind 1%, 2%, 5% und 7% davon?

16. Denke dir auf jedem einzelnen der 100 Felder 5 Personen.

a) Wie viele Personen sind dann insgesamt auf dem Hunderterfeld?
b) Wie viele Personen sind $\frac{1}{100}$, $\frac{8}{100}$, $\frac{3}{10}$ und $\frac{7}{10}$ davon?

Prozentsätze und Brüche

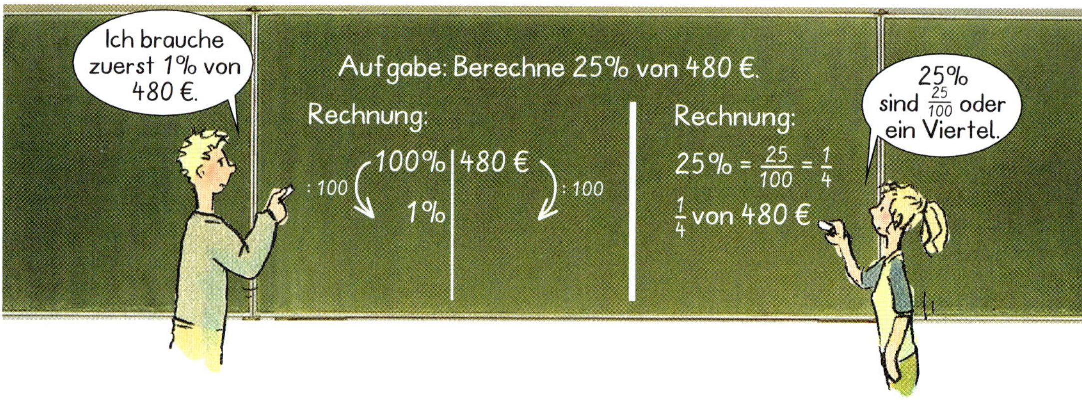

LVL **1.** Partnerarbeit: Diskutiert die Rechenwege des Jungen und des Mädchens. Woran erinnert euch die Rechnung des Jungen? Wie würdet ihr rechnen?

LVL **2.** Erstellt in Gruppen eine Liste mit einfachen Prozentsätzen und passenden Brüchen. Zeichnet dazu, so genau ihr könnt, auch passende Bilder. Die folgenden Zeichnungen können euch dabei vielleicht helfen.

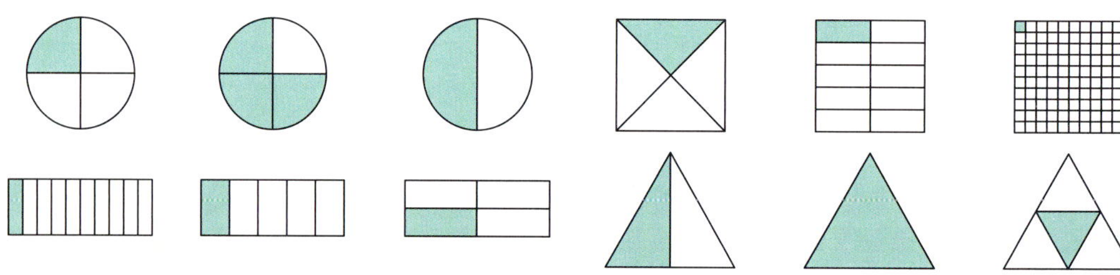

3.
a) $\frac{1}{4}$ von 80 l b) $\frac{1}{5}$ von 250 € c) $\frac{2}{3}$ von 900 kg d) $\frac{3}{4}$ von 800 €
e) $\frac{2}{5}$ von 60 l f) $\frac{1}{10}$ von 700 € g) $\frac{1}{100}$ von 500 kg h) $\frac{5}{6}$ von 120 €

4. Rechne mit dem passenden Bruch.
a) 10% von 70 € b) 20% von 25 € c) 25% von 40 € d) 50% von 60 €
e) 75% von 40 € f) 50% von 44 € g) 75% von 120 € h) 75% von 80 €

5. Bestimme immer 10% von der Größe. Wähle im Ergebnis eine sinnvolle Maßeinheit.

a)	b)	c)	d)	e)	f)
4 300 l	187 €	25,6 m	125,61 kg	1,5 t	386,50 €
3 150 l	46 €	3,8 m	5,75 kg	0,3 t	5,30 €
270 l	8 €	0,4 m	0,63 kg	70,8 t	0,60 €

LVL **6.** Hält man hier ein, was man verspricht?

Vermischte Aufgaben

1. Gib den gefärbten Anteil als Bruch, als Dezimalbruch und in Prozent an.

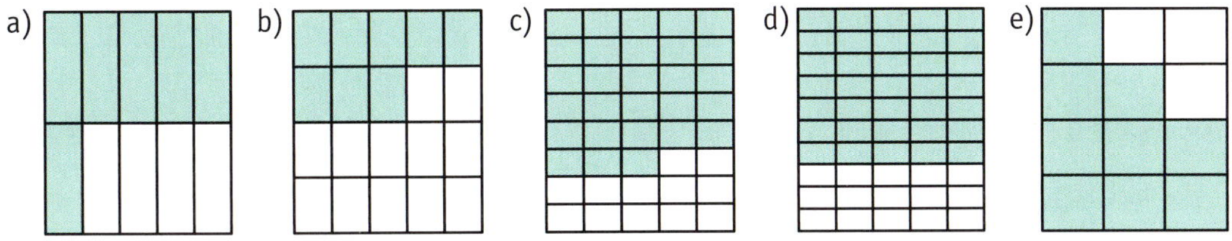

LVL 2. Partnerarbeit: Ein Stück Käse wiegt 240 g. Eine oder einer von euch berechnet, wie viel die angegebenen Bruchteile davon wiegen. Der oder die andere rechnet aus, wie viel Gramm den Prozentsätzen entsprechen. Viele Ergebnisse sind gleich. Welche sind es? Tipp: Schreibt die Aufgaben und Ergebnisse ordentlich auf, am besten jeweils in einer Tabelle.

Bruchteile von 240 g

$\frac{1}{2}$ $\frac{1}{3}$ $\frac{1}{4}$ $\frac{1}{5}$ $\frac{1}{6}$ $\frac{1}{8}$ $\frac{3}{4}$ $\frac{3}{5}$ $\frac{3}{6}$ $\frac{3}{8}$

$\frac{2}{3}$ $\frac{2}{4}$ $\frac{2}{5}$ $\frac{2}{6}$ $\frac{2}{8}$ $\frac{4}{5}$ $\frac{4}{6}$ $\frac{4}{8}$ $\frac{5}{6}$ $\frac{5}{8}$

Prozentsätze von 240 g

1% 2% 3% … 9% 10%

20% 30% … 100% 25% 75%

LVL 3. Welcher Prozentsatz gehört zu dem Bruch $\frac{1}{3}$? Überlege, diskutiere mit anderen, rechne und begründe deine Prozentangabe.

4. Setze <, = oder > ein: a) 52% ▢ $\frac{1}{2}$ b) $\frac{1}{4}$ ▢ 30% c) 12,5% ▢ $\frac{125}{1000}$

5. Bestimme immer 10% bzw. $\frac{1}{10}$ von der Größe.

a) 380 € b) 1750 *l* c) 34,5 kg d) 1,9 m e) 3,75 t f) 198,50 €
g) 7 € h) 0,5 *l* i) 0,32 kg j) 0,5 m k) 0,99 t l) 0,85 €

6. Das Ganze ist 300 €. Berechne die Anteile, und vergleiche.

a) $\frac{1}{4}$, 20%, $\frac{1}{3}$ b) 50%, $\frac{2}{5}$, $\frac{2}{3}$ c) 25%, $\frac{1}{3}$, $\frac{1}{5}$ d) $\frac{3}{4}$, 60%, $\frac{2}{3}$

LVL 7.

8. Immer 3 Kärtchen passen zusammen.

36 *l* von 360 *l* | 25% | $\frac{1}{5}$ | 25 kg von 75 kg | $\frac{1}{3}$ | $\frac{3}{4}$ | 120 € von 480 € | 0,1 | 15 m von 75 m | $33\frac{1}{3}$% | 20% | $\frac{1}{4}$ | 10% | 75% | 150 € von 200 €

Grundwert und Prozentwert

Grundwert G

Herr Marten verdient 1500 €.

Prozentsatz p%

Davon muss er 30% für die Miete bezahlen.

Prozentwert W

Das sind 450 € im Monat.

240 Triathleten haben das Ziel erreicht. Das sind 80% aller 300 Triathleten, die am Wettkampf teilgenommen haben.

Grundwert G

Prozentsatz p%

Prozentwert W

1. Was ist der Grundwert (G), was der Prozentsatz (p%) und was der Prozentwert (W)?

a) Von 1000 € sind 50% genau 500 €.
b) 8 kg von 80 kg sind 10%.
c) 32 kg sind 10 % von 320 kg.
d) 4,50 € sind 1 % von 450 €.
e) 0,40 € sind von 2 € genau 20%.
f) 2% von 150 Gästen sind 3 Gäste.

LVL **2.** Erarbeitet zu zweit 4 Beispiele: Jeder schreibt zwei kurze Texte wie in Aufgabe 1 auf. Wählt einfache Zahlen zum Kopfrechnen.
Dann tauscht die Texte aus. Jeder prüft die Zahlen im fremden Text und schreibt G über den Grundwert, p% über den Prozentsatz und W über den Prozentwert.

3. Bestimme den Prozentwert (W).

a)

Grundwert (G)	Prozentsatz (p%)
900 €	10%
160 €	25%

b)

Grundwert (G)	Prozentsatz (p%)
240 kg	1%
150 kg	20%

c)

Grundwert (G)	Prozentsatz (p%)
48 *l*	50%
62 *l*	10%

4. Bestimme den Prozentwert (W).

a) 25% von 200 €
b) 50% von 124 kg
c) 75% von 160 m
d) 1% von 460 €
e) 10% von 230 kg
f) 50% von 148 m
g) 20% von 500 €
h) 20% von 120 kg
i) 25% von 1000 m

5. In der Tabelle stehen Prozentwerte. Auf welche Schule trifft die Angabe zu? Notiere Grundwert G, Prozentwert W und Prozentsatz p%.

a) 20% von 600 Schülerinnen und Schülern sind in einem Sportverein.
b) 10% von 300 Jugendlichen benutzen den Bus.
c) 50% von 500 Schülerinnen und Schülern sind Mädchen.

Schule	Schülerinnen/ Schüler
Newtonschule	100
Celsiusschule	120
Maxwellschule	250
Hertzschule	30

6. Überlege zunächst, wie viel Prozent des Kreises eingefärbt sind. Bestimme dann den Grundwert (G).

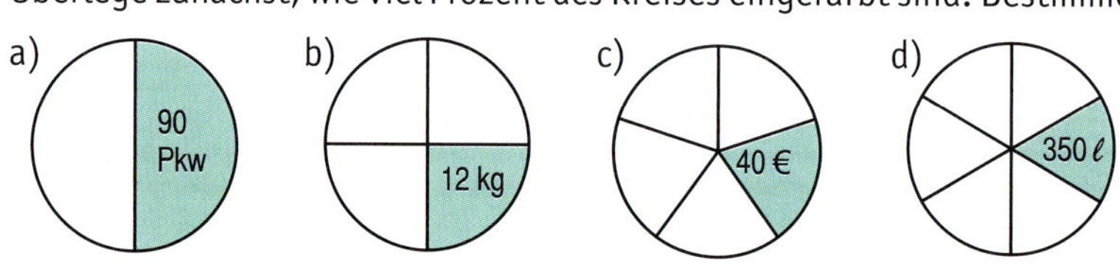

TIPP
Der ganze Kreis steht für 100%, also für G.

LVL **7.** 5% von 800 = 40

Erfinde drei Textaufgaben. Dabei soll einmal 5%, einmal 800 und das dritte Mal 40 die Lösung sein. Stelle deine Aufgaben der Klasse vor.

Berechnung des Prozentwertes W

Wie viel Euro sind 15% von 800 €? Gegeben: G = 800 €, p% = 15%; gesucht: W

Operatorschreibweise

$15\% = \frac{15}{100} = 0{,}15$

800 € $\xrightarrow{\cdot \frac{15}{100}}$ ■ €

Rechnung: 800 · 0,15 = 120

W = 120 €

Dreisatz

: 100	100%	800 €	: 100
· 15	1%	8 €	· 15
	15%	**120 €**	

1% von 800 € = 8 €

15% von 800 € sind 120 €.

LVL **1.** Partnerarbeit: Denkt euch eine Aufgabe zur Berechnung des Prozentwertes aus. Du erklärst deiner Partnerin oder deinem Partner die Rechnung mit dem Operator. Sie oder er erklärt dir den Rechenweg mit dem Dreisatz (oder umgekehrt). Welchen Weg bevorzugt ihr, oder findet ihr noch einen anderen?

2. Berechne den Prozentwert (W) mit einem Operator, dem Dreisatz oder deiner eigenen Methode.

a) 15% von 600 € b) 30% von 700 € c) 12% von 500 € d) 18% von 200 €
e) 14% von 240 kg f) 8% von 610 kg g) 11% von 130 kg h) 6% von 670 kg

3. a) Herr Schmidt muss von seinem 1620-€-Gehalt 22% Steuern zahlen. Welcher Betrag ist das?
b) Ein Paket wiegt 4800 g. Die Verpackung wiegt 17% davon. Wie viel wiegt die Verpackung?
c) Bei einer Verkehrskontrolle wurden 96 Lkws überprüft. 25% der Fahrzeuge hatten Mängel.

4. Berechne den Prozentwert (W) im Kopf oder schriftlich.

a) 12% von 100 €; 30% von 270 €
b) 8% von 400 €; 10% von 250 €
c) 1% von 76 kg; 3% von 50 kg
d) 15% von 200 m; 50% von 42 m

5. Überschlage erst mit einem passenden Bruch. Rechne dann genau.

a) 49% von 86 € b) 26% von 160 kg c) 11% von 90 €
d) 24% von 12 € e) 51% von 520 kg f) 2% von 52 €
g) 9% von 74 € h) 19% von 350 kg i) 12% von 70 €
j) 51% von 61 € k) 24% von 40 kg l) 9% von 88 €

21% von 45 €
$21\% \approx 20\% = \frac{1}{5}$
45 € : 5 = 9 €
21% von 45 € ≈ 9 €

6. Berechne den Prozentwert (W). Runde das Ergebnis auf Cent bzw. Zentimeter.

Grundwert	a) 65,40 €	b) 87,2 m	c) 256,3 m	d) 12,65 €	e) 256,6 m	f) 0,55 €
Prozentsatz	6%	14%	82%	6%	35%	5%

7. Eine Saftflasche enthält 750 ml. Davon sind 40% Fruchtanteil. Der Rest ist Wasser. Wie viel ml Fruchtsaft und wie viel ml Wasser sind in der Flasche?

LVL **8.** a) Fünfzig Prozent vom Doppelten von 1200 € sind ...
Es gibt mehrere Lösungen im rechten Feld. Finde sie möglichst alle.
b) Formuliere selbst ein ähnliches Rätsel, und biete deinem Nachbarn richtige und falsche Lösungsvorschläge an.

600 €
120 €
$\frac{1}{2} \cdot 2 \cdot 1200$ €
100% von 1200 €
2400 €
$\frac{50}{100} \cdot (2 \cdot 1200$ €$)$
50% von 600 €
1200 €

LVL

7-Meter-Schützen für das Handballturnier gesucht

①

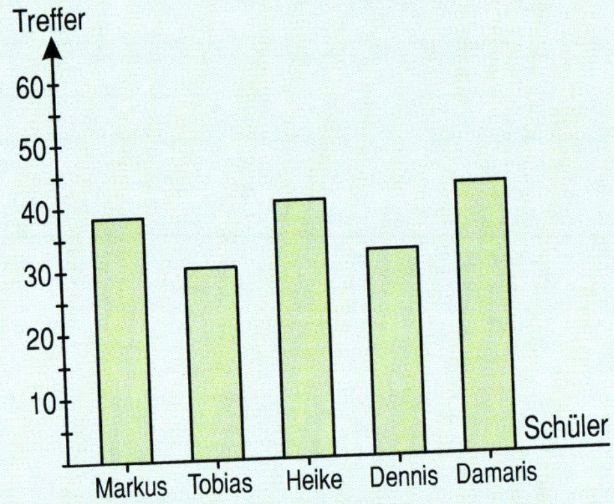

②

③

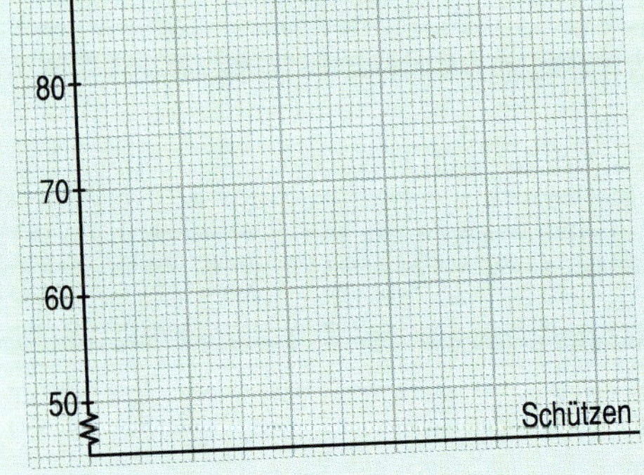

Berechnung des Prozentsatzes p%

Wie viel Prozent sind 36 kg von 400 kg? Gegeben: G = 400 kg, W = 36 kg; gesucht: p%

Operatorschreibweise

400 kg $\xrightarrow{\cdot\ \square}$ 36 kg

Rechnung: $p\% = \frac{36}{400} = \frac{9}{100}$

p% = 9%

Dreisatz

: 400	400 kg	100%	: 400
· 36	1 kg	$\frac{100}{400}$%	· 36
	36 kg	0,25% · 36 = 9%	

$\frac{\overset{1}{\cancel{100}} \cdot \overset{9}{\cancel{36}}}{\underset{4 \quad 1}{\cancel{400}}}$

36 kg von 400 kg sind 9%.

LVL **1.** Partnerarbeit: Denkt euch eine Aufgabe zur Berechnung des Prozentsatzes aus. Jeder löst sie mit der Operatorschreibweise, dem Dreisatz oder einer eigenen Methode. Diskutiert eure Lösungswege, und vergleicht eure Ergebnisse.

LVL **2.** Wie viel Prozent sind 14 € von 700 €? Inas Rechnung steht auf dem Zettel. Erkläre den Rechenweg.

100%	700 €
1%	7 €
2%	14 €

3. Berechne den Prozentsatz (p%) mit einer Methode deiner Wahl.
a) 36 € von 600 € b) 49 € von 700 € c) 95 € von 500 €

4. Zu einem Zeltlager in Dänemark sind 300 Jugendliche angereist. 156 der Jugendlichen sind Jungen. Wie viel Prozent sind das? Wie viel Prozent der Jugendlichen sind Mädchen?

5. Notiere den Grundwert und den Prozentwert. Berechne den Prozentsatz.

a)
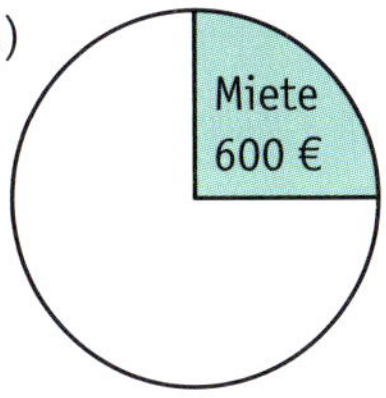

Einkommen: 2400 €

b)
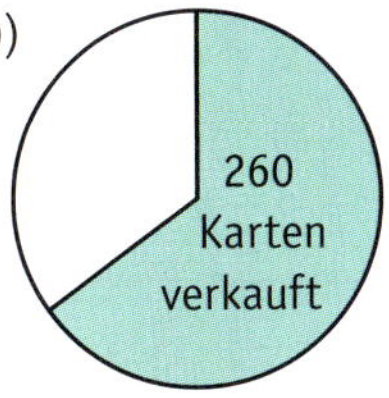

Sitzplätze: 400

c)
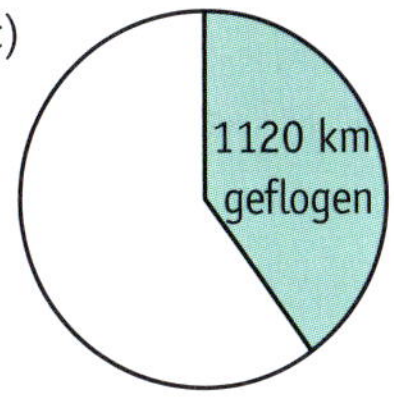

Fluglänge: 2800 km

d)
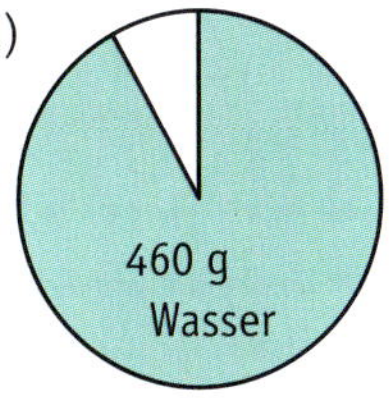

Spargel: 500 g

6. Rechne nach der Methode deiner Wahl. Wie viel Prozent sind
a) 12 kg von 60 kg, b) 100 € von 2 500 €, c) 18 m von 300 m,
d) 45 € von 1 500 €, e) 63 km von 700 km, f) 480 kg von 4 000 kg?

7. Der SC Kleinigen hat vier Sportabteilungen.
a) Wie viele Mitglieder hat der Verein insgesamt?
b) Berechne die prozentualen Anteile der vier Sportabteilungen.
c) In der Fußballabteilung sind 22 Damen. Wie viel Prozent dieser Abteilung sind das?
d) Insgesamt sind in den Sportabteilungen 130 Männer. Wie viel Prozent sind das?

8. Sabine spart im Durchschnitt $\frac{1}{3}$ des Taschengeldes, Anke von 25 € Taschengeld pro Woche durchschnittlich 8 €. Erkläre der Klasse, wer den höheren Anteil spart.

Berechnung des Grundwertes G

Von welchem Eurobetrag sind 7% genau 56 €? Gegeben: W = 56 €, p% = 7%; gesucht: G

Operatorschreibweise

$\square \xrightarrow{\cdot \frac{7}{100}} 56\,€$

$\square \xleftarrow{: \frac{7}{100}} 56\,€$

Mit dem Kehrbruch $\frac{100}{7}$ multiplizieren.

Rechnung: $56 : \frac{7}{100} = \frac{\overset{8}{\cancel{56}} \cdot 100}{\underset{1}{\cancel{7}}} = 800$

G = 800 €

Dreisatz

: 7	7%	56 €	: 7
· 100	1%	8 €	· 100
	100%	**800 €**	

Von 800 € sind 7% genau 56 €.

LVL 1. Partnerarbeit: Denkt euch eine Aufgabe zur Berechnung des Grundwerts aus. Jeder löst sie mit der Operatorschreibweise, dem Dreisatz oder einer eigenen Methode. Habt ihr beide das gleiche Ergebnis? Diskutiert eure Lösungswege.

2. Berechne den Grundwert (G).

a) 6% sind 54 €. b) 4% sind 28 €. c) 5% sind 35 kg. d) 3% sind 18 kg.
e) 20% sind 720 €. f) 12% sind 240 €. g) 15% sind 75 kg. h) 25% sind 400 kg.

LVL 3. Carina, Susi und Raphael haben Rechenvorteile entdeckt.

40% sind 84 € von ...
10% sind 21 €
100% sind **210 €**

25% sind 16 kg von ...
100% sind **64 kg**, denn
16 · 4 = 64

15% sind 36 m von ...
5% sind 12 m
100% sind 240 m

a) Besprich ihre Rechenmethoden mit anderen, und erkläre.
b) Erfinde für deine Mitschüler 3 Aufgaben, die man mit solchen Rechenvorteilen lösen kann.

4. Berechne die Aufgaben mit einer möglichst vorteilhaften Methode. Gesucht ist der Grundwert.

a) 40% sind 480 €. b) 20% sind 52 €. c) 25% sind 90 €. d) 35% sind 49 €.
e) 30% sind 120 €. f) 50% sind 76 €. g) 80% sind 328 €. h) 15% sind 27 €.

5. Von einem Streifen ist nur der angegebene Teil abgebildet. Zeichne den ganzen Streifen in dein Heft, also 100% des Streifens.

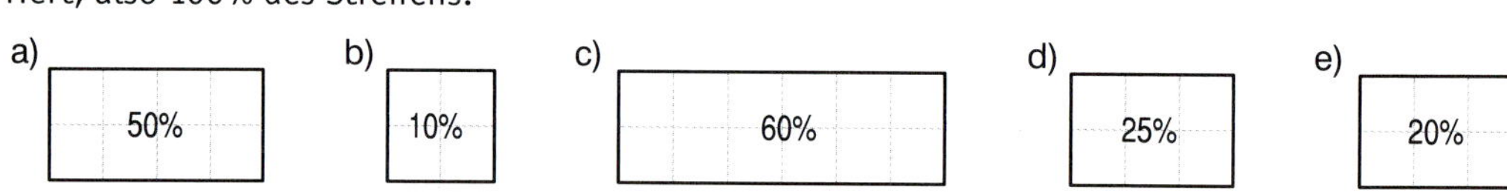

6. Berechne den Grundwert im Kopf.

a) 50% von ☐ € = 126 € b) 20% von ☐ kg = 84 kg c) 10% von ☐ m = 12,5 m
d) 25% von ☐ km = 3,25 km e) 50% von ☐ m = 2,15 m f) 25% von ☐ g = 75 g

7. Leon hat im Diktat 12 Fehler. Die Lehrerin sagt: „Du hast 96% aller Wörter richtig geschrieben und nur 4% falsch." Aus wie vielen Wörtern bestand das Diktat?

8. Überschlage erst das Ergebnis. Bestimme dann den gesuchten Grundwert genau.

a) p% = 11%, W = 38,50 €
b) p% = 24%, W = 40,8 kg
c) p% = 9%, W = 20,7 m
d) p% = 48%, W = 278,4 kg
e) p% = 19%, W = 413,25 €

Vermischte Aufgaben

1. Berechne die fehlende Größe.

	a)	b)	c)	d)	e)	f)
Grundwert	350 €	120 kg		336,80 €	480 m	
Prozentsatz	15%		11%			64%
Prozentwert		42 kg	66 km	168,40 €	120 m	768 km

2. Am Mittwoch hat Jens 120 Minuten an seinen Hausaufgaben gesessen. Nina hat nur 75% dieser Zeit benötigt. Wie lange hat Nina an ihren Hausaufgaben gesessen?

Was ist gegeben – G, p%, W? Was ist gesucht?

3. Ein Mischbrot wiegt 500 g. Es enthält 35 g Eiweiß, 5 g Fett und 260 g Kohlenhydrate. Wie viel Prozent sind das jeweils?

4. Die Miete von Familie Michel wurde erhöht. Sie beträgt jetzt 477 € statt 450 €. Um wie viel Prozent der bisherigen Miete wurde erhöht?

5. Auf der ganzen Welt leben ca. 2 600 verschiedene Fischarten. Davon kommen in der Bundesrepublik Deutschland ca. 130 Fischarten vor. Wie viel Prozent leben etwa bei uns?

6. Von den ca. 5 000 verschiedenen Säugetierarten, die auf der ganzen Welt vorkommen, treten ca. 2% in Deutschland auf. Wie viele Säugetierarten leben etwa bei uns?

7. Jessica lädt sich aus dem Internet ein Programm auf ihren Computer. Dazu beobachtet sie die Anzeige auf dem Bildschirm und überlegt, wann das Programm vollständig übertragen sein wird.

a) Datenübertragung – 50% – bisherige Ladezeit: 12 Min.

b) Datenübertragung – 15% – bisherige Ladezeit: 6 Min.

c) Datenübertragung – 40% – bisherige Ladezeit: 16 Min.

LVL **8.**

Stelle mindestens 2 Fragen, und berechne die Lösung.

LVL **9.** a) Auf einem Teich verdoppelt sich die von Seerosen bedeckte Fläche jeden Tag. Nach 20 Tagen ist er ganz zugewachsen. Wann waren 50 % des Teiches bedeckt?

b) Ein Ziegelstein wiegt 1 kg und 50 % seiner Masse. Wie schwer ist der Ziegelstein?

c) 1 % von Uwes Taschengeld ist doppelt so viel wie 2 % von Arnos Taschengeld.

Bleib FIT!

Die Ergebnisse der Aufgaben ergeben die Namen leckerer Speisen aus Griechenland oder der Türkei.

1. Kürze soweit wie möglich.

a) $\frac{50}{650}$ b) $\frac{21}{84}$ c) $\frac{25}{150}$ d) $\frac{18}{54}$ e) $\frac{24}{168}$

2. Wie groß ist die Fläche des Rechtecks?

$a = 2{,}5$ cm $b = 8$ cm

$A = \square$ cm^2

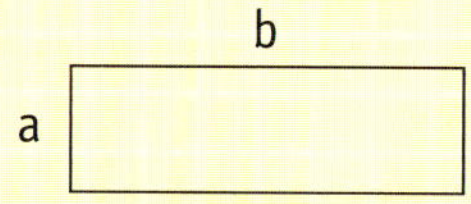

3. Wie groß ist der Umfang des Grundstücks?

$a = 15$ m $b = 9$ m

$u = \square$ m

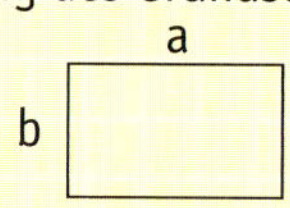

4. Wandle in die angegebenen Einheiten um.

a) 6 cm^2 = $\square$ mm^2 b) 6 dm^3 = $\square$ *l*

5. a) $0{,}075 \cdot 10$ b) $1{,}75 \cdot 100$

c) $75 : 10$ d) $1\,750 : 1\,000$

6. Wie groß ist der Winkel? Überlege vorher, ob α ein spitzer oder stumpfer Winkel ist.

$\alpha = \square°$

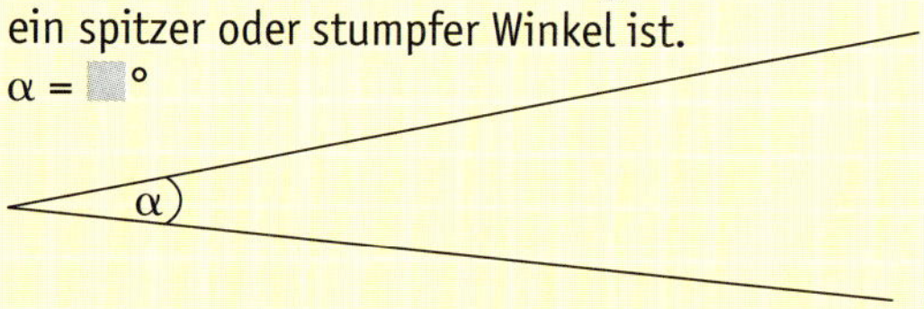

7. Bestimme das ungefähre Ergebnis mit einem Überschlag. Es soll ganzzahlig sein.

a) $1{,}975 \cdot 79$ b) $91{,}457 \cdot 58$

c) $716{,}5 : 78$ d) $23{,}72 : 6$

8. Berechne im Kopf.

a) $0{,}7 \cdot 80$

b) $0{,}05 \cdot 700$

c) $60 \cdot 70$

d) $1\,500 \cdot 0{,}3$

e) $45 \cdot 200$

$\frac{1}{13}$	G
$\frac{1}{12}$	A
$\frac{1}{7}$	S
$\frac{5}{30}$	E
$\frac{1}{5}$	S
$\frac{1}{6}$	R
$\frac{2}{6}$	R
$\frac{3}{12}$	M
$\frac{1}{4}$	Y
0,75	R
$\frac{1}{3}$	O
1,75	B
3,5	K
4	A
5,6	L
6	E
7,5	E
9	S
17,5	B
16	A
24	D
20	D
35	S
48	Ö
56	T
60	S
75	F
160	P
164	V
175	K
420	U
450	K
600	N
900	T
4 200	I
4 500	M
5 400	T
6 000	E
9 000	I

Preisnachlass – Preiserhöhung

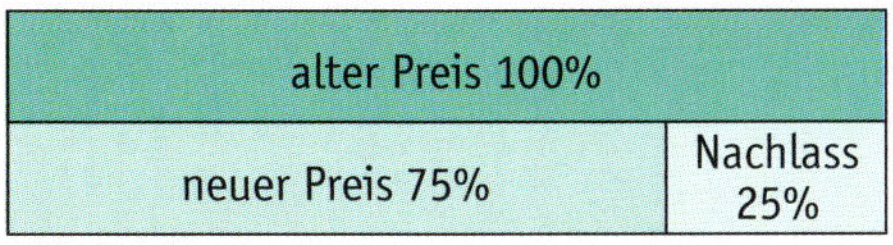

Alter Preis: 400 €
Nachlass 25% von 400 € = 100 €
Neuer Preis: 400 € – 100 € = 300 €

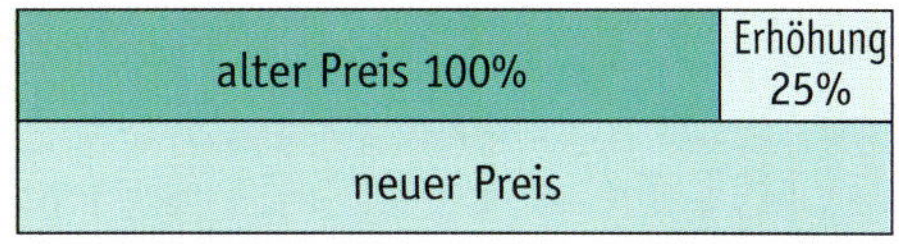

Alter Preis: 600 €
Erhöhung 25% von 600 € = 150 €
Neuer Preis: 600 € + 150 € = 750 €

LVL **1.** Partnerarbeit: Einer (eine) erfindet eine Aufgabe zum Preisnachlass, der (die) andere zur Preiserhöhung. Beide lösen die Aufgaben, vergleichen die Ergebnisse und diskutieren Lösungswege.

2. Berechne den Preisnachlass und den neuen Preis.

a) Alter Preis: 650 €
Preisnachlass: 8%

b) Alter Preis: 1 230 €
Preisnachlass: 12%

c) Alter Preis: 95 €
Preisnachlass: 5%

3. Andreas hat sich ein Fahrrad zu einem Preis von 390 € ausgesucht. Eine Freundin kann ihm das gleiche Fahrrad mit einem Preisnachlass von 18% besorgen. Wie viel € muss Andreas bezahlen?

4. Wie viel Euro beträgt der neue Preis?

a) Alter Preis: 420 €
Erhöhung: 10%

b) Alter Preis: 90 €
Erhöhung: 3%

c) Alter Preis: 1 250 €
Erhöhung: 8%

5. Die Wohnungsmiete von 400 € wird um 5% erhöht. Wie hoch ist nun die Miete?

6. Wie viel Prozent vom alten Preis beträgt der Preisnachlass?

a) Alter Preis: 200 €
Neuer Preis: 190 €

b) Alter Preis: 60 €
Neuer Preis: 45 €

c) Alter Preis: 600 €
Neuer Preis: 582 €

d) Alter Preis: 525 €
Neuer Preis: 483 €

Alter Preis: 150 €
Neuer Preis: – 120 €
Preisnachlass: 30 €

30 € von 150 € sind 20% Preisnachlass.

LVL **7.** Bei einem Sonderverkauf möchte Ina sich etwas zum Anziehen kaufen. In welchem Geschäft sollte sie jeweils einkaufen? Die abgebildeten Schuhe, Jeans, T-Shirts sind gleichwertig.

LVL **8.** Die meisten Taschenrechner haben eine [%]-Taste. Sie arbeitet aber nicht überall gleich. Erkläre deinen Mitschülerinnen und Mitschülern, wie dein Taschenrechner arbeitet, und was er alles anzeigt. Wähle diese oder eigene Beispielaufgaben.

a) „Zu 200 € kommen 10% von 200 € hinzu."

b) „Ich addiere zu 200 € 10% und ziehe vom Ergebnis wieder 10% ab."

LVL **9.** Herr Lux hat eine Waschmaschine für 400 € gekauft. Vor einem Jahr kostete sie noch 600 €. „Das sind 50% Preisnachlass!“, freut sich Herr Lux. Berate dich mit anderen, und nimm Stellung.

LVL **10.** Eine Ferienwohnung in Italien kostet von April bis August pro Woche 600 €. Zum 1.9. wird der Preis um 20% gesenkt. Zum 1.4. des nächsten Jahres kostet die Wohnung wieder 600 €. Wie viel Prozent beträgt die Erhöhung?

11. Wie viel Prozent des alten Preises beträgt die Preiserhöhung?

a) Neuer Preis: 660 €
Alter Preis: 600 €

b) Neuer Preis: 24 €
Alter Preis: 20 €

c) Neuer Preis: 276 €
Alter Preis: 240 €

d) Neuer Preis: 200 €
Alter Preis: 160 €

Neuer Preis:	550 €
Alter Preis:	– 500 €
Preiserhöhung:	50 €

Das sind 10% Preiserhöhung.

LVL **12.** a)

b)

c)

13. Herr Küßner erhält eine Rechnung in Höhe von 420 € mit dem Vermerk: „Bei Zahlung innerhalb von 8 Tagen 3% Skonto“. Herr Küßner bezahlt die Rechnung am nächsten Tag. Welchen Betrag überweist Herr Küßner?

TIPP
Skonto ist ein Preisnachlass bei Barzahlung (sofort) oder Zahlung innerhalb einer bestimmten Frist.

14. Die Schule bestellt eine Landkarte zum Preis von 240 €. Auf der Rechnung steht: „Bei Zahlung innerhalb von 14 Tagen 2% Skonto“. Der Rechnungsbetrag wird am 5. Tag überwiesen.

15. Bei Barzahlung 2% Skonto! Berechne den Preisnachlass und den Endpreis.

a)

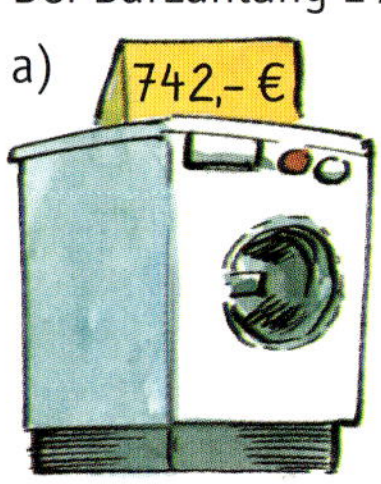

b)

c)

d)

16. In einem Warenhaus werden einige Preise erhöht, andere Preise werden gesenkt. Wie viel Euro beträgt der neue Preis?

a) Alter Preis: 40 €
Erhöhung: 3%

b) Alter Preis: 250 €
Nachlass: 4%

c) Alter Preis: 495 €
Nachlass: 8%

d) Alter Preis: 28,10 €
Erhöhung: 5%

e) Alter Preis: 26,50 €
Nachlass: 4%

f) Alter Preis: 12,40 €
Erhöhung: 2%

LVL **17.** Im alten Jahr kostet das Paar Skier SL-TY 300 €. Zum neuen Jahr wird der Preis um 10% erhöht. Am Ende des Winters senkt die Firma den Preis der Skier um 10%. Max meint: „Dann kostet das Paar Skier SL-TY genau so viel wie im alten Jahr.“ Stimmt das?

LVL

Tabellenkalkulation

Warenliste:
Reduzierung 40%

Artikel	Produkt	alter Preis
J 371	Jackett	148 €
J 372	Jacke	48 €
S 373	Sportjacke	129 €
P 374	Pullover	65 €
H 375	Hose	79 €
A 376	Anzug	198 €
O 377	Oberhemd	36 €

	A	B	C	D	E	F	G
1	**Änderung (%)**	**40**					
2							
3	Artikel	Produkt	alter Preis (€)	Reduzierung (€)	neuer Preis (€)		
4	J371	Jackett	148				
5	J372	Jacke	48				
6	S373						

=C4*B1/100 (→ D4)

1. Klicke mit dem Mauszeiger auf die Zelle A1 und gib den Text Änderung (%) ein. Schreibe in die Spalte A auch „Artikel" und die Artikel-Namen.

TIPP 1

Durch Ziehen zwischen den Spalten kannst du die Spaltenbreite verändern.

2. In der Zelle D4 soll gerechnet werden. Dazu muss eine Formel für den Prozentwert eingegeben werden:
alter Preis mal Änderung durch 100
Gib diese Formel in die noch leere Zelle D4 ein.
=C4*B1/100
Welche Formel musst du in die Zellen D5, D6, ... eintragen?

TIPP 2

Markiere die Felder C4, C5, ...
Klicke im Menü auf Format → Zellen → Zahlen → Währung.
Wähle so das €-Zeichen.

3. In der Zelle E4 soll der neue Preis berechnet werden. Gib dort selbst eine Formel ein.
alter Preis minus Reduzierung
In der Formel brauchst du
C4, D4, =, –.
Kopiere die Formel von E4 nach E5, E6, ...

TIPP 3

Da der Rechenweg für jeden Artikel immer gleich ist, kannst du die Formeln von D4 nach D5, D6, ... kopieren. Dazu musst du festlegen, dass die Änderung immer aus B1 geholt werden soll.
Schreibe in D4 die Formel so: =C4*B1/100
Kopiere durch Ziehen an der rechten unteren Ecke von D4.

4. Beide Aufträge bitte noch erledigen!

a) Preiserhöhung

Warenliste: Erhöhung 8%

Artikel	Produkt	alter Preis
AB3	Stuhl	165 €
AB4	Stuhl	206 €
AC1	Tisch	681 €
AC2	Ecktisch	399 €

b) Preisnachlass

Warenliste: Reduzierung 12%

Artikel	Produkt	alter Preis
Ra6	Festplatte	84 €
Rb3	Brenner	78 €
Rc4	Gehäuse	56 €
Rd5	Monitor	386 €

Brutto – Netto

LVL **1.** Schlagt nach im Lexikon oder sucht (z. B. mit google) im Internet: *Brutto, netto.*

2. Dieter verdient 1 800 € brutto im Monat. Von diesem Betrag werden ihm 37% für Steuern und Sozialabgaben abgezogen. Wie hoch ist sein Nettolohn?

100% Bruttolohn	
63% Nettolohn	Abzüge 37%

3. Berechne den Nettolohn.

	a)	b)	c)	d)	e)	f)
Bruttolohn	1 200 €	1 380 €	540 €	2 150 €	2 560 €	1 670 €
Abzüge	28%	33%	21%	41%	43%	38%

LVL **4.**

Wer hat die höchsten Abgaben? Berate mit anderen über die Frage und mögliche Antworten.

5. Stefanie bekommt als Tischlerin einen Bruttolohn von 1 694 € für 154 Arbeitsstunden. Nach Abzug von Steuern und Sozialabgaben bekommt sie als Nettolohn 1 185,80 € ausgezahlt.

a) Wie viel Prozent des Bruttolohns betragen die Abzüge?

b) Wie hoch ist ihr Bruttostundenlohn?

c) Wie hoch ist der Nettostundenlohn?

6. Ein Glas mit Marmelade wiegt insgesamt 625 g. Die Marmelade wiegt 80% des Gesamtgewichtes (brutto). Wie viel wiegt die Marmelade, wie viel das Glas?

LVL **7.** Erkläre das Wort „Nettogewicht" mit Hilfe der Angaben auf der Kiste. Stelle Fragen, und gib Lösungen an.

LVL **8.** Stelle eine Frage, und berechne die Lösung.

a) Ein Paket wiegt 6,5 kg. Die Verpackung wiegt 5% von dieser Masse.

b) In einer Flasche Parfüm sind 60 g Inhalt, das sind 30% der Gesamtmasse.

c) Eine Blechdose mit Luxusseife wiegt 150 g, davon wiegt die Dose allein 60%.

Streifendiagramm

Wie wir zur Schule kommen

Geschätzte Werte		
Bus	200	40%
Fahrrad	150	30%
zu Fuß	100	20%
Bahn	50	10%
Summe	500	100%

Bus	Rad	zu Fuß	Bahn

Umfragewerte		
Bus	235	
Fahrrad	120	
zu Fuß	85	
Bahn	40	
Summe	480	

LVL **1.** Partnerarbeit: Stellt die Umfrageergebnisse oben geeignet dar, und vergleicht mit der Umfrage am Anfang des Kapitels. Passt die Schätzung für beide Umfragen?

Prozentuale Verteilungen kann man in einem **Streifendiagramm** durch den entsprechenden Anteil am Streifen veranschaulichen. Im Heft wählt man meist 10 cm für 100% (1 mm für 1%).

2. In dem Streifendiagramm ist die prozentuale Stimmenverteilung (ganzzahlig gerundet) der Landtagswahlen von Niedersachsen (2003) dargestellt.

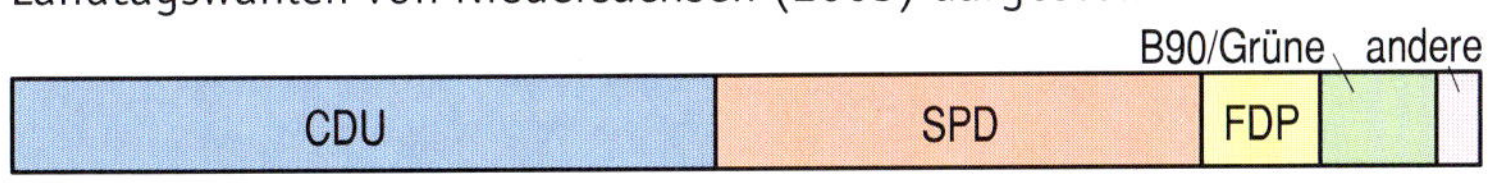

a) Miss die Längen, und notiere die Prozentsätze in einer Tabelle.

LVL b) Suche im Internet die exakten Werte der letzten Wahl. Vergleiche mit den abgelesenen Werten.

LVL **3.** Prozentuale Stimmenverteilung (gerundet) der Bundestagswahl 2005:
CDU/CSU 35%, SPD 34%, FDP 10%, die Linke 9%, Bündnis 90/die Grünen 8%, Sonstige 4%.

a) Stelle die Stimmenverteilung in einem 20 cm langen Streifendiagramm dar.

b) Im Bundestag gab es 2005 genau 614 Sitze: CDU/CSU 226, SPD 222, FDP 61, die Linke 54, Grüne 51. Zeichne auch für die Sitzverteilung ein Streifendiagramm, und vergleiche.

c) Wie waren die Ergebnisse der Bundestagswahl davor im Jahr 2002? Stelle auch sie grafisch dar.

4. Die Stimmenverteilung der Vertrauenslehrerwahl an der Hermann-Hesse-Schule kannst du der nebenstehenden Mitteilung entnehmen. Stelle den Sachverhalt in einem Diagramm dar.

Schülerzeitung i-Punkt
Bei der Wahl des Vertrauenslehrers ergab sich folgende Stimmenverteilung:
Frau Wehr (38%), Herr Lahn (27%), Frau Lange (23%) und Frau Kahnt (12%)

5. Aus einer Untersuchung geht hervor, wie der durchschnittliche Tagesablauf bei Jugendlichen in Deutschland aussieht. Die rechts stehende Darstellung der Ergebnisse nennt man Kreisdiagramm.

a) Mit welcher Tätigkeit verbringen Jugendliche etwa die Hälfte eines Tages? Wie viele Stunden sind das?

b) Mit welcher Tätigkeit verbringen Jugendliche etwa $\frac{1}{5}$ von einem Tag? Wie viele Stunden sind das etwa?

c) Runde die Prozentangaben ganzzahlig, und veranschauliche dann den Tagesablauf in einem Streifendiagramm.

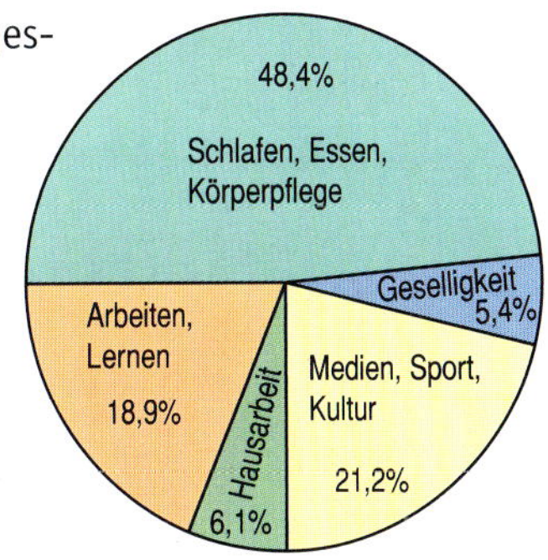

Kreisdiagramm

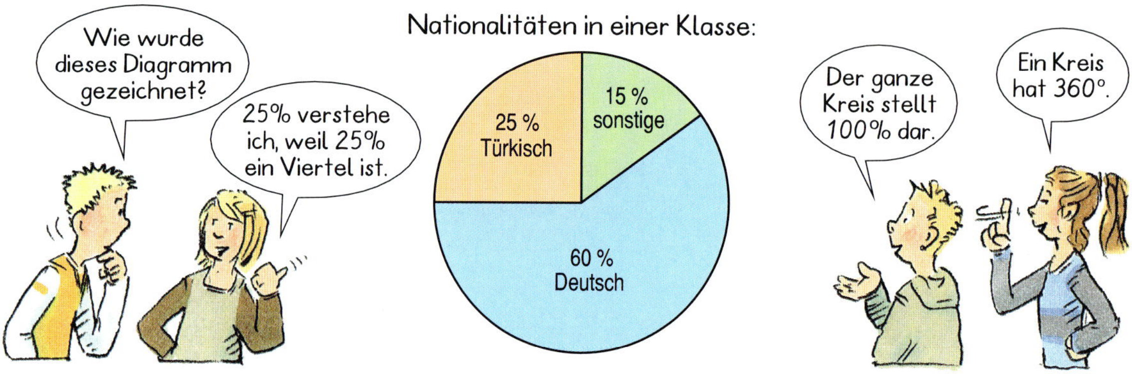

LVL **1.** Sind die Umfrageergebnisse korrekt im Kreis dargestellt? Wie prüfst du das?

In einem **Kreisdiagramm** werden Prozentsätze durch Kreisausschnitte dargestellt.
Zu jedem Prozentsatz gehört ein bestimmter Mittelpunktswinkel.

Prozentsatz	Winkel
100%	360°
1%	3,6 °
23%	$23 \cdot 3{,}6° \approx 83°$
77%	$77 \cdot 3{,}6° \approx 277°$

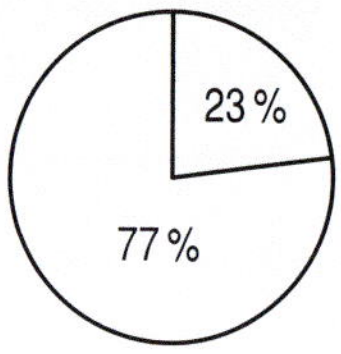

2. Übertrage die Tabelle in dein Heft, und ergänze die Winkelmaße für ein Kreisdiagramm.

Prozentsatz	25%	2%	100%	1%	50%	75%	24%	68%	19%	35%	71%	83%
Winkelmaß												

3. Zeichne zu jeder Teilaufgabe einen Kreis mit einem Radius von 3 cm. Von jedem Kreis soll ein anderer Anteil eingefärbt werden. Berechne zuvor für jeden Anteil den zugehörigen Winkel.

a) 10% b) 25% c) 45% d) 71% e) 83% f) 33%

LVL **4.** In der Hölderlinschule wurde eine Umfrage nach den letzten Sommerferien gemacht. 64% der Befragten verbrachten ihre Ferien zu Hause, 19% waren in Deutschland unterwegs und 17% der Schülerinnen und Schüler verbrachten die Ferien im europäischen Ausland.

a) Rechne die Angaben in die zugehörigen Winkel um, und addiere die Winkel zur Kontrolle.

b) Zeichne ein Kreisdiagramm (r = 5 cm) zu den Angaben.

c) Mache eine ähnliche Umfrage in deiner Klasse, und zeichne ein passendes Diagramm.

5. Angegeben sind Winkelmaße aus einem Kreisdiagramm. Ergänze die Prozentsätze im Heft.

Winkelmaß	72°	18°	162°	252°	342°	243°	144°	81°	198°
Prozentsatz									

6. Welche Prozentangabe und welcher Winkel passen zu dem eingefärbten Kreisausschnitt?

a) 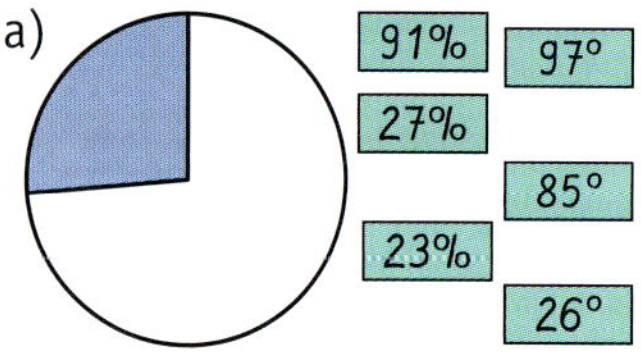

b) 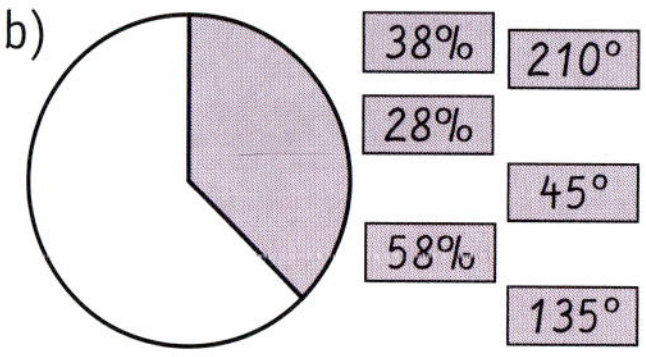

c) 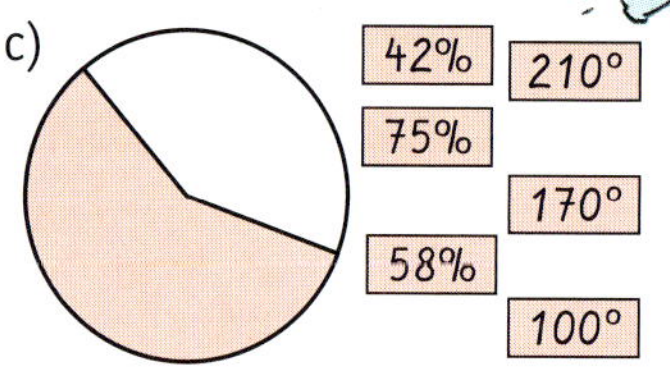

Vermischte Aufgaben

LVL **1.** Die Schülerzeitung i-Punkt hat vor den Bundesjugendspielen eine Umfrage unter allen Schülerinnen und Schülern gemacht.

a) Überlege dir zwei Fragen, und berechne jeweils die Lösung.

b) Zeichne zum Umfrageergebnis ein Diagramm deiner Wahl. Stelle es deiner Klasse vor.

Welches ist deine beste Disziplin?	
Disziplinen	**Anzahl der Antworten**
Weit-/Hochsprung	132
Wurf/Stoß	96
Langstreckenlauf	56
Kurzstreckenlauf	116

2. Eine Zeitschrift hat 116 Seiten. Auf 56 Seiten steht das Fernsehprogramm. 28 Seiten sind mit Berichten, 8 Seiten mit Rätseln gefüllt. Auf den restlichen Seiten sind Anzeigen. Veranschauliche den Sachverhalt in einem Diagramm.

3. Die Stimmenverteilung der Schulsprecherwahl an der Darwin-Schule kannst du der nebenstehenden Mitteilung entnehmen.
Gib die Stimmenverteilung in Prozent an, und stelle sie dann in einem geeigneten Diagramm dar.

Schülerzeitung i-Punkt	
Alexia (Kl. 9c)	erhielt 15 Stimmen
Achmed (Kl. 9b)	erhielt 10 Stimmen
Daniel (Kl. 10)	erhielt 8 Stimmen
Laura (Kl. 9a)	erhielt 7 Stimmen

4. In dem Streifendiagramm ist die prozentuale Altersverteilung in Deutschland (Stand 2005) dargestellt.

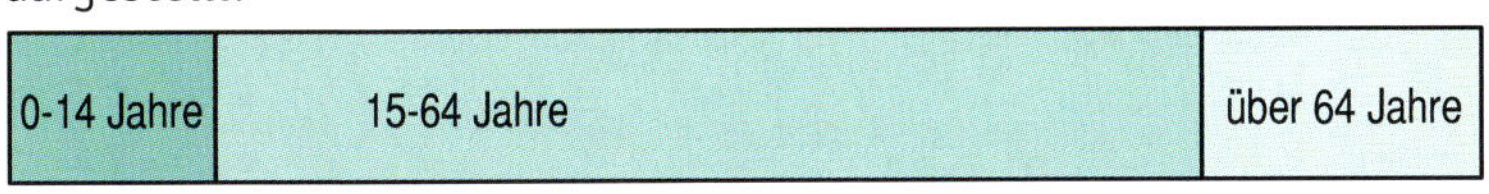

a) Miss die Länge des Streifens, und gib an, wie viel Prozent der Bevölkerung jeweils auf die angegebenen Altersabschnitte entfallen.

b) In Deutschland leben rund 83 Mio. Menschen. Berechne für die einzelnen Altersgruppen die Anzahl der Personen.

c) Erstelle ein Säulendiagramm. Wähle eine geeignete Einheit.

d) Stelle den Sachverhalt in einem Kreisdiagramm (r = 4 cm) dar. Färbe ein und beschrifte.

LVL **5.** Partnerarbeit: Diskutiert die nebenstehende Abbildung, und löst zusammen die Aufgaben.

a) Wie viel Prozent der Einwohner Deutschlands haben
- ein eigenes Fernsehgerät
- einen Telefonanschluss
- eine Tageszeitung
- Zugang zum Internet
- einen eigenen Computer (PC)
- ein Mobiltelefon?

b) Weshalb addieren sich die Prozentangaben nicht zu 100%?

c) Zeichne ein geeignetes Diagramm für die Prozentangaben.

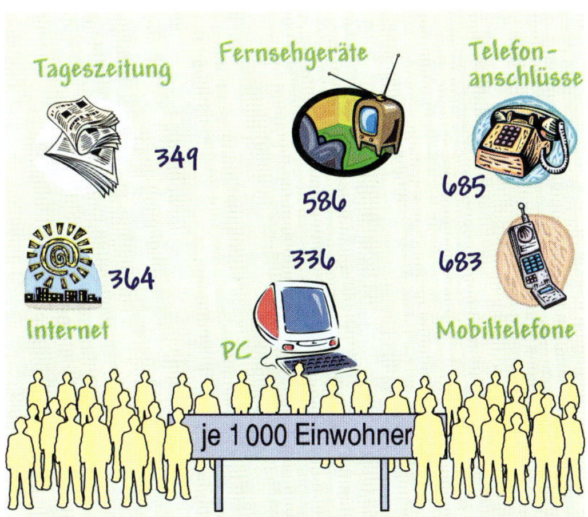

LVL **6.** Macht in Teamarbeit eine Umfrage wie in Aufgabe 5 bei euren Mitschülerinnen und Mitschülern und deren Familienmitgliedern. Besprecht das Ergebnis, und vergleicht mit der gesamtdeutschen Statistik.

LVL

Immer nur Schule

Sechs Schülerinnen und Schüler der Klasse 7a haben ihren Mitschülern folgenden Fragebogen gegeben:

Wie viel Prozent des Jahres 2007 bist du für die Schule tätig?
Dazu gehört die Zeit in der Schule (6 Zeitstunden pro Schultag), der Schulweg von einer Stunde (hin und zurück) und die Hausaufgaben täglich von $1\frac{1}{2}$ h (außer Samstag, Sonntag, Feiertage und Ferien).

Kreuze an, was du für richtig hältst.

- mehr als 70% (A)
- 50% bis 70% (B)
- 30% bis 50% (C)
- 10% bis 30% (D)
- unter 10% (E)

Das waren die Antworten:

A: 22 Befragte
B: 104 Befragte
C: 129 Befragte
D: 45 Befragte
E: 0 Befragte

Kalender 2007
mit Feiertagen und Kalenderwochen

	Januar					Februar					März				
Woche	1	2	3	4	5	5	6	7	8	9	9	10	11	12	13
Montag	**1**	8	15	22	29		5	12	19	26		5	12	19	26
Dienstag	2	9	16	23	30		6	13	20	27		6	13	20	27
Mittwoch	3	10	17	24	31		7	14	21	28		7	14	21	28
Donnerstag	4	11	18	25		1	8	15	22		1	8	15	22	29
Freitag	5	12	19	26		2	9	16	23		2	9	16	23	30
Samstag	6	13	20	27		3	10	17	24		3	10	17	24	31
Sonntag	**7**	**14**	**21**	**28**		**4**	**11**	**18**	**25**		**4**	**11**	**18**	**25**	

	April						Mai					Juni				
Woche	13	14	15	16	17	18	18	19	20	21	22	22	23	24	25	26
Montag		2	**9**	16	23	30		7	14	21	**28**		4	11	18	25
Dienstag		3	10	17	24		**1**	8	15	22	29		5	12	19	26
Mittwoch		4	11	18	25		2	9	16	23	30		6	13	20	27
Donnerstag		5	12	19	26		3	10	**17**	24	31		**7**	14	21	28
Freitag		**6**	13	20	27		4	11	18	25		1	8	15	22	29
Samstag		7	14	21	28		5	12	19	26		2	9	16	23	30
Sonntag	**1**	**8**	**15**	**22**	**29**		**6**	**13**	**20**	**27**		**3**	**10**	**17**	**24**	

	Juli						August					September				
Woche	26	27	28	29	30	31	31	32	33	34	35	35	36	37	38	39
Montag		2	9	16	23	30		6	13	20	27		3	10	17	24
Dienstag		3	10	17	24	31		7	14	21	28		4	11	18	25
Mittwoch		4	11	18	25		1	8	15	22	29		5	12	19	26
Donnerstag		5	12	19	26		2	9	16	23	30		6	13	20	27
Freitag		6	13	20	27		3	10	17	24	31		7	14	21	28
Samstag		7	14	21	28		4	11	18	25		1	8	15	22	29
Sonntag	**1**	**8**	**15**	**22**	**29**		**5**	**12**	**19**	**26**		**2**	**9**	**16**	**23**	**30**

	Oktober					November					Dezember					
Woche	40	41	42	43	44	44	45	46	47	48	48	49	50	51	52	53
Montag	1	8	15	22	29		5	12	19	26		3	10	17	24	31
Dienstag	2	9	16	23	30		6	13	20	27		4	11	18	**25**	
Mittwoch	**3**	10	17	24	31		7	14	21	28		5	12	19	**26**	
Donnerstag	4	11	18	25		1	8	15	22	29		6	13	20	27	
Freitag	5	12	19	26		2	9	16	23	30		7	14	21	28	
Samstag	6	13	20	27		3	10	17	24		1	8	15	22	29	
Sonntag	**7**	**14**	**21**	**28**		**4**	**11**	**18**	**25**		**2**	**9**	**16**	**23**	**30**	

Neujahr 01.01, Karfreitag 06.04., Ostern 08./09.04., Maifeiertag 01.05., Christi Himmelfahrt 17.05., Pfingsten 27./28.05., Tag der Deutschen Einheit 03.10., Weihnachten 25./26.12.
Alle Angaben ohne Gewähr.

Ferien 2007 in Niedersachsen (erster und letzter Ferientag)

Weihnachten 2006/07	23.12.06 – 06.01.07
Halbjahr	01.02.07 – 02.02.07
Ostern	26.03.07 – 10.04.07
Tag vor dem 1. Mai	30.04.07
Tag nach Himmelfahrt	18.05.07
Tag nach Pfingsten	29.05.07
Sommer	19.07.07 – 29.08.07
Herbst	22.10.07 – 03.11.07
Weihnachten 2007/08	24.12.07 – 05.01.08

Immer nur Schule

LVL

1. Was hättest du selbst angekreuzt: A, B, C, D oder E?

Berechnungstabelle 2007	
Stunden des Jahres insgesamt	
Anzahl der Schultage	
Anzahl der Hausaufgabentage	
Anzahl der Stunden in der Schule	
Anzahl der Stunden auf dem Schulweg	
Anzahl der Stunden für Hausaufgaben	
Stunden des Jahres für Schultätigkeit	
Berechnung des Prozentsatzes: W: Anzahl der Jahresstunden für Schultätigkeit G: Jahresstunden insgesamt p%: Prozentsatz „Schule"	

2. Werte den Fragebogen der sechs Schülerinnen und Schüler aus: Erstelle dazu ein Säulendiagramm.

$365 \cdot 24$

Auszählen auf dem Kalender

Tage · 6

$1\frac{1}{2}\ h = 1{,}5\ h$

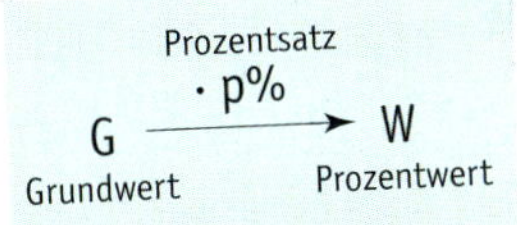

3. Welches der vier Kreisdiagramme zeigt am besten, wie viel Prozent des Jahres 2007 du für die Schule tätig bist? Begründe deine Wahl. Zeichne das richtige Kreisdiagramm in dein Heft.

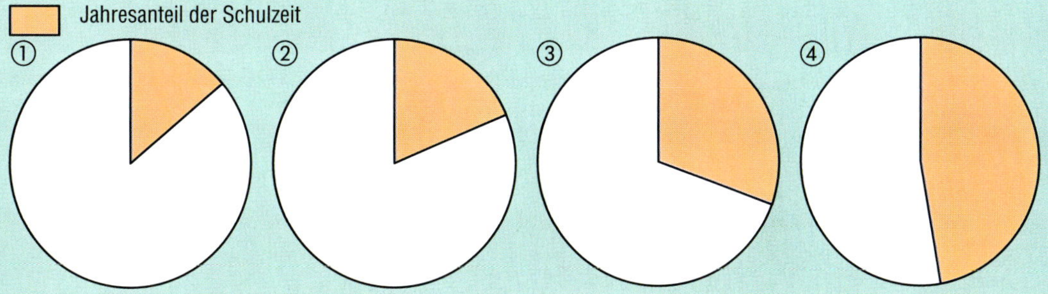

LVL

Alles Müll

1. Wie viel Kilogramm Müll werden durchschnittlich von jedem Einwohner in Deutschland produziert?

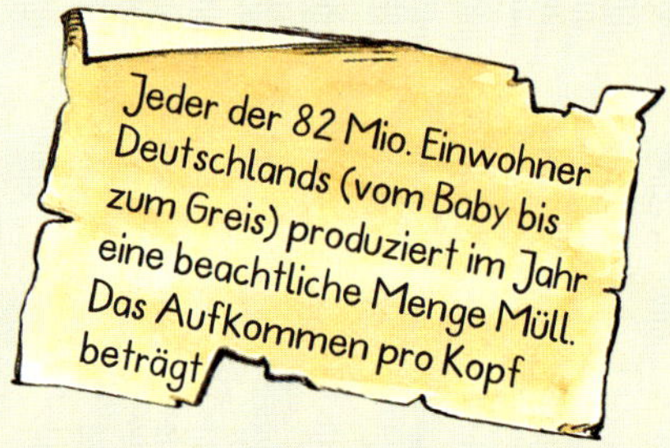

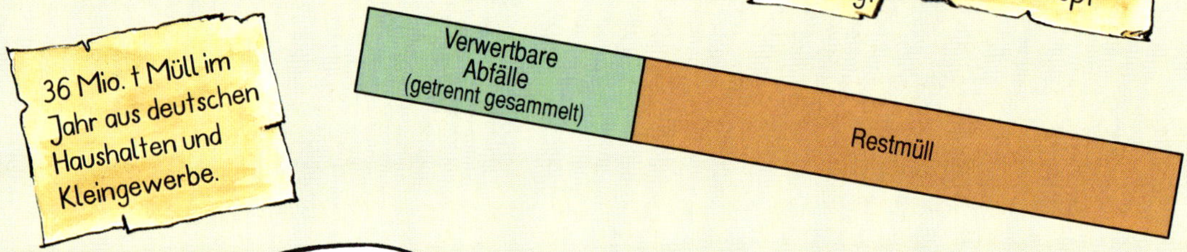

2. a) Wie hoch ist der prozentuale Anteil der verwertbaren Abfälle am gesamten Müllaufkommen?

b) Wie viel Tonnen verwertbare Abfälle, wie viel Tonnen Restmüll sind das im Jahr?

c) Wie viel Kilogramm verwertbare Abfälle entfallen auf jeden Einwohner in Deutschland?

3. Welchen prozentualen Anteil haben die rechts aufgeführten Materialien am verwertbaren Müllaufkommen?

4. Übertrage den Sachverhalt in ein Säulendiagramm.

5. Stelle in einer Tabelle dar, wie viel Mio. t von den angegebenen verwertbaren Materialien in einem Jahr eingesammelt wurden.

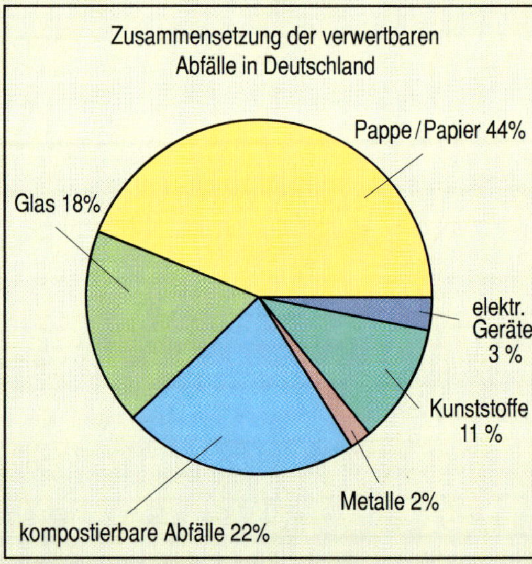

6. Wie viel Kilogramm hat jeder Bundesbürger durchschnittlich in der entsprechenden Tonne im Jahr gesammelt?

1. Schreibe als Bruch mit dem Nenner 100.
a) 4% b) 12% c) 86% d) 10%

2. Notiere den zugehörigen Prozentsatz.
a) $\frac{14}{100}$ b) $\frac{3}{100}$ c) $\frac{50}{100}$ d) $\frac{23}{100}$
e) $\frac{1}{2}$ f) $\frac{3}{4}$ g) $\frac{2}{5}$ h) $\frac{7}{20}$

3. a) 5% von 300 € b) 6% von 500 €
c) 9% von 150 kg d) 4% von 250 kg
e) 20% von 35 m f) 14% von 260 m
g) 18% von 100 € h) 6% von 200 €

4. Von den 300 Beschäftigten eines Betriebes sind 25% weiblich. Wie viele Mitarbeiterinnen sind in dem Betrieb beschäftigt?

5. Berechne den Prozentsatz.
a) 45 € von 500 € b) 21 € von 50 €
c) 84 kg von 400 kg d) 4 kg von 25 kg
e) 30 € von 150 € f) 36 kg von 120 kg
g) 35 € von 140 € h) 60 kg von 120 kg

6. Ines verdient im 1. Lehrjahr 300 €. Davon gibt sie 60 € zu Hause ab. Wie viel Prozent sind das?

7. Berechne den Grundwert.
a) 5% sind 45 €. b) 3% sind 27 €.
c) 8% sind 24 kg. d) 6% sind 42 kg.
e) 8% sind 112 kg. f) 6% sind 150 €.
g) 4% sind 144 m. h) 7% sind 84 €.

8. Tom hat 5 m des Zaunes gestrichen, das sind 25% der Gesamtlänge. Wie lang ist der Zaun?

9. Im Ausverkauf wird der alte Preis einer Hose von bisher 48 € um 30% reduziert. Wie hoch ist der neue Preis?

10. Frau Nägele hat einen Bruttolohn von 1700 €. Es werden davon 30% für Versicherungen und Steuern abgezogen. Berechne den Nettolohn.

11. Im Urlaub gab Familie Schulz 2600 € aus. Auf die Unterkunft entfielen 1650 €, auf Verpflegung 490 €, und auf Ausflüge 370 €. Berechne die relativen Anteile als Prozentsätze, und stelle sie in einem Kreisdiagramm dar.

Prozentsätze sind eine andere Schreibweise für Brüche mit dem Nenner 100.

Beispiele: $1\% = \frac{1}{100}$ $25\% = \frac{25}{100}$ $62\% = \frac{62}{100}$

allgemein: $p\% = \frac{p}{100}$

Berechnung des Prozentwertes W

Beispiel: Wie viel € sind 8% von 600 €?

Operatorschreibweise

$600\,€ \xrightarrow{\cdot \frac{8}{100}} \square\,€$

$600 \cdot 0{,}08 = 48$

W = 48 €

Dreisatz

: 100	100%	600 €	: 100
· 8	1%	6 €	· 8
	8%	**48 €**	

8% von 600 € sind 48 €.

Berechnung des Prozentsatzes p%

Beispiel: Wie viel Prozent sind 12 m von 200 m?

Operatorschreibweise

$200\,m \xrightarrow{\cdot \square} 12\,m$

$\frac{12}{200} = \frac{6}{100}$

$12 : 200 = 0{,}06$

p% = 6%

Dreisatz

: 200	200 m	100 %	: 200
· 12	1 m	0,5	· 12
	12 m	**6 %**	

12 m von 200 m sind 6%.

Berechnung des Grundwertes G

Beispiel: Von wie viel € sind 8% genau 32 €?

Operatorschreibweise

$\square \xrightarrow{\cdot \frac{8}{100}} 32\,€$, zurück: $: \frac{8}{100}$

$32 : 0{,}08 = 400$

G = 400 €

Dreisatz

: 8	8%	32 €	: 8
· 100	1%	4 €	· 100
	100%	**400 €**	

Von 400 € sind 8% genau 32 €.

Darstellung von Prozentsätzen im **Kreisdiagramm**

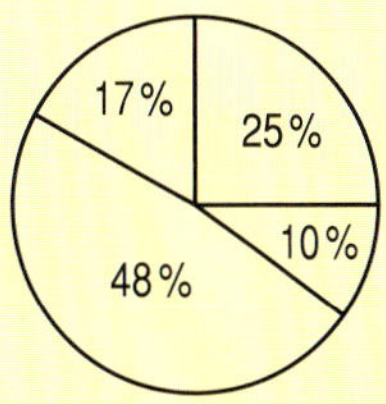

100% entsprechen dem 360°-Winkel.

1% entspricht einem Winkel von 3,6°.

DIAGNOSETEST

1. a) Schreibe 20% als gekürzten Bruch. b) Schreibe 0,75 als Prozentsatz.

2. Rechne im Kopf. a) 20% von 350 *l* b) 6% von 300 €

3. Bestimme den Prozentsatz. a) 25 € von 500 € b) 105 m von 700 m

4. Hier sind Prozentsätze im Streifendiagramm dargestellt. Miss und gib die Prozentsätze an.

5. Eine Musicalkarte kostet 36 €. Für Schüler ist sie 15% billiger.
a) Berechne die Ermäßigung. b) Berechne den ermäßigten Preis.

Wähle weitere 5 Aufgaben aus

1. Ordne die Prozentsätze 30%, 45%, 52% und 94% dem richtigen Kreisdiagramm zu.

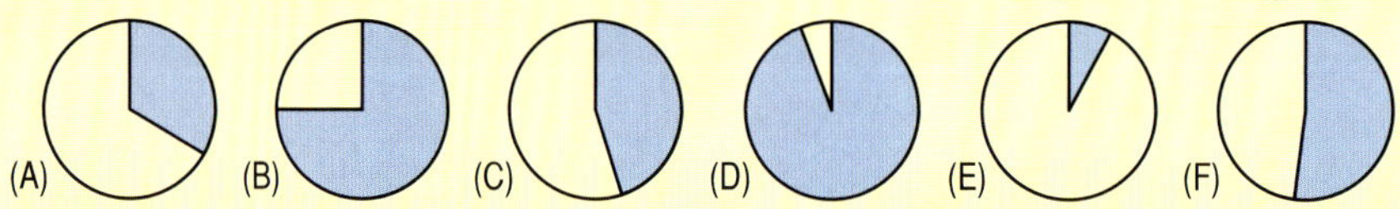

2. Führe einen Überschlag durch. a) 49% von 2 977 € b) 11% von 0,98 kg

3. Von 20 kg Orangen sind 3,4 kg verfault.
a) Wie viel Prozent sind das? b) Wie groß ist der Anteil der genießbaren Orangen?

4. Tims Vater bekommt auf seinen Anzug (259 €) 20% Rabatt. Wie viel muss er zahlen?

5. Schülerinnen und Schüler wurden gefragt, wie sie in die Schule gelangen. Stelle das nebenstehende Ergebnis in einem Diagramm dar.

zu Fuß:	35 %
mit dem Rad:	28 %
mit dem Bus:	Rest

6. Ein Radfahrer hat bereits 35% seiner Fahrstrecke zurückgelegt. Das sind 14 km.
a) Wie lang ist die Gesamtstrecke? b) Wie weit muss er noch fahren?

7. Wie viel sind 100%? a) 26 € sind 10%. b) 840 kg sind 60 %.

8. Frau Ziegler bezahlt das Kopierpapier (860 €) nach sechs Tagen durch Überweisung. Bei Zahlung innerhalb von zehn Tagen darf sie 2% Skonto vom Rechnungsbetrag abziehen. Welchen Betrag überweist Frau Ziegler?

9. Kernobst hat einen Wasseranteil von ungefähr 83%. Wie viel Gramm Wasser enhält
a) 1 Apfel (200 g), b) 3 kg Äpfel?

10. Bei der Klassensprecherwahl hat jeder der 25 Schülerinnen und Schüler zwei Stimmen abgegeben. Tobias bekam 6 Stimmen, Markus erhielt 30% aller Stimmen, Nina bekam ein Fünftel aller Stimmen, und Marion wurde 16-mal gewählt. Wer wurde Klassensprecher, wer kam auf den zweiten Platz? Wie viele ungültige Stimmen gab es?

Rationale Zahlen

5

Partnerspiel: PLUS – MINUS

Du brauchst:
- einen Partner/eine Partnerin
- einen Spielwürfel
- einen Notizblock

Regeln:
- Abwechselnd würfeln; jeder 10-mal
- Augenzahl = Punktezahl
- gerade Zahl gewinnt (+)
- ungerade Zahl verliert (–)
- Jeder startet mit 0 Punkten.
- Wer mehr verliert als er hat, muss „Minus-Punkte“ anschreiben.

Es gewinnt, wer nach 10 Würfen die höhere Punktzahl hat.

Plus-Minus-Spielerin: Andrea

Wurf-Nr.		1	2	3	4	5	6	7	8	9	10	gewonnen verloren
1. Spiel:	Augen	4	3	6	5	3	5	6	2	4	5	
	Punkte	4	1	7	2	–1	–6	0	2	6	**1**	

Plus-Minus-Spieler: Mirko

Wurf-Nr.		1	2	3	4	5	6	7	8	9	10	gewonnen verloren
1. Spiel:	Augen	5	2	3	1	4	2	5	6	1	2	
	Punkte	–5										

LVL Zahlen unter Null in unserer Umwelt

1. a) Führe das Partnerspiel von der vorigen Seite mit deiner Sitznachbarin oder deinem Sitznachbarn mit veränderter Spielregel durch: Gerade Zahlen verlieren, ungerade Zahlen gewinnen.

b) Tragt viele abschließende Punktestände aus dem „Originalspiel" der vorigen Seite und dem geänderten Spiel aus 1 a) zusammen. Was fällt euch an den Ergebnissen auf, und wie könnt ihr das, was euch auffällt, begründen?

2. Die 7. und 8. Klassen der Wald-Realschule haben an vier Nachmittagen ein Hallen-Hockeyturnier veranstaltet. Abgebildet sind alle Spiele und Ergebnisse.

Gruppenarbeit: Erstellt für das Turnier die Abschlusstabelle. Für jedes gewonnene Spiel gibt es 3 Punkte, für ein Unentschieden 1 Punkt. Bei Punktgleichheit ist die Mannschaft besser, die die bessere Tordifferenz hat. Stellt eure Abschlusstabellen in der Klasse vor, und vergleicht sie mit den Tabellen anderer Gruppen.

7a - 7b	4 : 3	7b - 8c	1 : 4
7a - 7c	2 : 5	7c - 8a	3 : 2
7a - 8a	3 : 3	7c - 8b	4 : 0
7a - 8b	5 : 1	7c - 8c	1 : 2
7a - 8c	2 : 7	8a - 8b	1 : 1
7b - 7c	2 : 6	8a - 8c	1 : 6
7b - 8a	2 : 2	8b - 8c	0 : 5
7b - 8b	5 : 4		

Abschlusstabelle

Klasse	Punkte	Tordifferenz

3. Nehmt zu den Aussagen auf den Bildern Stellung.

a)

b)

c) Im Jahr 2005 wurde die Stadt New Orleans in den USA vom Wirbelsturm Katrina schwer beschädigt und in großen Teilen überschwemmt. Von der Überschwemmung blieb das französische Viertel verschont, das etwa 0,80 m über dem Meeresspiegel liegt. Andere Stadtteile liegen aber bis zu 160 m unter dem Meeresspiegel.

d) Ein Mathematiker erklärt „negative Zahlen" an einem Beispiel ...

4. Julia möchte ins Kino gehen. Parkett kostet 6,50 € und Loge 7,50 €. Doch leider hat sie bei ihrer Freundin noch 8 € Schulden. Da kommt Tante Berta zu Besuch und schenkt Julia 15 €. Stelle zwei Fragen, und beantworte sie.

5. Gruppenarbeit: Tragt Beispiele aus unserer Umwelt zusammen, mit denen deutlich wird, dass es sinnvoll ist, Zahlen unter Null, sogenannte negative Zahlen, zu verwenden.

LVL

Temperaturen in Europa

In Warschau ist es 5° kälter als in Berlin.

Die Temperatur in Budapest liegt genau in der Mitte zwischen der Temperatur in Madrid und in Kopenhagen.

Zwischen Rom und Oslo ist der Temperaturunterschied sehr groß.

In Athen ist es 25° wärmer als in Moskau.

Der höchste Temperaturunterschied zwischen zwei Städten auf der Karte beträgt 36°.

Tatjana fliegt von Moskau in eine 13° wärmere Stadt.

In Brüssel ist es 24° kälter als in Athen.

Andreas aus Berlin fliegt in eine Stadt, in der der Temperaturunterschied zu Berlin 14° beträgt. Es gibt zwei Möglichkeiten.

Temperaturen

Anders Celsius (ein Schwede) führte 1742 die nach ihm benannte Temperaturskala ein.
Bei 0 °C friert Wasser, bei 100 °C kocht Wasser.

LVL **1.** Suche im Internet nach Informationen aus dem Leben von Anders Celsius.

Thermometer zeigen Temperaturen über und unter Null Grad Celsius (°C) an.
Beispiele: 5 °C für 5 Grad Celsius (über Null), –3 °C für **minus** 3 Grad Celsius (unter Null)

LVL **2.** Ordne die Temperaturangaben, und notiere zu jeder den richtigen Sachverhalt.

Gefrierfleisch | 1063 °C | Körpertemperatur | 42 °C | Flüssiges Gold | – 8 °C | 37 °C | Badewasser | – 213 °C | Eiswürfel | – 15 °C | Flüssige Luft

3.

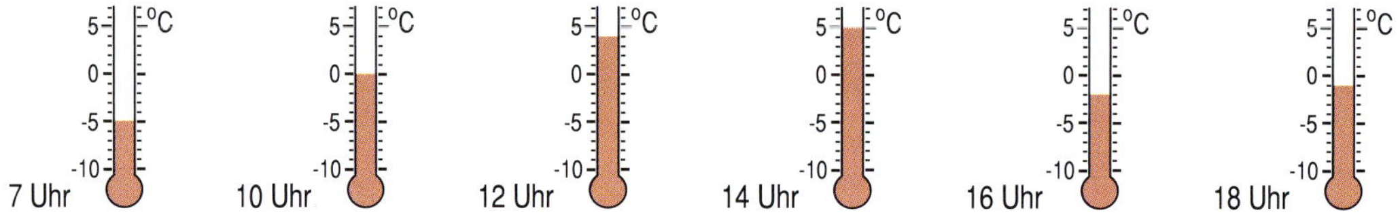

a) Lies die Temperaturen ab, und schreibe sie auf.

b) Um wie viel Grad ist die Temperatur gestiegen oder gefallen?
(1) von 7 bis 10 Uhr (2) von 7 bis 12 Uhr (3) von 14 bis 18 Uhr (4) von 7 bis 18 Uhr

4. Berechne den Anstieg der Temperatur.

a) von –5 °C bis 3 °C
von –5 °C bis 5 °C

b) von –12 °C bis 8 °C
von –22 °C bis 13 °C

c) von –3 °C bis 2 °C
von –4 °C bis 3 °C

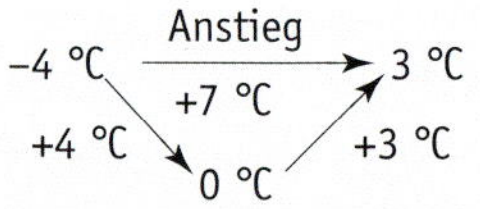

5. Berechne die Absenkung der Temperatur.

a) von 14 °C auf –8 °C
von 17 °C auf –3 °C

b) von 17 °C auf –17 °C
von 28 °C auf –24 °C

c) von 8 °C auf –12 °C
von 13 °C auf –7 °C

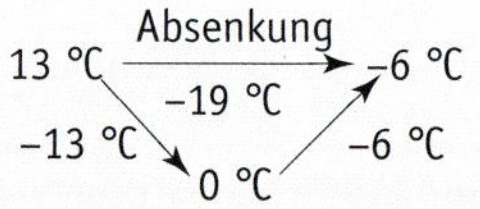

6. Berechne den gemessenen sensationellen Temperaturunterschied.

a) Spearfish (USA), 22. Januar 1943: von –20 °C um 7.30 Uhr auf 7 °C um 7.32 Uhr

b) Browning (USA), von 7 °C am 23. Januar 1916 auf –49 °C am 24. Januar 1916.

7.

Berechne den fehlenden Wert.	a)	b)	c)	d)	e)	f)	g)
höchste Temperatur in °C	17	37	22	5	7		
niedrigste Temperatur in °C	– 13	15	– 3			– 3	– 4
Temperaturunterschied in °C				8	10	15	12

Positive und negative Zahlen – Zahlengerade

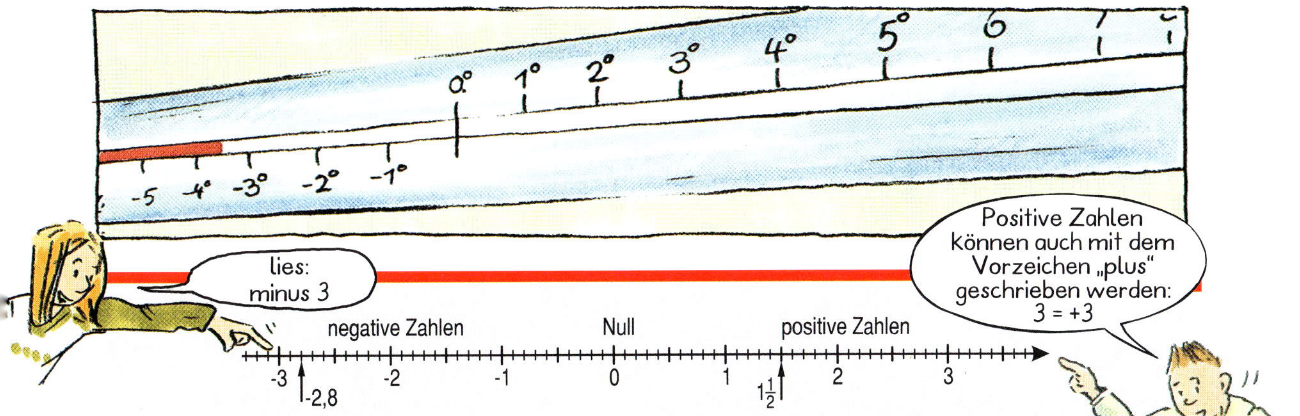

rationale Zahlen: Alle negativen und positiven Zahlen zusammen und die Null.
ganze Zahlen: 0, 1, −1, 2, −2, 3, −3, ...

1. Lies die ganzen Zahlen von der Zahlengeraden ab und schreibe sie auf.

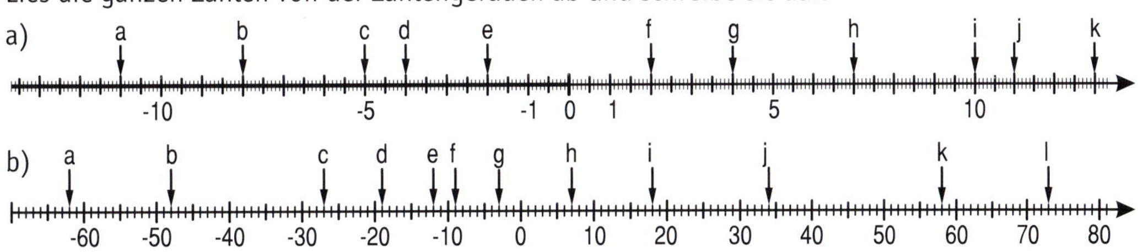

2. Zeichne eine Zahlengerade, und trage diese Zahlen ein: 3, 8, 9, 13, −2, −5, −10 und −13

3. Um wie viele ganze Zahlen musst du vorwärts zählen?
a) von −7 bis 0 b) von −13 bis 2 c) von −8 bis 8
d) von −20 bis −8 e) von −120 bis 120 f) von −999 bis 100

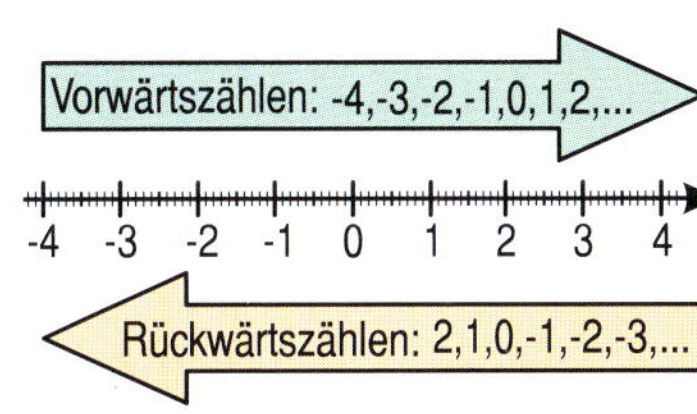

4. Um wie viele ganze Zahlen musst du rückwärts zählen?
a) von 10 bis 2 b) von 12 bis −2 c) von 19 bis −19

5. Zeichne eine Zahlengerade mit 2 cm als Einheit. Trage nun folgende rationale Zahlen ein:
$-2\frac{1}{2}$; $3\frac{1}{4}$; $-4\frac{3}{4}$; 0,5; −3,5; $-1\frac{1}{2}$; 4,75; $2\frac{3}{4}$; 1,25

6. Notiere die benachbarten ganzen Zahlen.
a) −3,4 b) −0,123 c) 0,456 d) −3,7 e) 7,3
f) $-\frac{1}{2}$ g) $-1\frac{2}{3}$ h) $7\frac{3}{8}$ i) $\frac{1}{3}$ j) $-3\frac{4}{5}$

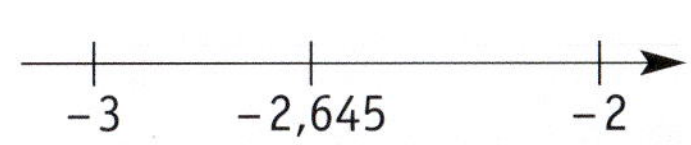

Schreibe: −3 < −2,645 < −2

7. Übertrage die Tabelle in dein Heft, und ordne die folgenden Zahlen wie im Beispiel zu.
1,5; −1; 0; 4; −5; 3,5; −0,7; $\frac{4}{6}$; $\frac{4}{2}$; −8; $-\frac{2}{3}$; 0,6; 56; 37,5; −10,2; 0,65; $\frac{7}{7}$

natürliche Zahlen	ganze Zahlen	positive rationale Zahlen	rationale Zahlen
2	2; −2	2; 1,6	2; −2 1,6; $-\frac{1}{4}$

LVL **8.** Die Zahlen a und b haben auf der Zahlengeraden den Abstand 4,6 voneinander. Von der Null sind sie zusammen 11,6 Einheiten entfernt. Erkläre, welche Zahlen es sein können.

Ordnen von rationalen Zahlen

LVL **1.** Gruppenarbeit: Wählt eines der unten genannten Modelle, und versucht mit dessen Hilfe, die rechts stehende Frage zu beantworten. Stellt das Ergebnis eurer Untersuchung in der Klasse vor.

> Welche Zahl ist größer?
> ① 26 oder 18 ② −10 oder 2
> ③ −7 oder 15 ④ −31 oder −17

Modell 1: Kontostand	**Modell 2:** Tordifferenz	**Modell 3:** Temperatur
„ist größer als" bedeutet: „ist besser als"	„ist größer als" bedeutet: „ist besser als"	„ist größer als" bedeutet: „ist wärmer als"

LVL **2.** Erkläre die Regel im Merkkasten mit jedem der drei Modelle aus Aufgabe 1.

> Von zwei Zahlen liegt die kleinere auf der Zahlengeraden stets links von der größeren.

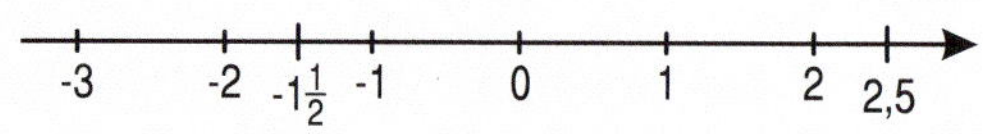

$-3 < -1\frac{1}{2}$ $-1 < 1$ $-3 < 1$

LVL **3.** Ermittle die Geburtsjahre der genannten Personen, und ordne sie; beginne mit dem frühesten Jahr.

Kleopatra, Richard Löwenherz, Marie Curie, Euklid, Caesar, Alexander der Große, Maria Stuart, Adenauer, Katharina die Große

4. Setze ein: < oder >

a) 3 □ −2 b) −7,6 □ −7,8 c) −6,3 □ $-6\frac{1}{2}$
d) −129 □ 0,5 e) −41,4 □ −4,14 f) $-2\frac{1}{2}$ □ $-2\frac{2}{5}$

5. Welche rationale Zahl ist a) um 3,2 kleiner als 1, b) um 9,5 größer als −6,
c) um $3\frac{1}{4}$ kleiner als $-2\frac{1}{2}$, d) in der Mitte zwischen −6 und 5.

LVL **6.** Partnerarbeit: Erfinde weitere Aufgaben wie in Aufgabe 5, und stelle sie deinem Nachbarn.

LVL **7.** Überlege und diskutiere mit anderen: Wie ist die Leistung von Frank beim Mathetest für Schnelldenker zu beurteilen?

Betrag – Zahl und Gegenzahl

LVL **1.** Überlege und begründe: Wie sollte die Siegerliste des Schildkrötenrennens aussehen?

Der Abstand vom Nullpunkt gibt den **Betrag** einer Zahl an.

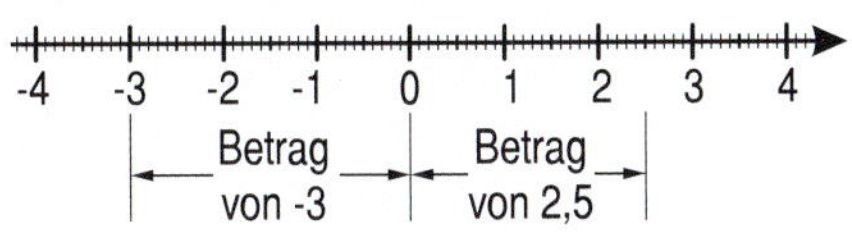

$|-3| = 3$ $\quad$ $|2{,}5| = 2{,}5$

Zahl und **Gegenzahl** haben denselben Betrag, sie unterscheiden sich nur durch das Vorzeichen.

-3 ist Gegenzahl zu 3; 3 ist Gegenzahl zu -3
Der Betrag ist von beiden Zahlen gleich: $|-3| = |3| = 3$
Null ist Gegenzahl zu sich selbst: $|-0| = |0| = 0$

2. a) Welche beiden Zahlen haben den Betrag 10? Wie groß ist der Abstand zwischen beiden?
b) Welche beiden Zahlen haben den Betrag 7,5? Wie groß ist der Abstand zwischen beiden?

3. Notiere Zahl, Gegenzahl und Betrag der beiden Zahlen.
a) 4 b) $-17{,}8$ c) $-3\frac{1}{2}$ d) 6,1 e) 14,9 f) -204
g) $-6\frac{3}{8}$ h) $-121{,}4$ i) 0 j) $27\frac{3}{4}$ k) $-10\frac{3}{4}$ l) 0,55

Zahl: $-5{,}7$
Gegenzahl: 5,7
Betrag: $|-5{,}7| = |5{,}7| = 5{,}7$

4. Suche zu jeder Zahl die Gegenzahl. Die Buchstaben in Reihenfolge der Beträge der Zahlen (bei gleichem Betrag negativ vor positiv) ergeben das Lösungswort.

$-\frac{1}{2}$ U | $\frac{10}{6}$ H | $-\frac{3}{5}$ G | 2,5 S | 0,5 N | $1\frac{5}{10}$ N | $-\frac{6}{3}$ N
$-0{,}8$ U | 1,6 O | $-1\frac{2}{3}$ C | $\frac{4}{5}$ E | $\frac{9}{10}$ V | $-\frac{8}{5}$ L | $-0{,}9$ R
$-\frac{5}{2}$ S | $-\frac{3}{4}$ H | 0,75 E | 0,6 E | 2 E | $-1\frac{1}{2}$ O

5. Was bedeutet die Gegenzahl? Schreibe wie im Beispiel.
a) 195 € Schulden
650 m unter NN
20 °C über Null
b) 360 J. vor Christus
54 € Guthaben
67 Jahre nach Chr.
c) 15 °C unter Null
1 550 m über NN
1 050 € Guthaben

15 € Guthaben: 15 €
15 € Schulden: -15 €

6. a) Notiere alle ganzen Zahlen, deren Beträge kleiner als 10 und gerade sind.
b) Der Betrag einer Zahl ist 16,5. Welchen Abstand haben Zahl und Gegenzahl voneinander?
c) Verdopple den Betrag einer Zahl, und du erhältst 27. Welche Zahlen können es sein?

7. Setze >; <; =: a) $|6{,}5|$ ▒ $|-6\frac{3}{5}|$ b) $|-15{,}4|$ ▒ $|15\frac{2}{5}|$ c) $|2\frac{1}{4}|$ ▒ $|-2{,}4|$ d) $|-3\frac{1}{5}|$ ▒ $|3{,}5|$

Das vollständige Koordinatensystem

LVL **1.** Man erhält das vollständige, übliche Koordinatensystem, wenn man am Gitternetz folgende Veränderungen vornimmt:
– Rechtsachse und Hochachse werden über den Nullpunkt hinaus zu Zahlengeraden verlängert.
– Die Rechtsachse erhält den Namen „x-Achse“, die Hochachse den Namen „y-Achse“.
Zeichne ein Koordinatensystem, trage die Punkte A (5 | 7), B (–6 | 1), C (–5 | –4) und D (7 | –3) ein, und präsentiere diese Zeichnung in der Klasse.

LVL **2.** Besprich mit anderen, wie man zu den Äußerungen im Bild richtig Stellung nimmt.

3. Lies aus dem Koordinatensystem die Punkte ab, und notiere die Koordinaten.

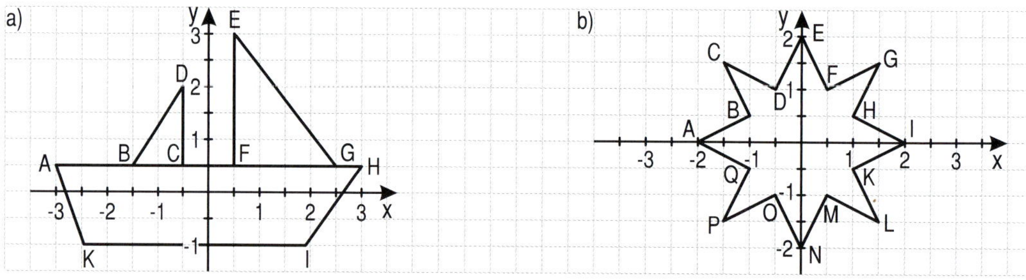

LVL **4.** Partnerarbeit: Zeichne ein Bild in ein Koordinatensystem (wie in Aufgabe 3). Notiere die Koordinaten der Eckpunkte. Diktiere deinem Nachbarn die Punkte. Erhält er das gleiche Bild?

5. Durch die Achsen des Koordinatensystems werden vier Felder erzeugt. Man nennt diese *Quadranten*. In welchem Quadranten liegt der Punkt?

a) A(–8|6) b) D(6|–10) c) G(–7,6|–9,7)
d) B(4|8) e) E(–5|11) f) H(–5,8|6,7)

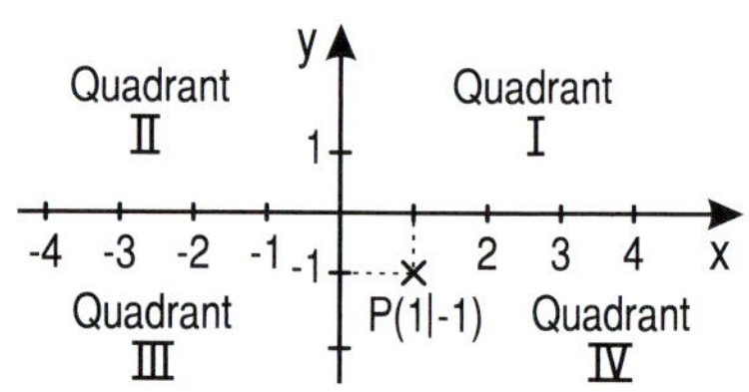

6. Wo ist der Schatz? Suche dazu mithilfe der Koordinaten nach Buchstaben. Halte dich an die vorgegebene Reihenfolge, und die Buchstaben verraten dir den Fundort.

(–2|2) → (5|–5) → (5|2) → (–6|–2) → (2|–6) →
(3|5) → (–6|4) → (2|1) → (–2|–2) → (3|–3) →
(–4|–5)

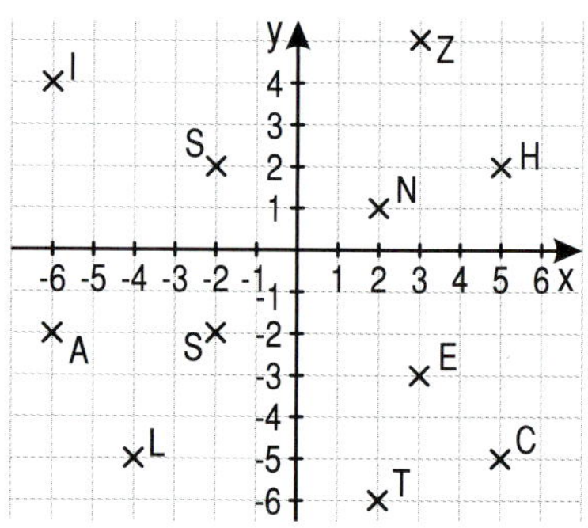

LVL **7.** Vier Schnecken sitzen auf einem Koordinatensystem in den Punkten S_1(2|5), S_2(5|2), S_3(1|–2) und S_4(–2|1). Sie wollen sich an einem Punkt treffen, zu dem es alle gleich weit haben.

Addition mit Hilfe von Modellen

1. Wie viel Euro hat das Kind insgesamt abgehoben oder eingezahlt?
a) Tilja: Ich habe 20 € eingezahlt und 55 € abgehoben.
b) Sven: Ich habe 65 € abgehoben und dann nochmals 90 €.
c) Marcus: Ich habe 35 € abgehoben und 75 € eingezahlt.
d) Lisa: Ich habe 62 € eingezahlt und 88 € abgehoben.

LVL **2.** Partnerarbeit: Erfinde eine Buchungsgeschichte und gib sie als Aufgabe deinem Nachbarn oder deiner Nachbarin.

3. Bestimme die Buchung insgesamt. Minus (–) bedeutet: abheben.

	a)	b)	c)	d)	e)
1. Buchung	340 €	– 165 €	– 460 €	125 €	– 870 €
2. Buchung	– 260 €	– 165 €	862 €	– 324 €	692 €
Insgesamt	80 €				

4. Auf den Kontoauszügen der Bank steht H hinter eingezahltem Geld und S hinter abgebuchtem Geld. Bestimme die Buchung insgesamt.

a)

Versicherung	162 € S
Reisekostenerstattung	365 € H
Miete	1250 € S
Gehalt Juni	3670 € H

b)

KFZ-Versicherung	552 € S
KFZ-Steuer	184 € S
Klassenfahrt Peter	375 € S
Gehalt Juli	3820 € H

5. Übertrage die „Fahrstuhltabelle" in dein Heft, und fülle sie aus.

a)

Einstieg	Fahrt	Ankunft
3	+ 6	9
– 3	+ 10	
14	– 20	

b)

Einstieg	Fahrt	Ankunft
12	– 11	
– 6	+ 5	
9	– 9	

c)

Einstieg	Fahrt	Ankunft
– 1		– 7
	+ 5	– 4
11		– 4

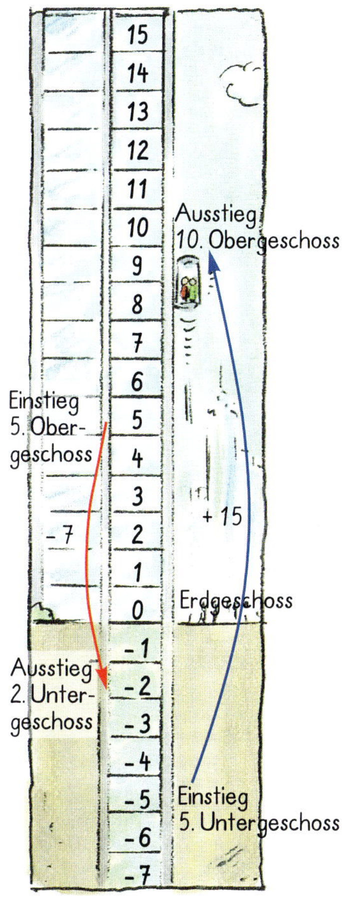

6. Die Fahrstuhlfahrt wird nun durch einen Pfeil dargestellt.
a) ▢ $\xrightarrow{-8}$ – 6 b) 16 $\xrightarrow{▢}$ 11 c) ▢ $\xrightarrow{-8}$ – 2
d) ▢ $\xrightarrow{+12}$ 8 e) – 5 $\xrightarrow{▢}$ 0 f) – 3 $\xrightarrow{▢}$ 7

7. Deborah steigt in der 2. Etage ein und fährt 9 Etagen nach oben, anschließend 13 Etagen nach unten, dann nochmals 2 Etagen nach unten, und wieder 8 Etagen hinauf. Wo steigt sie aus?

LVL **8.** Partnerarbeit: Erfinde eine eigene Fahrstuhlgeschichte, und gib diese deinem Nachbarn zum Lösen.

LVL **9.** Schreibe eine Fahrstuhlgeschichte zu der Aufgabe.
a) – 7 $\xrightarrow{+5}$ ▢ $\xrightarrow{+7}$ ▢ $\xrightarrow{-3}$ ▢ $\xrightarrow{+12}$ ▢ $\xrightarrow{-7}$ ◯
b) 0 $\xrightarrow{-2}$ ▢ $\xrightarrow{+15}$ ▢ $\xrightarrow{+1}$ ▢ $\xrightarrow{-16}$ ▢ $\xrightarrow{+2}$ ◯

LVL **10.** Gruppenarbeit: Addiert jede Zahl mit jeder anderen Zahl. Ersetzt dabei Buchungsvorgänge bzw. Fahrstuhlfahrten durch Rechenregeln, und stellt diese Regeln in der Klasse vor.

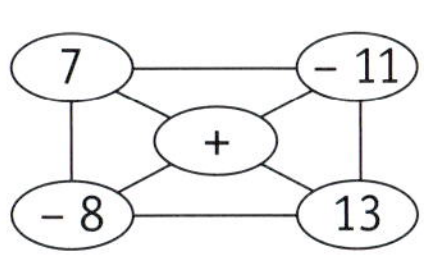

Addition

Addition von rationalen Zahlen

mit gleichem Vorzeichen:
① Addiere die Beträge.
② Gib dann dem Ergebnis das gemeinsame Vorzeichen.

mit verschiedenen Vorzeichen:
① Subtrahiere den kleineren vom größeren Betrag.
② Gib dann dem Ergebnis das Vorzeichen der Zahl mit dem größeren Betrag.

$16 + 7 = 23$ $\quad -16 + (-7) = -23$ $\quad 16 + (-7) = 9$ $\quad -16 + 7 = -9$

1.
a) $12 + 8$; $-26 + (-32)$; $28 + 14$
b) $-37 + (-14)$; $-19 + 19$; $16 + (-42)$
c) $-48 + (-37)$; $-53 + 23$; $13 + 45$
d) $-24 + 18$; $67 + (-34)$; $-43 + (-62)$
e) $63 + (-95)$; $-76 + 44$; $-82 + (-37)$

2.
a) $-6{,}5 + (-7{,}9)$; $5{,}8 + (-12{,}6)$; $4{,}7 + 8{,}8$; $-7{,}3 + 9{,}6$
b) $14{,}7 + (-7{,}4)$; $5{,}5 + 12{,}6$; $-2{,}9 + (-8{,}1)$; $-3{,}8 + 6{,}4$
c) $6{,}5 + 2{,}63$; $-3{,}7 + (-5{,}44)$; $8{,}2 + (-9{,}28)$; $-4{,}1 + 6{,}78$
d) $-3{,}72 + (-6{,}2)$; $8{,}66 + (-5{,}8)$; $4{,}58 + 4{,}9$; $-7{,}25 + 3{,}7$

$2{,}63 + (-8{,}9) = -6{,}27$
Nebenrechnung:
$8{,}9$
$-2{,}63$
$6{,}27$

3.
a) $\frac{1}{2} + \frac{1}{2}$; $-\frac{2}{4} + \frac{1}{4}$; $-\frac{5}{8} + \frac{6}{8}$; $\frac{5}{6} + (-\frac{5}{6})$
b) $\frac{1}{2} + (-\frac{3}{4})$; $-\frac{4}{6} + \frac{1}{2}$; $-\frac{3}{4} + (-\frac{3}{8})$; $\frac{1}{10} + (-\frac{1}{5})$
c) $-1\frac{1}{2} + (-\frac{3}{8})$; $2\frac{3}{4} + 1\frac{1}{2}$; $-1\frac{5}{8} + 2\frac{1}{4}$; $3\frac{5}{6} + (-3\frac{1}{2})$
d) $\frac{7}{8} + (-5\frac{1}{2})$; $6\frac{1}{2} + 3\frac{5}{6}$; $-4\frac{3}{4} + 8\frac{3}{8}$; $-5\frac{9}{10} + (-2\frac{1}{2})$

TIPP
Erinnere dich! Brüche erst gleichnamig machen und dann addieren.

4. Notiere die Aufgabenkette mit Ergebnissen.
a) $2 + 6 =$ ☐; $2 + 5 =$ ☐; ⋮ $2 + (-6) =$ ☐
b) $-2 + 6 =$ ☐; $-2 + 5 =$ ☐; ⋮ $-2 + (-6) =$ ☐
c) $5 + 6 =$ ☐; $5 + 5 =$ ☐; ⋮ $5 + (-6) =$ ☐
d) $-4 + 6 =$ ☐; $-4 + 5 =$ ☐; ⋮ $-4 + (-6) =$ ☐

LVL **5.** Addiere und begründe dein Ergebnis vor der Klasse.
a) zur Summe von 7 und –4 die Zahl –6
b) –9 und ihre beiden ganzen Nachbarzahlen
c) alle ganzen Zahlen von –4 bis 6
d) alle ganzen Zahlen von 4 bis –6
e) alle ganzen Zahlen zwischen –5 und 10
f) alle ganzen Zahlen zwischen –11 und 4

LVL **6.** In welcher Zeit schaffst du es ohne Taschenrechner, alle ganzen Zahlen von –1 000 bis 1 000 zu addieren? Erkläre deine Antwort Mitschülerinnen und Mitschülern.

LVL **7.** Partnerarbeit: Berechnet die Summe aller positiven geraden und aller negativen ungeraden zweistelligen ganzen Zahlen auf möglichst einfache Weise. Erklärt eure Rechnung der ganzen Klasse.

8. Addiere immer zwei nebeneinander liegende Zahlen. Das Ergebnis steht dann im Feld darunter.

a)

16	−29		
48		−29	
−16			36
−1			

b)

38	6		
−82		−29	
−15			64
−20			

c)

94	−18		
−153		−209	
186			343
−101			

9. a) $27 + (-88)$; $-78 + (-16)$ b) $46 + (-167)$; $-92 + 63$ c) $-128 + (-47)$; $-62 + 116$ d) $306 + (-418)$; $-277 + (-269)$

10. a) $3{,}5 + (-2{,}9)$; $-6{,}7 + (-2{,}4)$ b) $-6{,}1 + 7{,}88$; $-5{,}5 + (-2{,}48)$ c) $23{,}9 + (-16{,}4)$; $16{,}4 + 24{,}66$ d) $-38{,}4 + 62{,}7$; $-19{,}5 + (-16{,}9)$

11. Bearbeite die Aufgaben in der vorgegebenen Reihenfolge, dann erhältst du ein Lösungswort.

a) $1\frac{1}{4} + (-\frac{3}{8})$
b) $-\frac{2}{3} + 1\frac{5}{6}$
c) $-\frac{4}{3} + (-\frac{5}{8})$
d) $1\frac{1}{2} + \frac{3}{4}$
e) $\frac{1}{4} + (-1\frac{3}{8})$
f) $-2\frac{3}{5} + (-\frac{7}{10})$
g) $-\frac{1}{4} + (-\frac{1}{6})$
h) $-2\frac{1}{2} + (-2\frac{3}{4})$
i) $-\frac{7}{8} + 3\frac{1}{4}$
j) $2\frac{4}{5} + (-6\frac{3}{10})$

$-\frac{5}{12}$ R | $-3\frac{3}{10}$ P | $-5\frac{1}{4}$ I | $-3\frac{1}{2}$ E | $\frac{7}{8}$ E | $-1\frac{1}{8}$ R | $1\frac{1}{6}$ N | $2\frac{1}{4}$ E | $2\frac{3}{8}$ S | $-\frac{47}{24}$ T

LVL **12.** Partnerarbeit: Wie ist Kais finanzielle Lage?

13. Susann, Ole und Martin haben bei einem Kartenspiel folgende Spielpunkte erzielt. Wie ist jeweils der Punktestand nach dem 5. Spiel?

	1. Spiel	2. Spiel	3. Spiel	4. Spiel	5. Spiel	Summe
Susann	+16	−9	−27	+12	+8	
Ole	−8	+5	+13	+24	−39	
Martin	−19	+9	+15	−11	+14	

14. a) $625 + (-837) =$ ▢; $663 +$ ▢ $= 997$ b) ▢ $+ (-364) = -1092$; $-348 +$ ▢ $= -882$ c) ▢ $+ 487 = -264$; $839 +$ ▢ $= -209$

LVL **15.** Senkrecht, waagerecht und diagonal immer dieselbe Summe. Erkläre dein Vorgehen.

a)

1	−4	3
		−2
	4	

b)

−7	−20	
2		
−19		−9

c)

−9		
−38	−10	18
		−11

d)

		13
2		−30
	24	−25

Subtraktion

LVL **1.** a) Erkläre anderen, wie die „Aufgabenfolgen" im Bild oben angelegt worden sind.
b) Partnerarbeit: Stellt eine Aufgabenfolge zusammen, die „$-4 - 5 = -4 + (-5)$" verdeutlicht.

Eine rationale Zahl wird **subtrahiert**, indem **ihre Gegenzahl addiert** wird.

$8 - (-5) = 8 + 5 = 13$ $-8 - 5 = -8 + (-5) = -13$ $-8 - (-5) = -8 + 5 = -3$

LVL **2.** Die abgebildete Regel zur Bruchrechnung ist aus Kapitel 1 bekannt. Nimm folgende Ersetzungen vor und präsentiere das Ergebnis in der Klasse. „Durch einen Bruch" ⟶ „eine rationale Zahl" – „dividiert" ⟶ „subtrahiert" – „mit dem Kehrbruch" ⟶ „ihre Gegenzahl" – „multipliziert" ⟶ „addiert".

TIPP
Durch einen Bruch wird dividiert, indem man mit dem Kehrbruch multipliziert.

3. Schreibe zuerst als Additionsaufgabe.
a) $-16 - 9$; $8 - (-11)$
b) $36 - 48$; $-42 - (-67)$
c) $-65 - (-78)$; $-72 - 49$
d) $32 - (-86)$; $-96 - (-89)$

4. a) $2{,}9 - 1{,}6$; $4{,}3 - (-5{,}7)$
b) $-34{,}6 - (-48{,}7)$; $26{,}9 - (-58{,}2)$
c) $72{,}8 - (-28{,}6)$; $-63{,}3 - (-32{,}9)$
d) $-11{,}3 - 17{,}9$; $-32{,}9 - (-24{,}1)$

5. a) $1 - 2\frac{1}{2}$ b) $-\frac{2}{3} + \frac{1}{4}$ c) $-\frac{3}{4} - \frac{2}{5}$ d) $2\frac{1}{4} - 3\frac{5}{8}$

6. Führe zuerst auf eine Additionsaufgabe zurück.
a) $-38 + 17 - (-31)$; $-14 - (-37) - 18$
b) $-9 - 6 - (-15) - 7 - (-5)$; $16 - 14 - (-7) - (-3) - (-8)$
c) $-27 - (-15) - 38 - 43 - (-99)$; $-46 - 28 - (-63) - (-59) - 84$

LVL **7.** Jede Aufgabe enthält einen Fehler. Was ist falsch? Erkläre und rechne anschließend richtig.
a) $-27 - 18 = -27 - (-18) = 45$ f
$34 - (-17) = 34 - (+17) = 17$ f
b) $9 - (-38) = 9 + (-38) = -29$ f
$-86 - (+73) = -86 + (+73) = -13$ f
c) $-12 - (-56) = 12 + (+56) = 68$ f
$42 - (+52) = -42 + (-52) = -94$ f
d) $-45 - (-68) = -45 + (+68) = -23$ f
$-57 - (+32) = -57 + (-32) = 89$ f

8. a) $26 - 39 = ▢$; $-64 - ▢ = 18$
b) $▢ - 49 = -86$; $-59 - (-78) = ▢$
c) $-36 - ▢ = 42$; $▢ - 69 = -40$

Vermischte Aufgaben

LVL 1.

- ② Ergebnis bekommt gemeinsames Vorzeichen.
- Bilde die Gegenzahl.
- Zahlen haben verschiedene Vorzeichen.
- ① Subtrahiere den kleinen vom großen Betrag.
- Subtraktion
- Addition
- Zahlen haben die gleichen Vorzeichen.
- ① Addiere die Beträge.
- ② Nimm das Vorzeichen der Zahl mit dem größten Betrag.

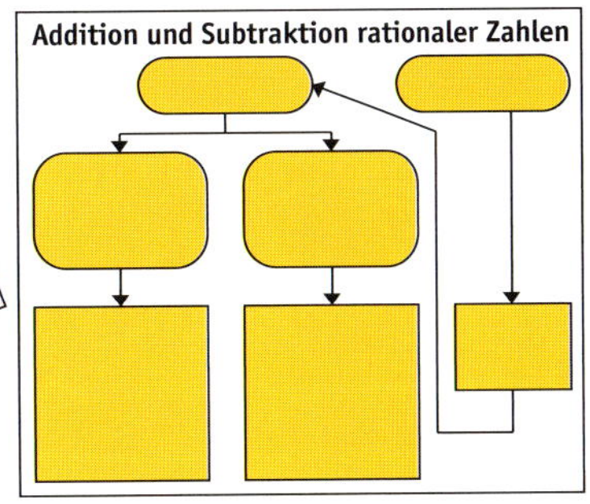

a) Ordne die Textkärtchen. Zeichne dir dazu das nebenstehende Flussdiagramm in dein Heft, und trage die Texte passend ein.

b) Teste dein Flussdiagramm mit den folgenden Aufgaben:
① −26 + (−42) ② −22 − (−44) ③ 16 − (+36) ④ 29 + (−34)

2. Rechne aus. Schreibe dazu die Subtraktionsaufgaben zuerst als Additionsaufgaben.

a) −12 + 18; 27 + 29
b) −23 − 13; 16 − 22
c) −48 − (−36); 32 + (−17)
d) −56 + 39; −72 − (−26)
e) 84 − (−79); 68 + 57

3. Schreibe so, dass du keine Klammern brauchst, und rechne aus.

a) −11 + (−6); 7 + (−19)
b) −9 − (−17); 13 − (−7)
c) 15 − (−7); −7 + (−14)
d) −18 + (−11); −12 − (−9)
e) 26 − (−48); −32 − (−18)

4.

a) −5 − 12; −9 + 6; −11 − 7
b) 18 − 12; 6 + 23; 14 − 13
c) −29 + 9; −32 − 13; −16 + 28
d) 46 − 69; −58 + 27; −35 − 71
e) −83 − 63; 52 − 48; −76 + 34

LVL 5. Berechne alle möglichen Höhendifferenzen auf dem Bild. Notiere dazu die jeweilige Aufgabe.

a) 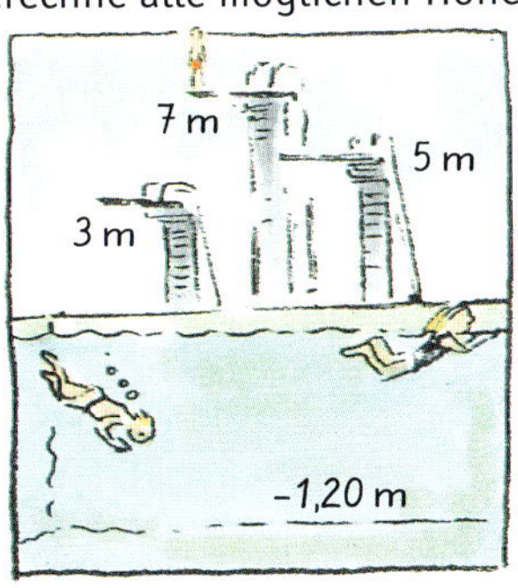

b) 

c) 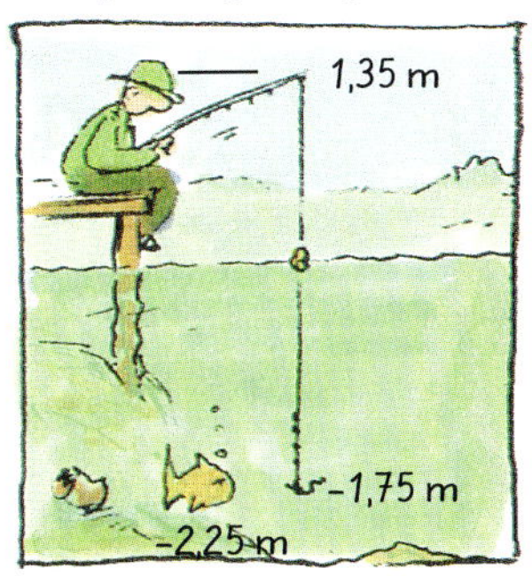

LVL 6. Auf der Halbinsel Kola wurde das bisher tiefste Loch der Erde gebohrt, es reicht bis ca. −12 000 m. Die tiefste natürliche vorkommende Stelle der Erdoberfläche ist das Witjastief im Marianengraben mit ca. −11 000 m. Die höchste Stelle der Erde ist der Gipfel des Mt. Everest mit ca. 8 800 m. Notiere drei Fragen, und beantworte sie.

7. Übertrage die Tabelle in dein Heft, und berechne. Erkennst du in der 1. Zeile ein System? Nutze es in der 2. Zeile. Ergänze weitere Zeilen.

a)

+	2	−7	−16	−25	−34	−43	−52
9							
11							

b)

−	0	−5	−10	−15	−20	−25	−30
10							
13							

Klammerregeln für Addition und Subtraktion

$12 - 9 - 6$ | $-12 - (-6 - 9)$ | = | $-12 + 6 + 9$ | = | $12 + 9 + 6$ | $-6 - (9 + 12)$

= | $12 - (9 + 6)$ | = | $12 + 9 - 6$ | = | $-12 - 6 - 9$ | = | $-12 + (-6 - 9)$

$-12 - 9 + 6$ | $12 - (-9 - 6)$ | $12 - (-9 + 6)$ | $-12 - (9 - 6)$ | = | $-6 - 9 - 12$

LVL **1.** Sortiere die Karten nach gleichen Ergebnissen, und begründe mit weiteren Beispielen die Regeln im nachfolgenden Kasten.

Man **addiert** eine Summe, indem man jeden *einzelnen* Summanden addiert.

Man **subtrahiert** eine Summe, indem man die *Gegenzahlen* der einzelnen Summanden addiert.

Ausführlich: $\ldots - 6 = \ldots + (-6)$

$-2 + (-8 + 6) = -2 - 8 + 6 = -4$
$-12 + (6 - 5) = -12 + 6 - 5 = -11$

$-2 - (-8 + 6) = -2 + 8 - 6 = 0$
$-12 - (6 - 5) = -12 - 6 + 5 = -13$

2. Schreibe zuerst ohne Klammer, und rechne dann aus.

a) $14 + (7 - 9)$
$28 + (-16 + 11)$
$43 + (-28 - 12)$

b) $-16 - (19 - 11)$
$54 - (-36 + 24)$
$13 - (-27 - 49)$

c) $12 + (-16 + 48)$
$-33 - (46 - 53)$
$-56 + (-25 - 38)$

3. Schreibe zuerst ohne Klammer, und rechne dann von links nach rechts.

a) $9 - (20 + 16) + (-38 - 27) - 8$
b) $17 + (-28 + 6) - (-32 + 16) + 5$
c) $33 + (18 - 12) - (42 - 24) - 17$
d) $-16 - (24 - 73) - (-38 + 64)$
e) $-93 + (-68 + 42) - (-23 - 12)$
f) $88 - (-32 - 14) + (-94 - 76)$

4. Immer zwei Mauersteine gehören zusammen: Auf einem Stein steht ein Term mit Klammern, auf dem anderen der Term nach Anwendung der Klammerregel. Ordne zu und rechne aus.

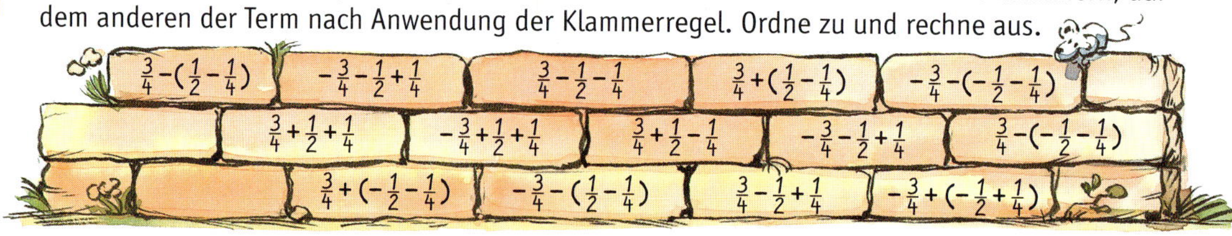

5. Prüfe, ob du vorteilhafter mit oder ohne Klammer rechnest.

a) $358 - (187 + 214)$
$247 + (-316 - 131)$
$164 - (-236 + 299)$

b) $4{,}7 - (-3{,}45 - 8{,}2)$
$2{,}33 + (1{,}5 - 2{,}08)$
$1{,}4 - (3{,}45 - 2{,}05)$

$126 - (47 + 58)$
$= 126 - 105$
$= 21$

$126 - (47 + 58)$
$= 126 - 47 - 58$
$= 79 - 58 = 21$

6. a) Subtrahiere von -12 die Summe aus 22 und -16. Schreibe erst mit Klammern.

b) Addiere die Summe aus -79 und -42 zu 100.

c) Subtrahiere die Summe aus 29 und -68 von der Summe aus -34 und 57.

7. Setze die Klammern wie im Beispiel, und rechne dann aus.

a) 67 − 84 − 26 b) 31 − 27 − 23 c) 55 − 43 + 63 d) 81 − 44 − 66
e) 92 − 81 − 9 f) 43 − 64 + 24 g) 29 − 25 + 15 h) −79 + 49 + 54

15 − 37 − 13
= 15 − (37 + 13)
= 15 − 50 = …

8. Rechne vorteilhaft. Beende zuerst das Beispiel.

a) 52 + 36 − 76 b) −24 + 64 − 76 c) −8,3 − 1,7 − 5,9
d) −72 + 18 + 22 e) −2,8 − 4,2 + 6,8 f) 5,1 − 2,7 − 4,3
g) −37 − 23 + 61 h) 3,2 + 4,9 − 9,9 i) −4,7 + 7,4 − 8,5

−78 + 64 − 104
= −78 + (64 − 104)
= −78 + (−40) = …

9. Rechne vorteilhaft, du kannst Klammern setzen und vertauschen.

a) 48 − 69 + 22 b) −36 − 29 + 66 c) 83 − 96 + 47
d) −67 + 24 − 54 e) −59 + 85 − 31 f) 62 + 75 − 82
g) 33 − 73 − 48 h) 25 − 62 − 45 i) 14 − 67 + 36

−73 + 55 − 27
= (−73 − 27) + 55
= −100 + 55 = −45

TIPP
−5 + 3 = 3 − 5

10. Schreibe zuerst ohne Klammern, dann rechne vorteilhaft. Die Ergebnisse, vom kleinsten zum größten, liefern einen Gegenstand, den es nicht immer gibt.

E −17 − (38 − 13) − (22 + 33)
B 34 − (18 + 24) − (−48 + 7) − 63
N −(48 + 73) − 62 − (32 − 23 − 18)
C 23 − (67 + 32) − (78 − 22) − 88
S −(85 − 27) + (−47 − 34) − (66 + 18)
H −9 + (−24 − 81) − 36 − (−44 + 78)
L 93 − (−72 + 43) + (−26 + 68) − 12
A −31 + 39 − (64 − 71) − (−46 + 62)
L −(75 − 87) − (−43 + 61) − 27 + 54
E 68 + (−91 − 13) − (−52 + 33) − 47

11. Senkrecht, waagerecht und diagonal immer dieselbe Summe.

a)

	3	
−5		
4	−3	−1

b)

1,2	−3,2	1,1
	2,6	

c)

		$-1\frac{1}{4}$
$-1\frac{1}{2}$	$-\frac{1}{2}$	
$\frac{1}{4}$		

d)

	$-\frac{1}{6}$	
$-1\frac{1}{6}$	$-\frac{1}{3}$	$\frac{1}{2}$
		$-\frac{2}{3}$

LVL **12.** Die Summe der Zahlen auf einer Geraden ist die Zahl in der Mitte. Präsentiere deine Ergebnisse in der Klasse.

a)
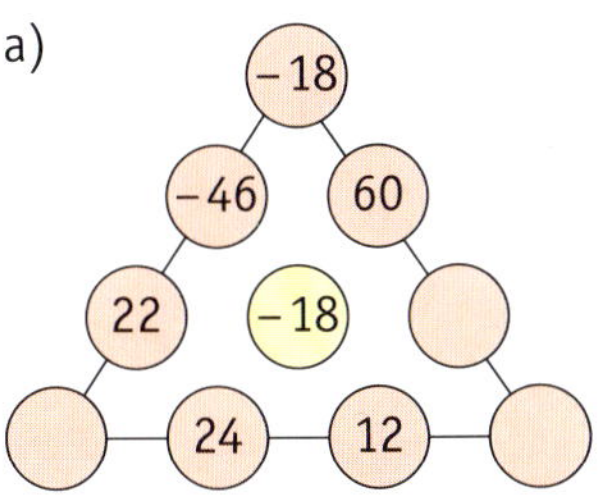

b)
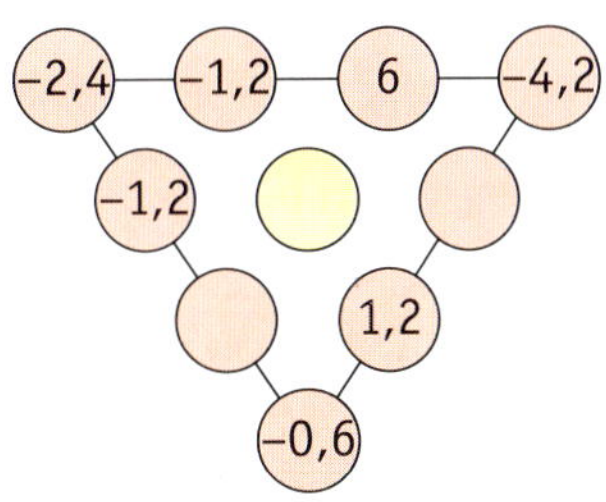

c)
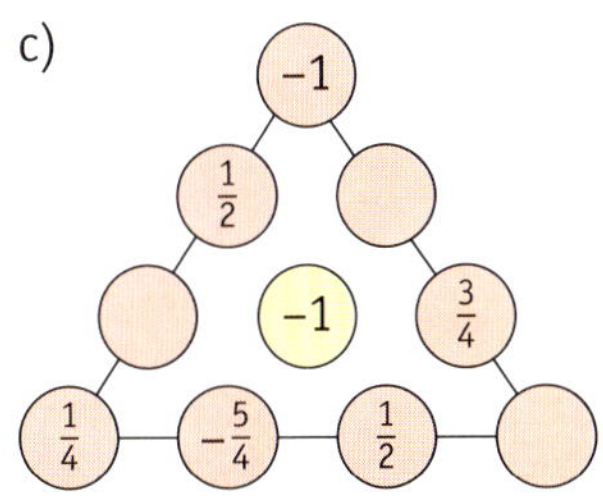

13. Schreibe ohne Klammern, und berechne dann vorteilhaft.

a) −[16 − (37 + 34)] b) 26 + [−38 − (14 − 9)]
17 + [−8 + (46 − 19)] [−25 + (−43 − 27)] − 66
−[44 − (16 − 49)] −72 − [6 − (−28 + 7)]

68 − [−(53 − 13) − 24]
= 68 − [−53 + 13 − 24]
= 68 + 53 − 13 + 24
= 68 + 40 + 24 = 132

TIPP
Bei Doppelklammern von innen nach außen.

LVL **14.** a) Ergänze plus oder minus so, dass die Gleichung stimmt.

1 ◯ (−1) ◯ 2 ◯ (−2) ◯ 3 ◯ (−3) ◯ 4 ◯ (−4) ◯ 5 ◯ (−5) = 30

b) Lässt sich so auch eine Gleichung mit −30 statt 30 auf der rechten Seite erreichen? Überlege mit anderen.

LVL

Wetterwerte vom Feldberg/Schwarzwald

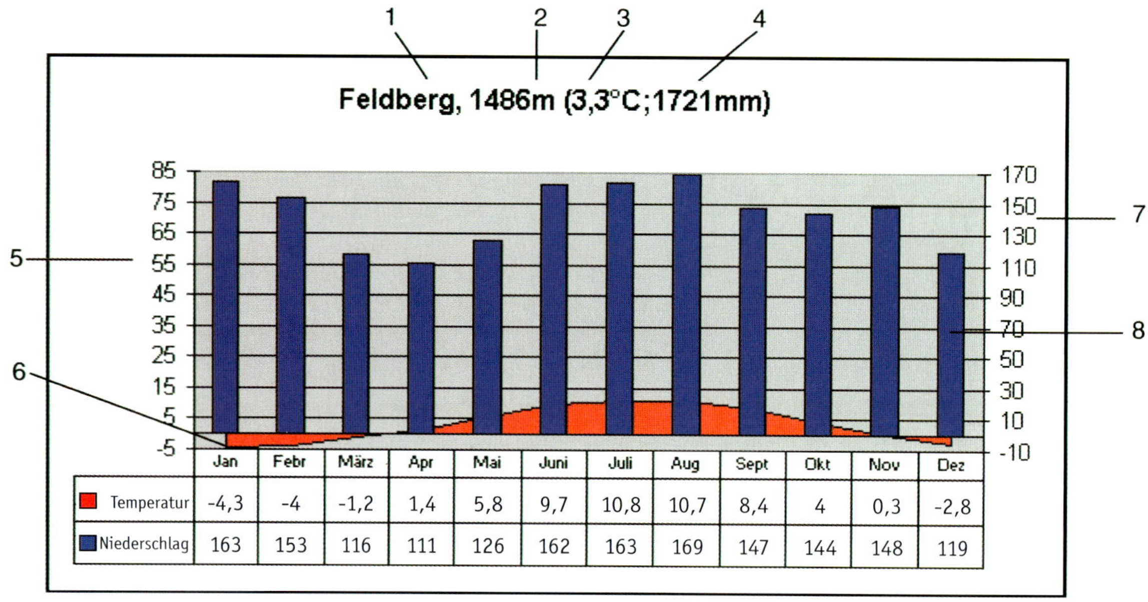

Das Klima eines Ortes wird mit einem Klimadiagramm veranschaulicht. Es zeigt die Mittelwerte von Temperatur und Niederschlag in einer Zeichnung.
Die Abbildung zeigt das Klimadiagramm für den Feldberg im Schwarzwald. Für jeden Monat ist die durchschnittliche Niederschlagsmenge in einer Säule dargestellt. Die Höhe der Niederschläge ist an der rechten Seite abzulesen. Dabei bedeutet z. B. „90“: Es sind 90 *l* Regenwasser pro Quadratmeter gefallen. Das heißt, das Regenwasser würde ohne Einsickern 90 mm hoch auf dem Boden stehen.
An der linken Seite lässt sich die Höhe der Temperatur in °C für jeden Monat ablesen. Die Temperaturkurve zeigt den Verlauf der Temperaturen im Jahr.

1. Ordne den Ziffern ① – ⑧ aus dem obigen Diagramm die richtigen Begriffe zu. Schreibe ins Heft.

Temperaturkurve | Niederschläge in mm | Niederschlagssäule | Höhe über Meeresspiegel in m | Durchschnittsjahrestemperatur | Temperaturskala in Grad Celsius | Ort | Jahresniederschlag

2. Angenommen, du müsstest keine Rücksicht auf Ferien oder Urlaubszeiten nehmen.
a) Wann würdest du am Feldberg Sommerurlaub machen?
b) Wann würdest du zum Wintersport auf den Feldberg fahren?

3. a) Berechne die Durchschnittstemperatur der Monate Dezember bis März.
b) Berechne die Durchschnittstemperatur der Monate Mai bis September.

4. Stimmt der angegebene Jahresniederschlag auf dem Feldberg mit dem Klimadiagramm überein?

5. Denke dir selbst 3 Fragen aus, die du mit dem Klimadiagramm beantworten kannst.

6. Zeichne nach der Tabelle das Klimadiagramm von Freiburg im Breisgau in dein Heft.

	Jan	Febr	März	Apr	Mai	Juni	Juli	Aug	Sept	Okt	Nov	Dez
Temp. (°C)	1,8	3,2	6,6	10,2	14,4	17,7	19,9	19,2	16,2	11,3	6,0	2,7
Nied. (mm)	60	54	54	81	106	117	96	102	71	66	73	66

Bleib FIT!

Die Ergebnisse der Aufgaben 1 – 7 ergeben Spezialitäten aus der Schweiz.

1. Wie viel Prozent des Rechtecks sind gefärbt?

a) 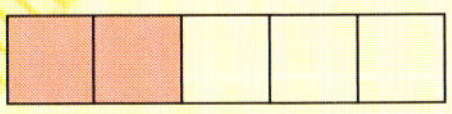 b) 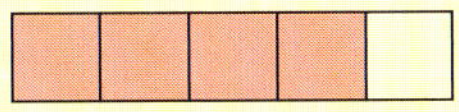

c) 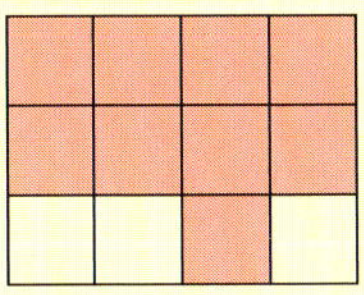 d) 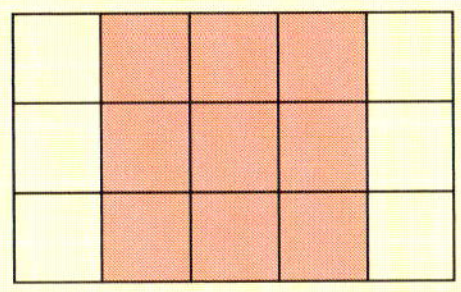

2. Berechne.

a) $(64{,}4 + 9{,}85) \cdot 2{,}4$ b) $11{,}71 + 21{,}435 : 1{,}5$

c) $156{,}2 : (6{,}13 + 4{,}87)$ d) $8{,}8 - 1{,}05 \cdot 3{,}6$

3. a) Uwe fährt mit seinem Rad eine Strecke von 45 km in $2\frac{1}{2}$ h. Wie viel Kilometer schafft er durchschnittlich jede Stunde?

b) Wenn Uwe mit einer Durchschnittsgeschwindigkeit von $15\,\frac{\text{km}}{\text{h}}$ fährt, braucht er für eine Strecke 4 Stunden. Wie viel Stunden braucht er, wenn er diese Strecke mit $20\,\frac{\text{km}}{\text{h}}$ im Durchschnitt zurücklegt?

4. a) $\frac{1}{5}$ von 1,6 m = ☐ cm b) $\frac{2}{3}$ von 2,4 m^2 = ☐ dm^2

c) $\frac{3}{4}$ von 0,6 km = ☐ m d) $\frac{5}{6}$ von 1,2 l = ☐ cm^3

5. Zeichne das Dreieck mit den Koordinaten A (1|2), B (9|2) und C (5|7) in ein Koordinatensystem. Welche Eigenschaft hat es?

nur rechtwinklig (10), nur gleichschenklig (20), rechtwinklig und gleichschenklig (30), gleichseitig (40)

6. a) Wie heißt das kleinste gemeinsame Vielfache der Zahlen 12 und 16?

b) Wie heißt der größte gemeinsame Teiler der Zahlen 12 und 16?

7. Wandle um in eine Dezimalzahl. Ordne die Zahlen, die kleinste zuerst.

$\frac{144}{100}$ $\frac{2}{5}$ $\frac{11}{25}$

0,25	H
0,4	D
0,44	U
1,44	E
1,2	W
3	E
4	N
5,02	T
10	A
14,2	E
18	Z
20	F
21,5	R
26	N
30	P
32	L
40	G
48	O
60	C
75	S
80	E
87,9	V
160	T
178,2	H
450	E
1000	S

Vervielfachen und Teilen

LVL **1.** Berechne die Beträge, um die es in den beiden Bildern geht, und schreibe auch die jeweilige Rechenaufgabe dazu auf.

LVL **2.** Erfinde selbst jeweils eine Rechengeschichte zum Vervielfachen und zum Teilen einer negativen Zahl, und erzähle sie Mitschülerinnen und Mitschülern. Sie sollen die zugehörigen Rechenaufgaben aufschreiben und lösen.

Beim Vervielfachen oder Teilen einer rationalen Zahl vervielfacht oder teilt man den Betrag, das Vorzeichen bleibt.

Beispiele: $3 \cdot (-15) = -45$ $\quad -20 : 4 = -5$

3. Rechne aus.

a) $6 \cdot (-20)$	b) $4 \cdot (-100)$	c) $3 \cdot (-125)$	d) $6 \cdot (-30)$	e) $9 \cdot (-12)$
f) $-28 : 4$	g) $-660 : 3$	h) $-120 : 33$	i) $-246 : 6$	j) $-540 : 60$

4. Hier brauchst du für drei Aufgaben nur einmal zu rechnen!

a) $4 \cdot 5$	b) $11 \cdot 7$	c) $3 \cdot 8$	d) $7 \cdot 6$	e) $8 \cdot 9$
$40 \cdot (-5)$	$7 \cdot (-11)$	$8 \cdot (-30)$	$70 \cdot (-60)$	$80 \cdot (-0{,}9)$
$4 \cdot (-0{,}5)$	$7 \cdot (-1{,}1)$	$30 \cdot (-0{,}8)$	$7 \cdot (-0{,}6)$	$90 \cdot (-0{,}8)$

5.

a) $24 : 6$	b) $72 : 9$	c) $56 : 7$	d) $81 : 9$	e) $490 : 70$
$-240 : 6$	$-720 : 90$	$-5{,}6 : 7$	$-810 : 9$	$-4{,}9 : 7$
$-2{,}4 : 6$	$-7{,}2 : 9$	$-560 : 70$	$-8{,}1 : 9$	$-4\,900 : 7$

LVL **6.** Michael hat bei seinen Eltern 102 € Schulden. Er darf diese Schulden in monatlich gleichen Raten im Laufe eines Jahres zurückzahlen. Ihm wäre es allerdings lieber gewesen, das Geld in 15 Monatsraten zurückzuzahlen. Stelle drei Fragen, und beantworte sie.

LVL **7.** Wenn man Christinas Schulden mit 8 multipliziert, sind sie nur 20 € von 700 € Schulden entfernt. Achmed und Silke haben für Christinas Schulden nach dieser Information unterschiedliche Beträge errechnet und könnten doch beide recht haben. Welche Ergebnisse haben sie errechnet, und warum könnten beide recht haben?

8. Beachte die Regel „Punktrechnung vor Strichrechnung", und rechne aus.

a) $5 \cdot (-7) + 3 \cdot 6$	b) $4 \cdot (-9) - 5 \cdot 8$	c) $3 \cdot (-12) - 60 : 4$
d) $(-28) : 4 - 2 \cdot 5$	e) $(-56) : 2 + 7 \cdot 3$	f) $(-48) : 3 + 21 : 7$
g) $6 \cdot (-15) - 200 : 8$	h) $(-100) : 4 + 6 \cdot 6$	i) $9 \cdot (-5) - 4 \cdot 11$

Multiplikation

LVL **1.** Gruppenarbeit: Hinter den Maschinen in den beiden Bildern verbergen sich „Aufgabenfolgen". Notiert die Aufgabenfolgen, und erklärt, welche Regeln damit begründet werden.

LVL **2.** Ein Mathematiker, der David Hilbert heißt, hat ein Verfahren entwickelt, wie man Multiplikationsaufgaben im Koordinatensystem zeichnerisch lösen kann. Man nennt das Verfahren die Hilbert'sche Streckenmultiplikation.

a) Partnerarbeit: Findet über das Internet oder ein Lexikon heraus, wann und wo David Hilbert gelebt hat.

b) Gruppenarbeit: Ermittelt in einem Koordinatensystem auf Karopapier (x-Achse und y-Achse bis 15 und − 15) nach der nebenstehenden Anweisung die Produkte $3 \cdot (-4)$, $-3 \cdot 4$ und $-3 \cdot (-4)$. Erklärt der ganzen Klasse, welche Regeln für das Multiplizieren von positiven und negativen Zahlen daraus abgeleitet werden können.

> Hilbert'sche Streckenmultiplikation für das Produkt $a \cdot b$
>
> ① Markiere die Stelle a auf der x-Achse.
>
> ② Verbinde den markierten Punkt mit der Stelle 1 auf der y-Achse. Die Strecke heißt s.
>
> ③ Markiere die Stelle b auf der y-Achse.
>
> ④ Zeichne durch den markierten Punkt die Parallele g zu s.
>
> ⑤ g schneidet die x-Achse an der Stelle $a \cdot b$.

Multiplikation von rationalen Zahlen

mit *gleichen Vorzeichen:*

① Multipliziere die Beträge.

② Das Ergebnis ist *positiv.*

mit *verschiedenen Vorzeichen:*

① Multipliziere die Beträge.

② Das Ergebnis ist *negativ.*

(1) $12 \cdot 5 = 60$ (2) $-12 \cdot (-5) = 60$ (3) $-12 \cdot 5 = -60$ (4) $12 \cdot (-5) = -60$

3. a) $-9 \cdot (-7)$; $8 \cdot 5$ b) $8 \cdot (-6)$; $-5 \cdot 7$ c) $-4 \cdot 9$; $8 \cdot 6$ d) $-9 \cdot 3$; $-8 \cdot (-9)$ e) $-6 \cdot (-7)$; $-9 \cdot 9$

4. a) $\frac{2}{5} \cdot (-\frac{1}{2})$; $-\frac{8}{9} \cdot \frac{1}{4}$ b) $-\frac{3}{2} \cdot (-\frac{1}{4})$; $-\frac{3}{7} \cdot \frac{1}{3}$ c) $-\frac{2}{3} \cdot (-\frac{4}{5})$; $\frac{6}{7} \cdot (-\frac{5}{8})$ d) $-\frac{5}{6} \cdot \frac{3}{2}$; $\frac{3}{4} \cdot (-\frac{6}{7})$ e) $\frac{8}{9} \cdot (-\frac{3}{4})$; $-\frac{5}{6} \cdot (-\frac{2}{9})$

LVL **5.** Arbeite mit deiner Nachbarin oder deinem Nachbarn zusammen: Hier ist jeweils das Produkt zweier ganzer Zahlen notiert. Schreibt zu jedem alle möglichen Multiplikationsaufgaben auf, die dieses Produkt als Ergebnis haben. Verwendet dabei weder 1 noch −1.

−72	56	−100	
−40	−12	75	
48	−18	36	−64

Division

LVL **1.** Partnerarbeit: Löst die Aufgaben an der Tafel oben rechts mit Hilfe der Probe über die Multiplikation, und begründet damit die Regel im Kasten.

+ durch + und − durch − gibt +.

Division von rationalen Zahlen

mit *gleichen Vorzeichen:*
① Dividiere Betrag durch Betrag.
② Das Ergebnis ist *positiv.*

mit *verschiedenen Vorzeichen:*
① Dividiere Betrag durch Betrag.
② Das Ergebnis ist *negativ.*

+ durch − und − durch + gibt −.

$20 : 4 = 5$ $-20 : (-4) = 5$ $-20 : 4 = -5$ $20 : (-4) = -5$

LVL **2.** Gruppenarbeit: Auf der vorigen Seite ist die Hilbert'sche Streckenmultiplikation erklärt. Bei „umgekehrtem" Ablauf kann man im Koordinatensystem auch dividieren. Stellt die Aufgaben 15 : 3; 15 : (−3); −15 : 3 und −15 : (−3) dar, und erläutert eure Zeichnungen in der Klasse.

3.
a) $-102 : (-17)$; $120 : (-15)$; $-112 : 16$
b) $-210 : 14$; $221 : 17$; $-216 : (-18)$
c) $264 : (-22)$; $-456 : 24$; $-364 : (-28)$
d) $-728 : (-26)$; $-832 : 32$; $1189 : 29$

4.
a) $\frac{2}{3} : (-\frac{2}{3})$; $-\frac{3}{4} : \frac{3}{2}$; $\frac{9}{10} : \frac{4}{3}$
b) $-\frac{7}{9} : \frac{1}{3}$; $\frac{5}{8} : (-\frac{4}{15})$; $-\frac{3}{4} : (-\frac{3}{10})$
c) $-\frac{2}{3} : (-\frac{8}{9})$; $-\frac{5}{8} : \frac{1}{2}$; $\frac{5}{6} : \frac{2}{3}$
d) $1\frac{1}{2} : (-\frac{9}{12})$; $-\frac{3}{4} : 1\frac{1}{3}$; $-2\frac{3}{8} : (-\frac{4}{19})$

TIPP
Mit dem Kehrbruch multiplizieren.
Kehrbruch von $-\frac{2}{3}$ ist $-\frac{3}{2}$.

5.
a) $2{,}1 : 3$; $1{,}6 : (-4)$; $-0{,}8 : (-2)$
b) $-2{,}7 : 9$; $-6{,}4 : (-8)$; $2{,}4 : (-4)$
c) $-1{,}4 : 0{,}7$; $1{,}5 : (-0{,}3)$; $-1{,}8 : (-0{,}6)$
d) $2{,}4 : 1{,}2$; $-4{,}5 : (-1{,}5)$; $-6{,}4 : 1{,}6$

6. Ergänze im Heft die fehlenden Zahlen.
a) $-36 : 9 = ☐$; $40 : ☐ = -2$; $☐ : (-3) = 13$
b) $-72 : ☐ = 9$; $☐ : (-6) = -11$; $75 : ☐ = -3$
c) $☐ : (-4) = 32$; $-48 : ☐ = -16$; $156 : 3 = ☐$
d) $312 : (-104) = ☐$; $-105 : ☐ = -5$; $☐ : 25 = 6$

LVL **7.** Hier wurde immer wieder durch dieselbe Zahl geteilt.
a) Wie heißt jeweils die Zahl?
b) Erfinde eigene Zahlenfolgen. Gib sie deinem Nachbarn.

Susann:	−64;	32;	−16;	8;	−4
Sebastian:	13;	−13;	13;	−13	
Britta:	−2;	4;	−8;	16	

Vermischte Aufgaben

1.

a) In Paris ist es im Januar im Durchschnitt −3 °C kalt. Auf dem Mars kann es 46-mal so kalt sein.

b) David taucht im Meer bis −3,80 m. Ein Perlentaucher kann ohne Tauchgerät 7-mal so tief tauchen.

2. Berechne. Achte auf das Komma.

a)	b)	c)
$3,2 \cdot (-8)$	$3 \cdot 4,9$	$-4,2 \cdot (-8,4)$
$2,9 \cdot 7$	$-8 \cdot 7,6$	$2,7 \cdot (-9,6)$
$-8,6 \cdot (-9)$	$9 \cdot 5,3$	$-3,1 \cdot (-4,5)$
$-2,5 \cdot 6$	$-6 \cdot 9,7$	$6,6 \cdot 7,2$

$-3,2 \cdot (-5,8) = 18,56$

Nebenrechnung: $3,2 \cdot 5,8$

```
 3,2 · 5,8
 16 0
  2 56
 18,56
```

3. Für das Lösungwort ordne die Ergebnisse vom Kleinsten zum Größten.

P $12,9 \cdot (-6,4)$	E $-0,4 \cdot 20,6$	O $18,9 \cdot (-3,4)$	O $-11,1 \cdot 8,4$
P $-3,8 \cdot 24,6$	E $-8,3 \cdot (-1,7)$	T $-1,6 \cdot 10,9$	C $3,4 \cdot (-15,3)$
L $8,5 \cdot 19,3$	A $2,5 \cdot (-16,9)$	P $12,9 \cdot 0,5$	T $-19,7 \cdot (-1,5)$

4. Ordne die Aufgaben den richtigen Ergebnissen zu. Überschläge und Vorzeichenregeln helfen dir.

$-3,8 \cdot 16,5$ | $-143,5$ | $-13,8 \cdot (-10,2)$ | $-62,7$ | $-5,5 \cdot (-11,4)$ | $140,76$

$7,5 \cdot 7,6$ | $2,7$ | 57 | $0,3 \cdot (-8,7)$ | $126,63$ | $12,9 \cdot (-4,5)$ | $-127,5$ | $12,5 \cdot (-10,2)$

$62,7$ | $-6,7 \cdot (-18,9)$ | $-58,05$ | $-8,2 \cdot 17,5$ | $-2,61$ | $4,5 \cdot 0,6$

5.

6.

a) $62,8 : (-16)$	b) $-78,39 : 9$	c) $47,69 : 19$
$-72,16 : (-11)$	$-59,55 : 15$	$-81,06 : (-7)$
d) $38,88 : 6$	e) $28,7 : (-14)$	f) $-0,99 : 3$
$-13,104 : 12$	$-93,48 : (-8)$	$18,4 : 16$

Aufgabe: $-78,9 : (-12)$

Nebenrechnung:

```
78,9 : 12 = 6,575
72
 69
 60
  90
  84
   60
   60
```

Überschlag: $-80 : (-10) = 8$

Ergebnis: $-78,9 : (-12) = 6,575$

7.

a) $47,45 : (-6,5)$	b) $-20,8 : 3,2$	c) $-25,5 : 7,5$
$-10,26 : 2,7$	$20,79 : (-2,1)$	$-15,5 : (-6,2)$

8.

a) $43,44 : (-7,24)$	b) $-192,5 : 17,5$	c) $-138,4 : (-8,65)$
$38,24 : 9,56$	$44,92 : (-11,23)$	$173,67 : 24,81$

Multiplikation von Summen

LVL 1. Erkläre und begründe, welchen der beiden Rechenwege du bevorzugst.

Man kann eine Summe mit einer Zahl multiplizieren, indem man gliedweise jeden Summanden mit der Zahl multipliziert und die Ergebnisse dann addiert (*Distributivgesetz*).

$4 - 3 = 4 + (-3)$

$8 \cdot (4 + 3) = \underbrace{8 \cdot 4}_{32} + \underbrace{8 \cdot 3}_{+24}$

$-8 \cdot (4 + 3) = \underbrace{-8 \cdot 4}_{-32} - \underbrace{8 \cdot 3}_{-24}$

$8 \cdot (4 - 3) = \underbrace{8 \cdot 4}_{32} + \underbrace{8 \cdot (-3)}_{-24}$

$8 \cdot (-4 + 3) = \underbrace{8 \cdot (-4)}_{-32} + \underbrace{8 \cdot 3}_{+24}$

$-8 \cdot (-4 + 3) = \underbrace{-8 \cdot (-4)}_{32} - \underbrace{8 \cdot 3}_{-24}$

2. Rechne auf zwei Arten.

a) $-6 \cdot (8 - 5)$; $-12 \cdot (3 + 4)$; $9 \cdot (-6 - 6)$

b) $-50 \cdot (10 - 0{,}2)$; $-8 \cdot (-9{,}9 + 0{,}1)$; $2{,}5 \cdot (-4 + 10)$

$-5 \cdot (-3 + 8) = \underbrace{-5 \cdot (-3)}_{15} - \underbrace{5 \cdot 8}_{40} = -25$

$-5 \cdot \overbrace{(-3 + 8)} = -5 \cdot (5) = -25$

3. Rechne vorteilhaft.

a) $-12 \cdot (-9) + 6 \cdot (-9)$; $28 \cdot 12 - 24 \cdot 12$; $-19 \cdot 23 + 18 \cdot 23$

b) $8 \cdot (-1{,}47) + 8 \cdot 0{,}22$; $-12{,}3 \cdot (-1{,}7) + 2{,}3 \cdot (-1{,}7)$; $1{,}5 \cdot (-29) + 1{,}5 \cdot 26$

$-1{,}6 \cdot (-4) + 0{,}6 \cdot (-4) = \underbrace{(-1{,}6 + 0{,}6)}_{-1} \cdot (-4) = 4$

4.

a) $-7 \cdot (-8) - 9 \cdot (-8)$; $16 \cdot 18 - 18 \cdot 18$; $-37 \cdot (-7) + 48 \cdot (-7)$

b) $48 \cdot (-16) - 52 \cdot (-16)$; $15 \cdot (-49) + 15 \cdot 57$; $25 \cdot 8 + 25 \cdot (-16)$

c) $1{,}7 \cdot (-4) + 0{,}8 \cdot (-4)$; $20 \cdot (-1{,}22) + 20 \cdot 0{,}72$; $2{,}83 \cdot (-8) - 1{,}58 \cdot (-8)$

5. Rechne wie im Beispiel, indem du das Distributivgesetz anwendest.

a) $3 \cdot (-196)$; $-9 \cdot 27$; $-5 \cdot (-96)$; $4 \cdot 298$

b) $-6 \cdot 32$; $4 \cdot (-198)$; $-12 \cdot 302$; $15 \cdot 97$

c) $-8 \cdot 996$; $7 \cdot (-31)$; $-11 \cdot (-99)$; $-13 \cdot 103$

d) $-17 \cdot 22$; $16 \cdot (-202)$; $-15 \cdot (-499)$; $18 \cdot 999$

$193 \cdot (-8) = (200 - 7) \cdot (-8) = 200 \cdot (-8) - 7 \cdot (-8) = -1600 + 56$

LVL 6. Verwende vorteilhaft das Distributivgesetz, und stelle deine Lösung vor.

a) $-6 \cdot 8 + 11 \cdot 8$; $-15 \cdot (4 + 5)$; $19 \cdot (-12) - 22 \cdot (-12)$

b) $25 \cdot (0{,}4 - 4)$; $-38 \cdot 0{,}5 - 62 \cdot 0{,}5$; $-9 \cdot (30 - 3)$

c) $-6 \cdot (-7) + 12 \cdot (-7)$; $-1{,}25 \cdot (0{,}8 - 8)$; $23 \cdot (-3 - 10)$

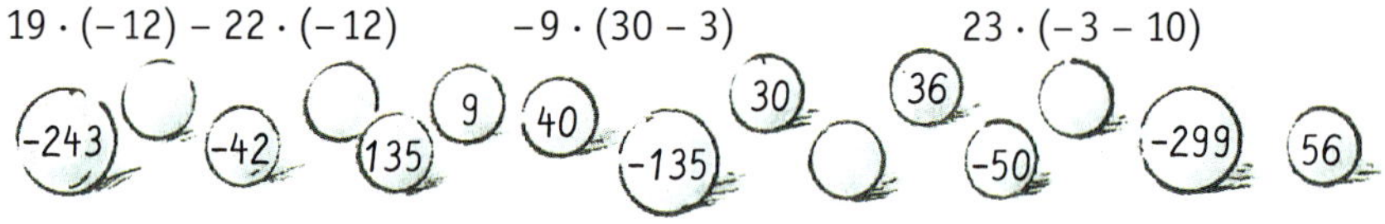

7. Welche Papierschnipsel gehören zusammen? Schreibe mit Gleichheitszeichen untereinander.

$6 \cdot (-12 - 5)$ | 42 | $-12 \cdot (6 + 5)$ | -12 | $-6 \cdot (12 - 5)$ | $-6 \cdot (-12) - 6 \cdot 5$ | $-6 \cdot 5$ | $12 \cdot (-6) + 12 \cdot 5$ | $-6 \cdot (-12) - 6 \cdot (-5)$ | $-12 \cdot 6 - 12 \cdot (-5)$ | $6 \cdot (-12) + 6 \cdot (-5)$ | $-6 \cdot (-12 - 5)$ | -132 | -102 | -12 | $-12 \cdot (6 - 5)$ | $-6 \cdot (-12 + 5)$ | $-12 \cdot 6 - 12 \cdot 5$ | $-6 \cdot 12 - 6 \cdot (-5)$ | $12 \cdot (-6 + 5)$ | -42 | 102

8. Rechne vorteilhaft. Beachte auch Punkt- vor Strichrechnung.

a) $-16 \cdot 27 - 16 \cdot (-25)$ b) $-54 \cdot (17 - 12)$ c) $-2 \cdot (-83 + 33) \cdot 69$

d) $-60 \cdot (-0{,}5 - 5)$ e) $4 \cdot (-12) + 4 \cdot (-25)$ f) $-3 \cdot 6 - 3 \cdot 4 - 3 \cdot (-10)$

g) $62 - 9 \cdot 7 - 82$ h) $-3 \cdot 15 + 84 - 5 \cdot 9$ i) $-125 \cdot (-0{,}4 - 0{,}4) \cdot 3{,}8$

9.

10. Notiere das Distributivgesetz mit den Variablen a, b und c und den Rechenzeichen + und ·.

11. Übertrage die Tabelle in dein Heft, und fülle sie aus. Was fällt dir auf?

a	b	c	a + b	(a + b) : c	a : c	b : c	a : c + b : c
8	−4	−2	8 + (−4) = 4	4 : (−2) =			
−6	12	−3					
−5	−7	−0,5					

12. Nicht immer ist es günstig, zuerst die Klammer auszurechnen.

a) $-169 \cdot (18 + 6 - 9 - 13) \cdot (-\frac{2}{13})$ b) $(-297 + 128) : (-13) - (-137 + 143) \cdot (-4)$

c) $\frac{4}{3} \cdot (-0{,}25 - 2) + 17$ d) $[(37 - 5) : (45 - 53)] \cdot (-9) - 6$

e) $(178 - 182) \cdot (-4) - 15$ f) $[(-\frac{6}{11} + \frac{24}{3}) \cdot (-11) + 622] : 30$

g) $-111 + (-1{,}25 + 12{,}5) \cdot (-8)$ h) $[-\frac{7}{12} \cdot (\frac{3}{5} - \frac{19}{35})] : (-\frac{4}{30}) + \frac{3}{4}$

LVL **13.** Vorsicht Fehler! Hier fehlen Klammern. Setze sie an die richtige Stelle, und das Ergebnis stimmt wieder. Vergleiche deine Entscheidung mit der deiner Mitschülerinnen und Mitschüler.

a) $25 - 30 \cdot 7 = -35$
$3 - 4 - 6 : 7 = -1$

b) $20 - 33 + 12 \cdot (-5) = 5$
$-9 \cdot 47 - 45 - 2 = -20$

c) $-3 - 12 : (-5) + 12 = 15$
$4 + 7 - 8 \cdot 4 - 6 + 5 = -11$

d) $-9 + 8 - 10 : 2 = -10$
$4 - 8 \cdot 4 - 4 = -20$

e) $-51 - 12 : (-7) - 4 = 5$
$-2 + 5 \cdot (-5) + 2 = 21$

f) $2 \cdot (-9) - 3 : 10 - 4 \cdot 4 = -16$
$4 + 4 \cdot (-4) - 4 : 4 = -1$

LVL **14.** Setze Rechenzeichen und Klammern zwischen die Ziffern, sodass die Gleichung stimmt, und präsentiere dein Ergebnis.

$$1\ 2\ 3\ 4\ 5\ 6\ 7\ 8\ 9 = 100$$

Vermischte Aufgaben

1. Dennis führt gewissenhaft Buch über die Einnahmen und Ausgaben der Klassenkasse der 7d.

a) Berechne den Stand der Klassenkasse für jeden Monat einzeln.

b) Wie sieht die finanzielle Lage der 7d zur Zeit aus?

Klassenkasse 7d		**März:**	
Bestand:	+8,50 €	Beiträge im März:	+20 €
Januar:		Blumen für Fr. Cohrs:	−15,60 €
Beiträge im Jan.:	+22 €	Buch für Fr. Cohrs:	−10,90 €
Geschenk für Sabine:	−7,90 €	**April:**	
Februar:		Beiträge im April:	+19 €
Beiträge im Febr.:	+26 €	**Mai:**	
Brötchen, Frühstück:	−20,50 €	Beiträge im Mai:	+26 €
Kleber, Reißzwecken:	−6,80 €	eine Runde Eis:	−35,90 €

2. Berechne. Denke dir die zugehörige Additionsaufgabe, schreibe sie aber nicht mehr auf.

a)	b)	c)	d)
2,66 − 3,4	−1,5 + 2,55	12,7 + 24,9	44,3 − 22,9
12,9 + 6,4	3,7 − 6,23	−16,4 − 32,1	−51,9 − 42,8
−7,61 − 2,4	−4,46 − 4,64	−48,9 + 12,1	13,7 + 83,3
−2,3 + 14,6	−2,9 + 1,65	38,8 − 47,7	−28,1 + 61,8

3.

a)	b)	c)	d)
$-1\frac{1}{2} + 3$	$\frac{3}{2} + \frac{6}{4}$	$-\frac{5}{8} + \frac{7}{8}$	$1\frac{1}{2} + \frac{2}{3}$
$-\frac{4}{7} + \frac{6}{7}$	$-\frac{3}{8} + \frac{1}{2}$	$-\frac{7}{9} - \frac{2}{3}$	$-\frac{5}{8} + 2\frac{3}{4}$

LVL **4.** Arbeitet in Gruppen. Rechnet vorteilhaft.

L $-8 \cdot 25 \cdot (-30)$	P $0{,}25 \cdot (-3) \cdot (-8)$	E $2 \cdot (-125) \cdot 2{,}7 \cdot (-0{,}8)$
Z $2{,}3 \cdot 0{,}4 \cdot (-250)$	I $10 \cdot (-12) \cdot 0{,}55$	T $(-0{,}01) \cdot (-0{,}5) \cdot 100 \cdot (-6)$
A $-\frac{5}{7} \cdot (-\frac{14}{5}) \cdot \frac{8}{8}$	R $-\frac{1}{8} \cdot \frac{13}{14} \cdot (-\frac{16}{2})$	E $\frac{9}{4} \cdot (-3) \cdot (-\frac{40}{27}) \cdot (-0{,}1)$
T $9 \cdot (-\frac{17}{18}) \cdot \frac{1}{2}$	P $\frac{7}{9} \cdot (-\frac{10}{13}) \cdot (-\frac{27}{14})$	P $-\frac{7}{9} \cdot (-\frac{4}{5}) \cdot 18 \cdot \frac{65}{28}$

5. Bestimme zuerst das Vorzeichen, kürze, wenn es geht, und rechne.

a) $\frac{-4 \cdot (-7)}{-14}$ b) $\frac{3 \cdot (-2) \cdot 4}{-12}$ c) $\frac{-3 \cdot (-4)}{-6}$ d) $\frac{-9 \cdot 5}{15}$

e) $\frac{-6 \cdot 2 \cdot 8}{-48}$ f) $\frac{-7 \cdot (-6)}{21}$ g) $\frac{-24 \cdot (-7)}{14 \cdot (-6)}$ h) $\frac{-75 \cdot (-108)}{18 \cdot 25}$

i) $\frac{72 \cdot 132}{(-11) \cdot (-8)}$ j) $\frac{-121 \cdot (-5)}{-110 \cdot 11}$ k) $\frac{-36 \cdot (-80)}{-48 \cdot 45}$ l) $\frac{126 \cdot (-35)}{189 \cdot (-28)}$

$$\frac{\overset{6}{\cancel{84}} \cdot \overset{-1}{\cancel{(-9)}}}{\underset{-15}{\cancel{-135}} \cdot \underset{-1}{\cancel{(-14)}}} = -\frac{6}{15} = -\frac{2}{5}$$

6. a) Addiere die Zahlen −12 und 8, multipliziere die Summe mit $-\frac{1}{2}$.

b) Multipliziere die Summe aus −9 und −16 mit −4.

c) Multipliziere die Zahl −3 mit −5, und addiere zum Produkt die Zahl −27.

7. Beachte die Klammern und die Regel Punkt- vor Strichrechnung.

a) $(24 - 19) \cdot (-18 - 2)$ b) $-36 : (-9) + 28 : (-4)$ c) $-42 - 5 \cdot (-8) - 78$

d) $(-38 - 42) \cdot (-14 + 9)$ e) $(-14 - 25) \cdot (-6 + 16)$ f) $63 : (-9) - 24 : (-4)$

8. Wie lautet das Ergebnis? Notiere zuerst die zugehörige Aufgabe.

1. Zeichne eine Zahlengerade, und trage ein:
$3\frac{1}{2}$ $-6{,}5$ $-2\frac{1}{4}$ $0{,}4$ $4\frac{5}{10}$ $1{,}7$

2. Lies die Zahlen ab, und notiere in deinem Heft.

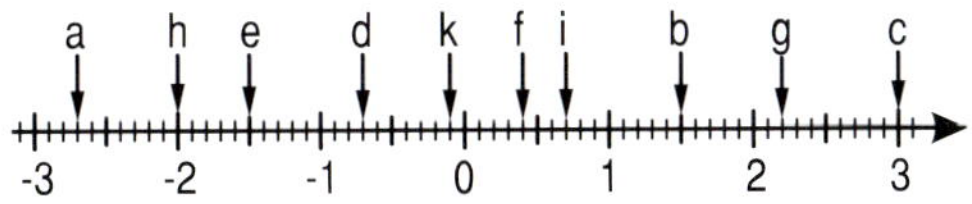

3. Gib den Betrag und die Gegenzahl an.
-7 $5\frac{1}{4}$ $0{,}6$ $-2{,}54$ $-6\frac{5}{10}$

4. Welche Zahlen haben den Betrag 8,5?

5. a) Zähle immer 4 dazu. Beginne bei -16. Gib die nächsten fünf Zahlen an.
b) Subtrahiere immer 3. Beginne mit 8. Gib ebenfalls die nächsten 5 Zahlen an.

6. a) $7 + (-9)$
$-12 + (-48)$
$-18 + 77$
b) $24 + 63$
$-46 + (-78)$
$36 + (-64)$

7. a) $-14{,}4 + (-17{,}3)$
$-3\frac{3}{4} + 7\frac{5}{8}$
b) $16{,}9 + 34{,}6$
$-2\frac{2}{5} + (-\frac{9}{4})$

8. Schreibe zuerst als Summe, und berechne.
a) $-17 - 8$
$28 - (-42)$
$-26 - (-37)$
b) $14{,}9 - 36{,}7$
$-28{,}7 - (-62{,}8)$
$12{,}3 - (-16{,}5)$

9. a) $-9 - 24$
$12 - 48$
b) $-9 + 4 - 8 + 12 - 16$
$13 - 38 - 9 + 63 - 22$

10. a) $26 \cdot (-2)$ b) $18 \cdot (-4)$ c) $9 \cdot (-15)$
d) $8 \cdot 17$ e) $-6 \cdot 12$ f) $-3 \cdot (-19)$
g) $-5 \cdot (-15)$ h) $-11 \cdot (-12)$ i) $-10 \cdot 24$

11. a) $-100 : (-4)$ b) $120 : (-5)$ c) $-1{,}44 : (-1{,}2)$
d) $-77 : 11$ e) $-126 : 14$ f) $-12{,}5 : 2{,}5$

12. Multipliziere mithilfe des Distributivgesetzes aus.
a) $-3 \cdot (-4 + 8)$ b) $-4 \cdot (-2{,}5 - 9)$
c) $24 \cdot (2 - 5)$ d) $12 \cdot (-5 + 9)$

13. Rechne vorteilhaft mit dem Distributivgesetz.
a) $-3 \cdot (-7{,}9) + 4 \cdot (-7{,}9)$ b) $-56 \cdot 1{,}5 - 44 \cdot 1{,}5$
c) $\frac{4}{9} \cdot (-\frac{44}{55}) + \frac{5}{9} \cdot (-\frac{44}{55})$ d) $-\frac{3}{4} \cdot (-\frac{8}{9}) + \frac{1}{2} \cdot (-\frac{8}{9})$

Ganze Zahlen: 0, 1, −1, 2, −2, 3, −3, …
Rationale Zahlen:

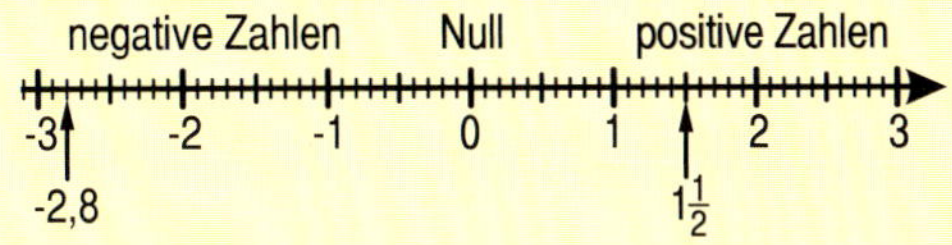

Die kleinere Zahl liegt links von der größeren.
Beispiele: $-3{,}3 < -2$ $-0{,}1 < 0$ $-4 < 1$

Der Abstand von Null auf der Zahlengeraden gibt den **Betrag** der Zahl an.
Betrag von -2 ist 2: $|-2| = 2$; $|2| = 2$

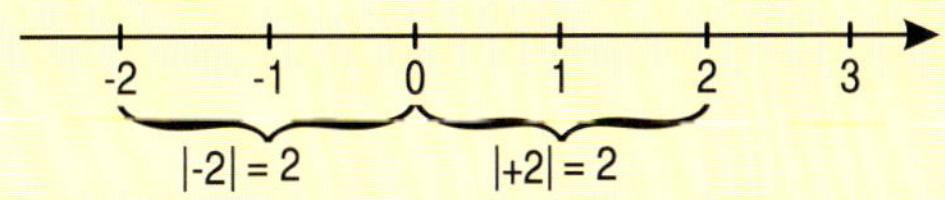

Zahl und **Gegenzahl** unterscheiden sich nur durch das Vorzeichen, der Betrag ist gleich.

Addition von zwei Zahlen mit
– *gleichen* Vorzeichen:
① Addiere die Beträge.
② Das Ergebnis erhält das gemeinsame Vorzeichen.
$-5 + (-2) = -7$; $5 + 2 = 7$
– *verschiedenen* Vorzeichen:
① Subtrahiere den kleineren Betrag vom größeren.
② Das Ergebnis erhält das Vorzeichen der Zahl mit dem größeren Betrag.
$-5 + 2 = -3$; $5 + (-2) = 3$

Eine rationale Zahl wird **subtrahiert**, indem ihre Gegenzahl addiert wird.
$-5 - (-2) = -5 + 2 = -3$

Multiplikation bzw. **Division** von Zahlen mit
– *gleichen* Vorzeichen:
① Multipliziere bzw. dividiere die Beträge.
② Das Ergebnis ist positiv.
$-5 \cdot (-2) = 10$ $50 : 2 = 25$
– *verschiedenen* Vorzeichen:
① Multipliziere bzw. dividiere die Beträge.
② Das Ergebnis ist negativ.
$-5 \cdot 2 = -10$ $50 : (-2) = -25$

Man kann eine Summe mit einer Zahl multiplizieren, indem man gliedweise jeden Summanden mit der Zahl multipliziert und die Ergebnisse addiert (*Distributivgesetz*).

DIAGNOSETEST

1. Die Temperatur steigt oder fällt von A nach B. Notiere jeweils als Aufgabe, und gib dabei an, um wie viel °C die Temperatur gestiegen oder gefallen ist.

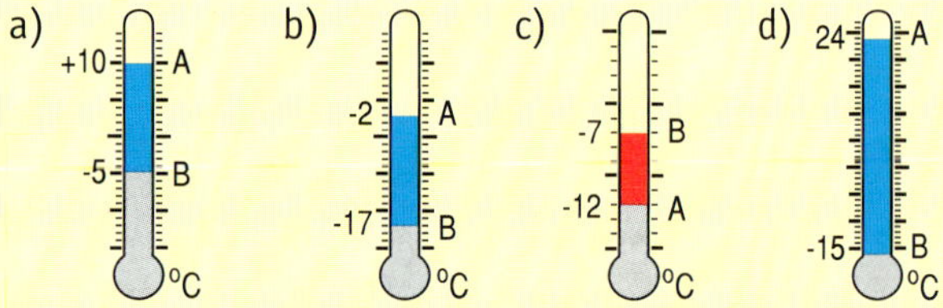

2. Berechne.

a) $-27 + 28$ b) $-38 - 124$ c) $64 - 128$ d) $-52 + 33$

3. a) Welche negative Zahl hat einen doppelt so großen Betrag wie 38?

b) Der Abstand von Zahl und Gegenzahl auf der Zahlengeraden ist 12,8. Wie heißen sie?

4. Berechne.   a) $4 \cdot (-12)$ b) $-126 : (-18)$ c) $-13 \cdot (-8)$ d) $-120 : 15$

5. Zeichne ein Koordinatensystem, und trage die Punkte ein. Du erhältst eine Figur, wenn du die Punkte der Reihe nach verbindest. Wie heißt die Figur?

A (0|2)   B (3,5|−1,5)   C (0|−5)   D (−3,5|−1,5)   E = A

Wähle weitere 5 Aufgaben aus

1. Es sind zwei Buchungen hintereinander ausgeführt. Gib die fehlenden Angaben an.

1. Buchung (€)			635	−295
2. Buchung (€)	−130	325	−378	
Insgesamt (€)	−265	−470		−38

2. Berechne: a) $6 - (-9) + 48 + 13 - 76$ b) $-18 - 6 - (-12) + 7 - 19$

3. A (1|2); B (5|0,5) und C (4|4) sind die Eckpunkte eines Dreiecks im Koordinatensystem. Verschiebe alle Punkte um 5 Einheiten nach unten und 6 Einheiten nach links, und gib die Koordinaten der neuen Eckpunkte an.

4. Rechne vorteilhaft: a) $-\frac{1}{3} \cdot \frac{6}{7} - \frac{6}{14} \cdot (-\frac{2}{3})$ b) $-\frac{1}{5} : (-\frac{3}{4}) - \frac{3}{10} : (-\frac{3}{4})$

5. a) Berechne das Produkt der Zahlen 12 und −6, und subtrahiere vom Ergebnis −48.

b) Dividiere das Produkt und den Quotienten der Zahlen −10 und 5 durcheinander.

6. Franzi sagt: „In den letzten 10 Runden hatte ich Pech. Ich bin 3-mal auf Tinas Schlossallee geraten und 4-mal auf Tims Opernplatz und musste jedesmal Miete zahlen. Zum Glück sind Tina 2-mal und Tim 3-mal auf meiner Parkstraße gelandet."

a) Wie viel Geld hat Franzi in diesen 10 Runden gewonnen, wie viel verloren?

b) Zu Beginn dieser 10 Runden hatte Franzi noch 2 700 €. Wie viel hat sie jetzt?

7. Auf dem einen Würfel sind die Zahlen 1, 2, 3, −4, −5, −6, auf dem anderen die Zahlen −1, −2, −3, 4, 5, 6. Bei einem Wurf mit beiden Würfeln werden die oben liegenden Zahlen multiplizert. Wie viele Möglichkeiten gibt es, dass das Ergebnis kleiner als 5 ist?

Flächeninhalt und Volumen

6

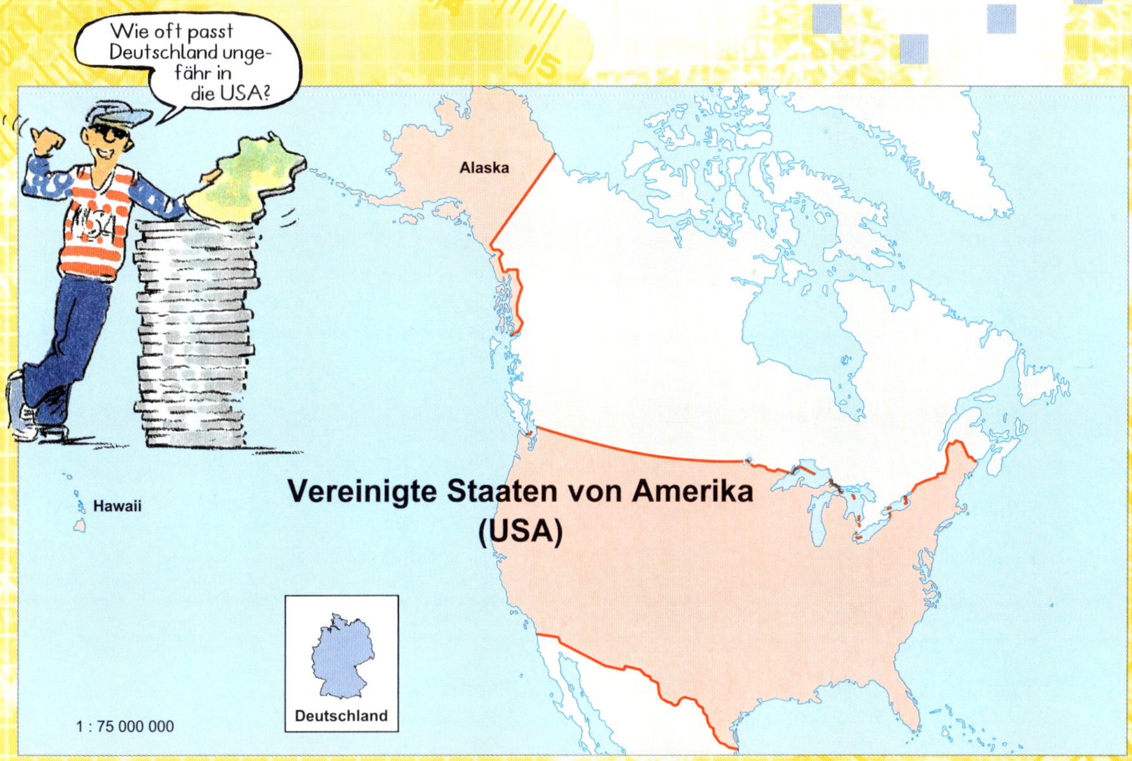

Flächeninhalt und Umfang von Rechteck und Quadrat

LVL **1.** Gruppenarbeit: Hier sind zwei Lernplakate zum Thema „Berechnung von Rechtecken".

a) Untersucht beide Plakate auf Fehler. Auf einem Plakat sind mehrere grobe Fehler!

b) Vergleicht die Plakate, und diskutiert Vor- und Nachteile.

c) Erstellt gruppenweise je ein Lernplakat zu demselben Thema, das besser ist als die Plakate der Gruppen „Sandra" und „Thorsten", und das auch den Sonderfall des Quadrats zeigt.

Gruppe Sandra – **Berechnung von Rechtecken**

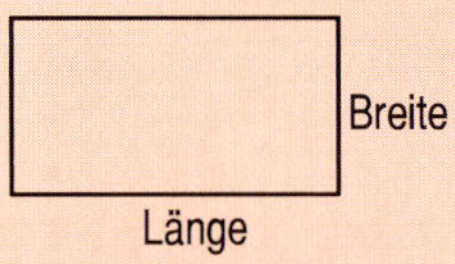

$A = a \cdot b$
$u = 2a + 2b$

Flächenmaße:

$1\ km^2 = 100\ ha$
$1\ ha = 100\ a$
$1\ a = 100\ m^2$
$1\ m^2 = 10\ dm^2 = 100\ cm^2 = 1\,000\ mm^2$

Beispiel:

a) Wie groß ist das abgebildete Grundstück?
b) Wie viel Meter Zaun benötigt man?

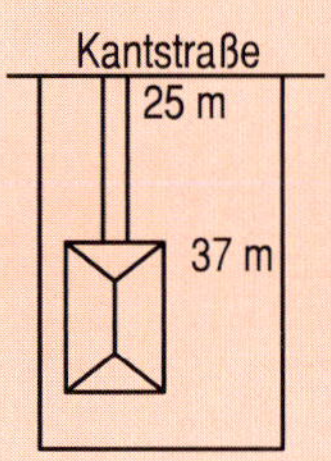

a) $A = 25\ m \cdot 37\ m$
$A = 925\ m^2$

b) $u = 2 \cdot 25\ m \cdot 2 \cdot 27\ m$
$u = 2\,700\ m$

Das Grundstück ist $925\ m^2$ groß, man braucht 2 700 m Zaun.

Gruppe Thorsten – **Berechnung von Rechtecken**

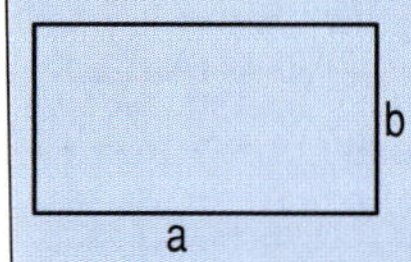

A = Länge · Breite
u = Summe aller Seiten

Flächenmaße:

Es gibt folgende Maßeinheiten (von klein bis groß):
mm^2, cm^2, dm^2, m^2, a (Ar), ha (Hektar), km^2

Jmmer 100 Stück der kleineren Einheit passen in die nächstgrößere Einheit.

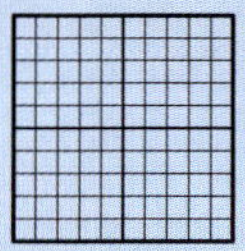

Beispiel:

Berechne A und u des abgebildeten Rechtecks.

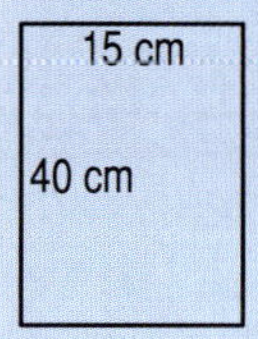

$A = 40\ cm \cdot 15\ cm$
$\mathbf{A = 600\ cm^2}$

$u = 40\ cm + 15\ cm + 40\ cm + 15\ cm$
$\mathbf{u = 110\ cm}$

2. a) Wer hat die größere Holzplatte für die Modelleisenbahn?
Jan: Länge 2,60 m, Breite 2,30 m Tim: Länge 2,80 m, Breite 2,10 m

b) Wer braucht mehr Holzleisten für eine Leiste rings um die Platte?

3. Berechne Flächeninhalt und Umfang des Quadrats mit der angegebenen Seitenlänge.

a) 15 m b) 36 cm c) 2,5 m d) 18,6 m e) 0,5 cm f) 0,75 m

4. Was hat den größeren Flächeninhalt, was den größeren Umfang? Vermute zuerst, dann rechne: Ein Rechteck mit den Seitenlängen 4 cm und 6 cm oder ein Quadrat mit 5 cm Seitenlänge?

LVL **5.** Auf dem Schulhof wurde eine neue Tischtennisplatte aufgestellt. Stelle zwei Fragen, und beantworte sie.

6. Eine Firma bietet rechteckige Markisen in drei Fertiggrößen an. Aus wie viel m^2 Stoff besteht jede Markise?

Größe	I	II	III
Länge	3,5 m	3,0 m	3,5 m
Breite	4,0 m	4,7 m	5,5 m

7. a) Wie viele quadratische Platten mit 25 cm Seitenlänge passen auf 1 m^2?
b) Wie viele quadratische Fliesen mit 10 cm Seitenlänge passen auf 1 m^2?

LVL **8.** Stefan möchte ein CD-Regal mit 20 Fächern bauen. Er hat alle rechteckigen Bauteile skizziert mit Maßangaben und Stückzahl. Präsentiere deine Lösungen von a) bis c) in der Klasse.
a) Skizziere das Regal von vorne und von oben.
b) Die Außenwände sind 1 cm dick. Genügt dafür eine Platte von $\frac{1}{4}$ m^2?
c) Die Fachböden sind 3 mm dick. Benötigt man dafür mehr als 0,3 m^2?

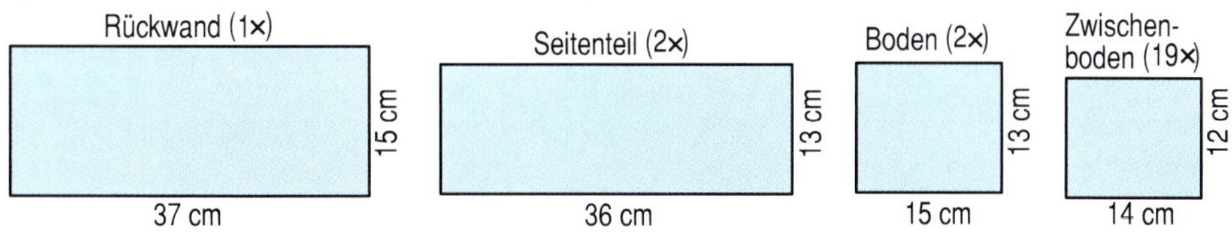

TIPP
Umrechnungszahl 100
$1\ m^2 = 100\ dm^2$
$1\ dm^2 = 100\ cm^2$
$1\ cm^2 = 100\ mm^2$

9. Ein Quadrat hat 1 m Seitenlänge. Wie ändert sich sein Flächeninhalt, wenn man die Seitenlänge verdoppelt, verdreifacht?

LVL **10.** Ein Rechteck hat 2 cm und 3 cm Seitenlänge. Wie ändert sich sein Flächeninhalt,
a) wenn man eine der Seitenlängen verdoppelt, verdreifacht?
b) wenn man beide Seitenlängen verdoppelt, verdreifacht?
c) Präsentiere deine Lösungen den anderen.

11. Berechne Flächeninhalt und Umfang des Rechtecks.
a) a = 6 m, b = 110 cm b) a = 250 mm, b = 20 cm c) a = 13 cm, b = 1,5 m

Notiere alle Längen mit derselben Einheit.

a = 5 m, b = 40 cm

in m	oder	in cm
a = 5 m		a = 500 cm
b = 0,4 m		b = 40 cm
$A = 5\ m \cdot 0{,}4\ m$		$A = 500\ cm \cdot 40\ cm$
$= 2{,}0\ m^2$		$= 20\,000\ cm^2$

12. Ein Fensterrollo ist 82 cm breit und 1,80 m lang. Berechne den Flächeninhalt bei voller Öffnung.

13. Von einer rechteckigen Terrasse sind der Flächeninhalt und eine Seite bekannt. Wie lang ist die andere Seite?
a) $A = 20\ m^2$, a = 5 m b) $A = 16\ m^2$, b = 4 m c) $A = 19\ m^2$, b = 3,8 m

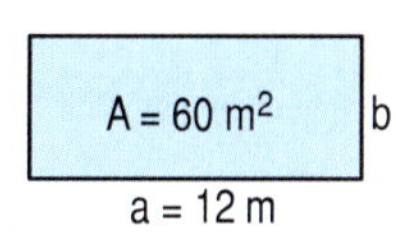

$A = a \cdot b$
$60 = 12 \cdot b$
$b = \ldots$

14. Bestimme die Seitenlänge des Quadrats und dann seinen Umfang.
a) $A = 25\ m^2$ b) $A = 121\ m^2$ c) $A = 0{,}25\ m^2$ d) $A = 1{,}44\ m^2$

gesucht:
a mit $a \cdot a = 25$

15. Wie groß ist die fehlende Seitenlänge des Rechtecks?
a) $A = 56\ cm^2$, a = 7 cm; $A = 64\ m^2$, b = 8 m b) $A = 600\ m^2$, b = 30 m; $A = 800\ cm^2$, a = 20 cm c) $A = 12{,}5\ m^2$, b = 2,5 m; $A = 32{,}2\ cm^2$, a = 4,6 cm

16. Familie Grün besitzt einen rechteckigen Garten, der 12 m lang und 8 m breit ist. Im Zug einer Flächenumlegung sollen sie diesen gegen einen anderen Garten mit gleichem Flächeninhalt tauschen.
a) Nenne verschiedene Maße für den neuen Garten.
b) Ist die Zaunlänge für verschiedene Lösungen immer gleich?

LVL **17.** Auf der Kapiteleinstiegsseite sollte überlegt werden, wie oft die Fläche von Deutschland in die Fläche der USA hineinpasst. Vergleicht eure Ergebnisse, und überprüft sie rechnerisch mit Daten über die Flächengrößen von Deutschland und der USA, die ihr z. B. im Internet finden könnt.

LVL

Niedersachsen

1. Wie groß ist der Flächeninhalt des Landes?

a) Einige Stellen des Landes sind nicht von Rechtecken bedeckt, an anderen Stellen ragen Rechtecke über das Land hinaus. Beurteile nach Augenmaß, ob sich das ungefähr ausgleicht.

b) Berechne die von Rechtecken bedeckte Fläche. Beachte den Maßstab.

2. Bestimme die ungefähre Größe des Regierungsbezirks, zu dem deine Schule gehört. Pause dazu die Grenzen ab und lege Rechtecke so über die Fläche, dass sich „zu viel" und „zu wenig" etwa ausgleichen. Überlege, diskutiere mit anderen, begründe deine Lösung.

3. Beurteile, ob der Umfang der aus Rechtecken zusammengesetzten Figur ungefähr beschreibt, wie lang die Grenze des Landes ist.

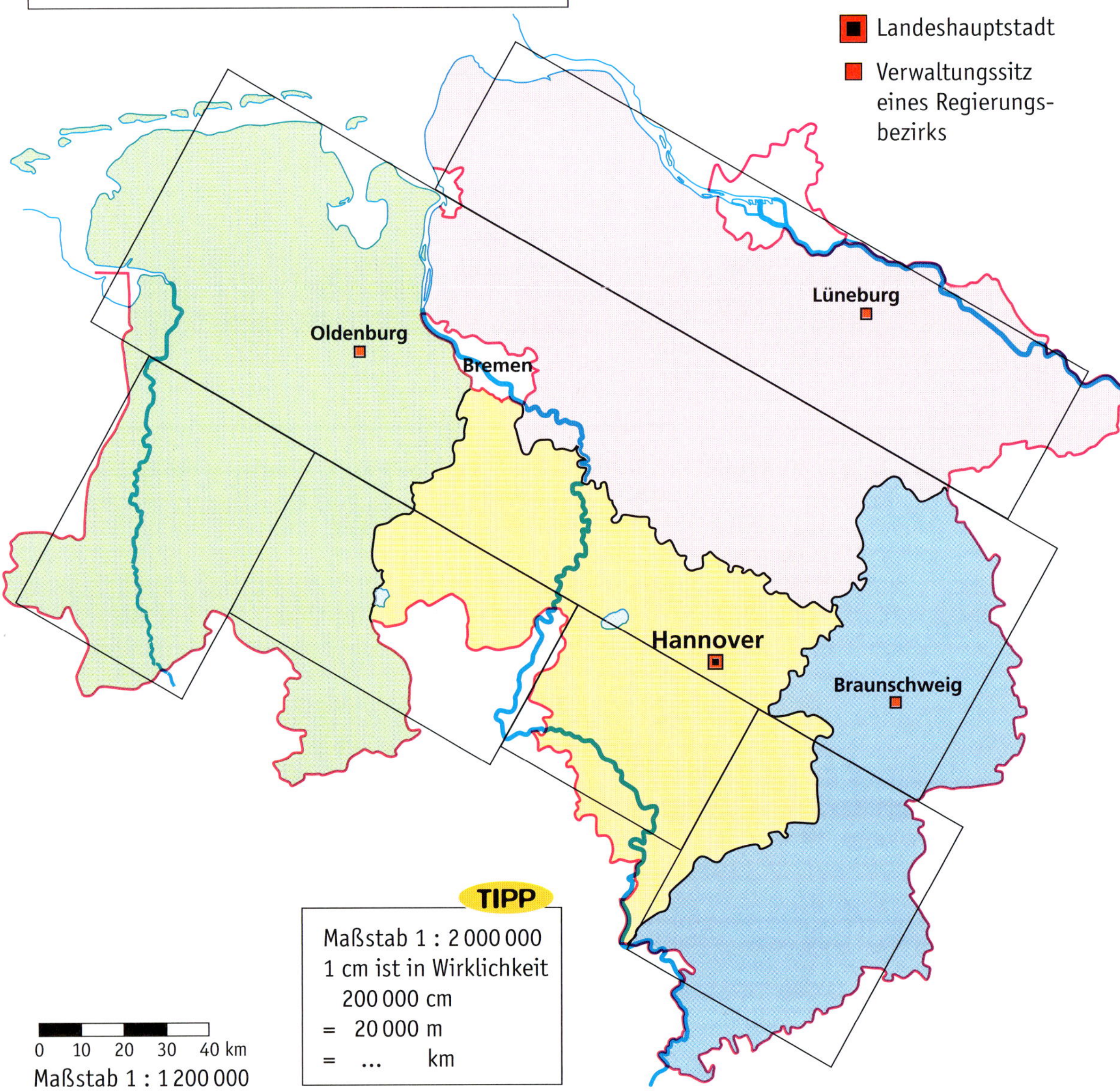

TIPP

Maßstab 1 : 2 000 000
1 cm ist in Wirklichkeit
200 000 cm
= 20 000 m
= … km

Aus Rechtecken zusammengesetzte Flächen

Zerlegen und addieren:

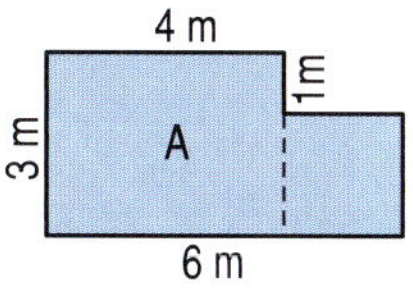

$A = 3\text{ m} \cdot 4\text{ m} + 2\text{ m} \cdot 2\text{ m}$
$= 12\text{ m}^2 + 4\text{ m}^2$
$= 16\text{ m}^2$

Ergänzen und Subtrahieren:

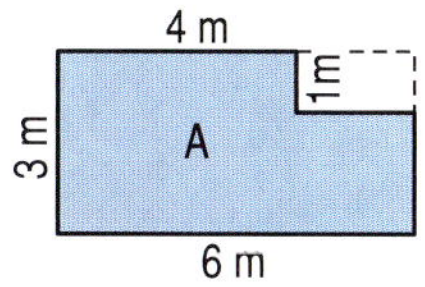

$A = 3\text{ m} \cdot 6\text{ m} - 1\text{ m} \cdot 2\text{ m}$
$= 18\text{ m}^2 - 2\text{ m}^2$
$= 16\text{ m}^2$

LVL **1.** a) Erkläre die beiden Rechnungen zur Bestimmung des Flächeninhalts A.

b) Finde zusammen mit einer Mitschülerin oder einem Mitschüler einen weiteren Weg, wie der Flächeninhalt A berechnet werden kann, und stelle diesen Weg in der Klasse vor.

c) Partnerarbeit: Stellt euch gegenseitig Aufgaben zur Berechnung von Flächen, die aus Rechtecken zusammengesetzt sind. Prüft die Ergebnisse gegenseitig nach.

LVL **2.** Berechne den Flächeninhalt. Wähle selbst deinen Lösungsweg. Alle Längen sind in cm angegeben.

a)

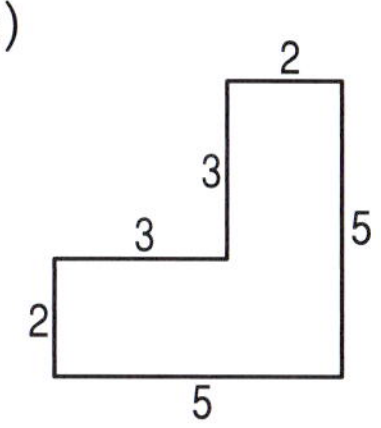

b)

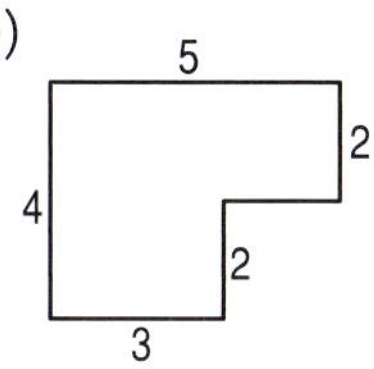

c)

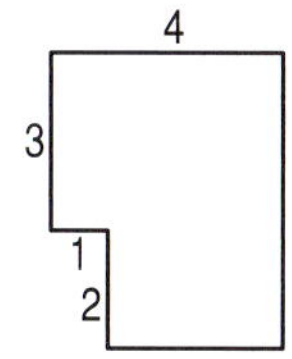

d)

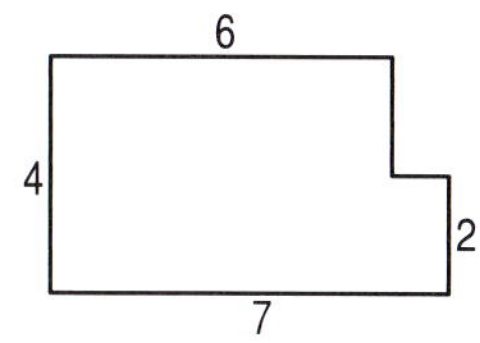

e)

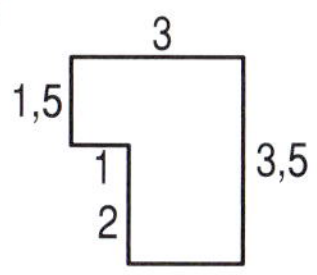

f)

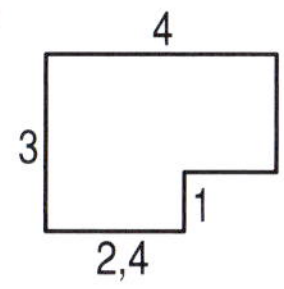

g)

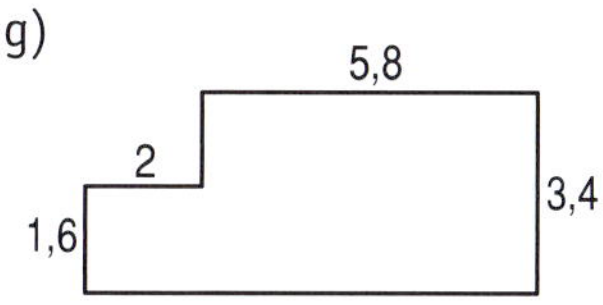

h)

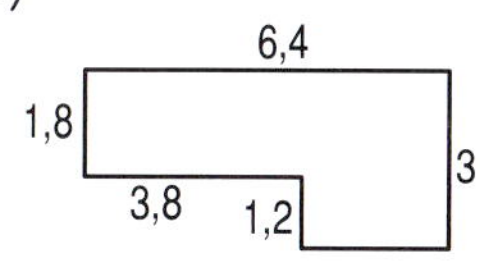

LVL **3.** Bauer Moltke hat zwei Auslaufflächen für seine insgesamt 40 Hühner. In Fläche (1) sind 18 Hühner. Stelle mindestens 3 Fragen dazu, und beantworte sie.

(1)

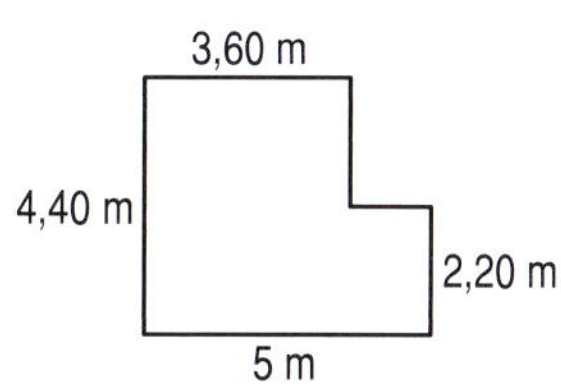

(2)

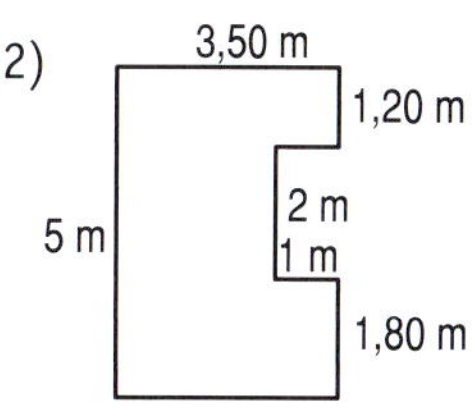

4. Im Badezimmer wird die Bodenfläche (ohne Dusche/Badewanne) gefliest und ringsum mit Silikon abgedichtet. Berechne den Flächeninhalt und den Umfang und dann die Kosten. 1 Paket Fliesen für 1 m² kostet 16,95 €, 1 Tube Silikon für 15 m kostet 2,85 €.

a)

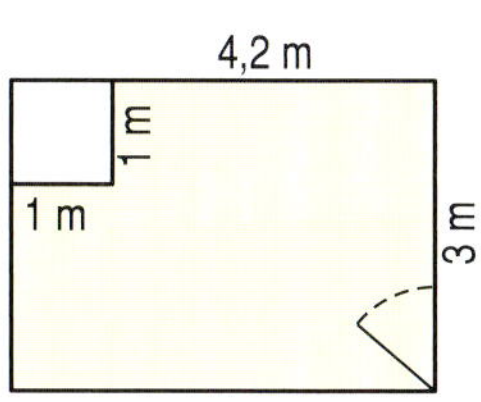

b)

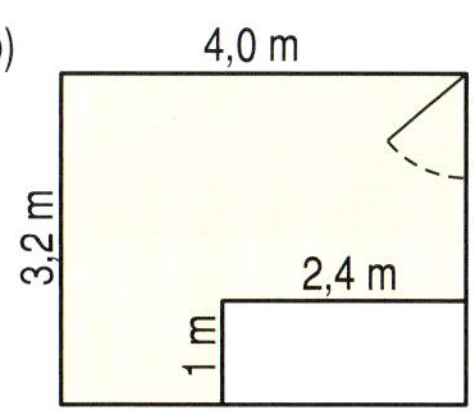

c)

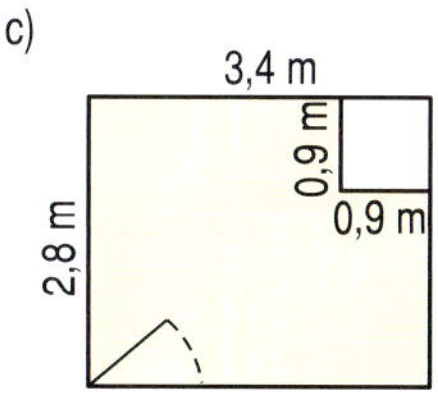

d)

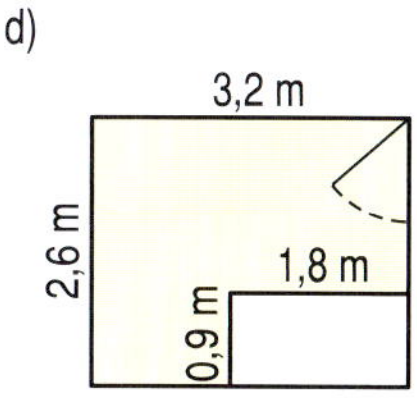

5. Jeder dieser Reklamebuchstaben ist 60 cm hoch und 40 cm breit. Die „Strichdicke" ist 10 cm. Berechne Flächeninhalt und Umfang der einzelnen Buchstaben.

Flächeninhalt des Dreiecks

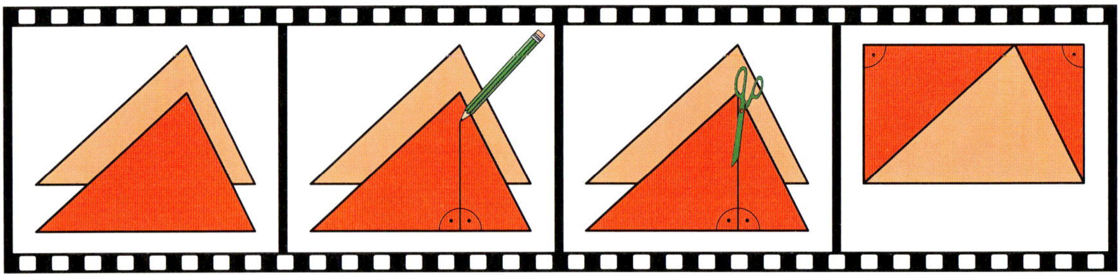

LVL 1. Schneide dir selbst zwei gleiche Dreiecke aus, und demonstriere den anderen, wie in der Bildfolge vorgegangen wird. Besprich mit Mitschülerinnen und Mitschülern, was die ausgeführte Handlung mit dem Thema dieser Seite zu tun hat.

LVL 2. Partnerarbeit: Zeichnet ein großes Dreieck auf ein DIN-A4-Blatt, schneidet es aus, und zerlegt es in 6 Teile, wie es die Linien in der Abbildung andeuten.
- Setzt die 6 Teile zweimal zu unterschiedlichen Rechtecken zusammen.
- Beschreibt, wie man die Inhalte der Rechtecke berechnet.
- Vergleicht eure Beschreibung mit dem Merkkasten unter dieser Aufgabe, und tragt eure Ergebnisse vor.

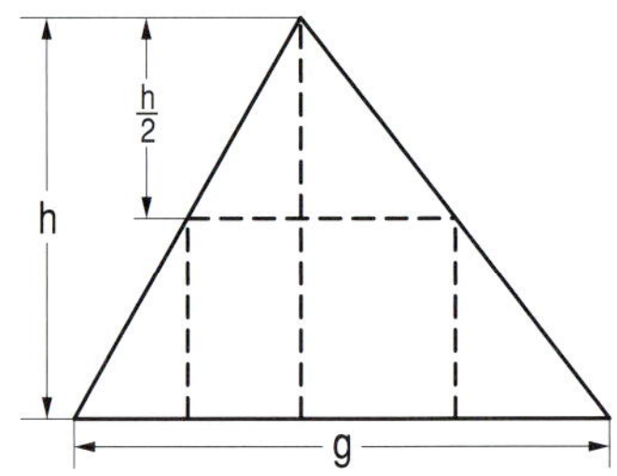

Flächeninhalt des Dreiecks:
Grundseite mal zugehörige Höhe, geteilt durch 2

$A = \frac{g \cdot h}{2}$

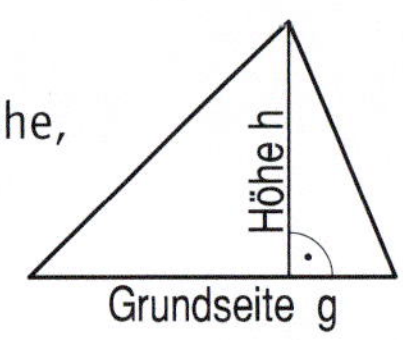

Beispiel:
Welchen Flächeninhalt hat ein Dreieck mit 4 cm langer Grundseite und 3 cm Höhe?

$A = \frac{4\text{ cm} \cdot 3\text{ cm}}{2} = \frac{12}{2}\text{ cm}^2 = 6\text{ cm}^2$

3. Miss die Grundseite g und die zugehörige Höhe h. Berechne dann den Flächeninhalt des Dreiecks.

a) b) c) d)

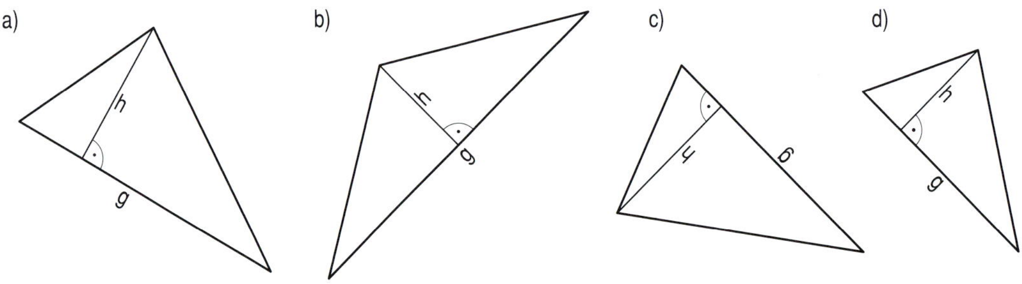

4. Zeichne das Dreieck ABC. Wähle eine Seite, die auf einer Gitterlinie (senkrecht oder waagerecht) liegt, als Grundseite, und zeichne die zugehörige Höhe.
Bestimme beide Längen, und berechne den Flächeninhalt.

a) A(1|6) B(3|6) C(2|8)
b) A(1|2) B(6|2) C(2,5|4)
c) A(2|0,5) B(10|0,5) C(7|5,5)
d) A(4|11) B(4|4) C(7,5|9)
e) A(1,5|10) B(4|12) C(0|12)
f) A(9|6) B(9|12) C(4,5|10)

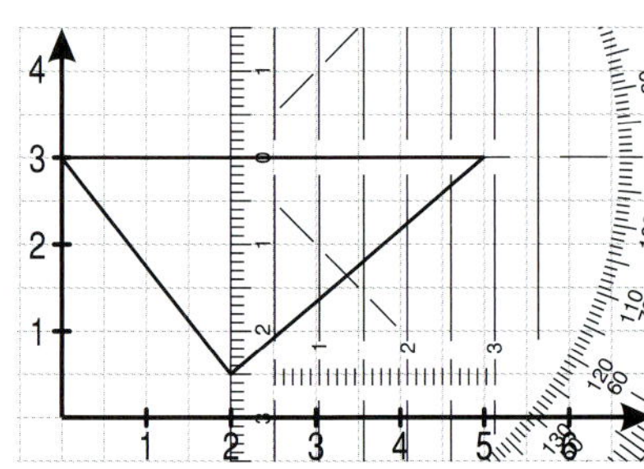

LVL **5.** Ein Dreieck, aber drei Rechenwege für den Flächeninhalt:

a) Führe alle drei Rechenwege aus, und vergleiche sie.

b) Erkläre die Unterschiede, und miss selbst die benutzten Längenmaße.

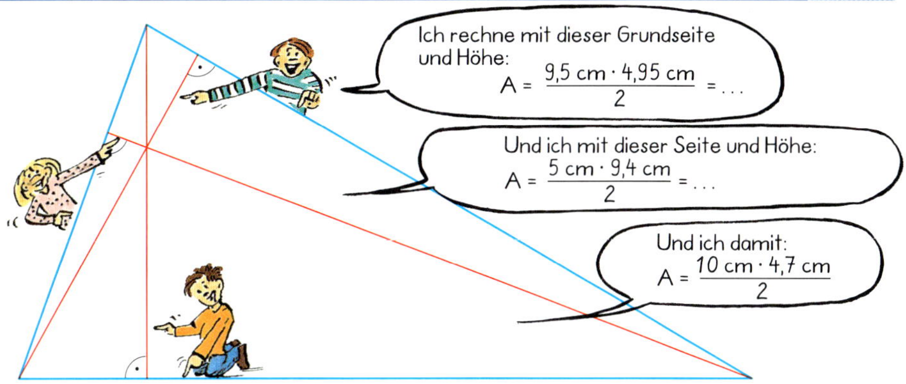

6. Übertrage das Dreieck ins Heft. Zeichne zur Grundseite die zugehörige Höhe. Miss beide Längen, und berechne den Flächeninhalt des Dreiecks.

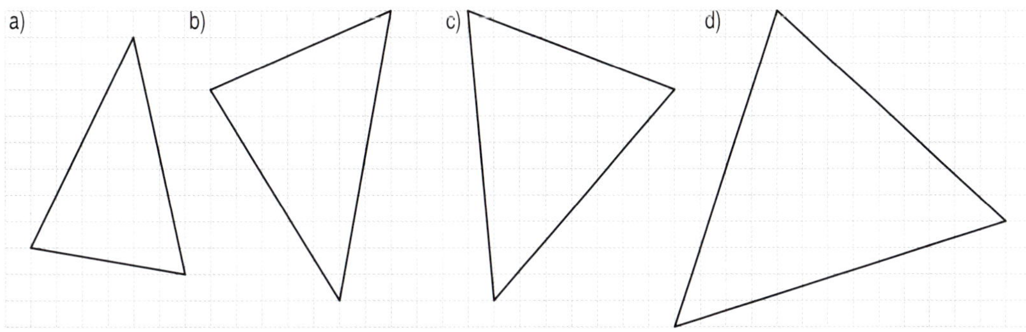

LVL **7.** Haben die abgebildeten Dreiecke alle denselben Flächeninhalt? Was meinst du, was meinen deine Mitschülerinnen und Mitschüler? Wie lässt sich entscheiden, wer recht hat?

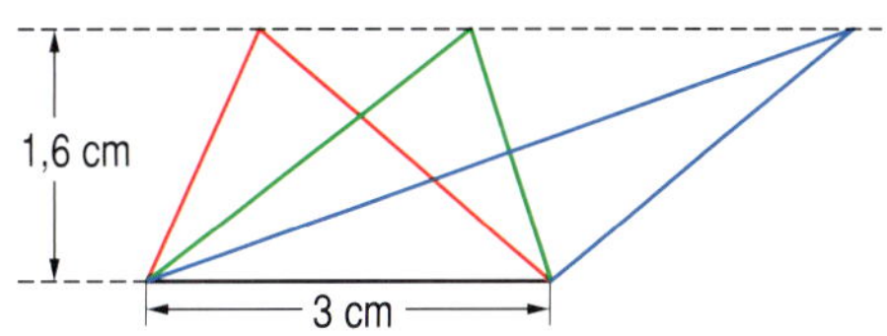

8. Bestimme den Flächeninhalt und außerdem den Umfang des Dreiecks.

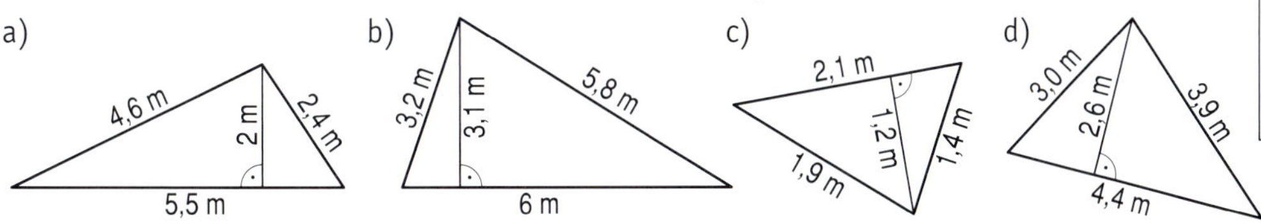

TIPP
Umfang = Summe aller Seitenlängen

9. Zeichne das Dreieck ABC, und bestimme seinen Flächeninhalt und seinen Umfang. Die benötigten Seitenlängen und Höhe entnimmst du deiner Zeichnung.

a) A(0|0) B(9|0) C(5|7) b) A(5,5|6,5) B(16,5|6,5) C(11,5|13,5) c) A(0|8,5) B(7|3,5) C(7|8,5)

d) A(1|1) B(9|1) C(1|7) e) A(10|0) B(15|3,5) C(9|6) f) A(1|9) B(5,5|9) C(4,5|15)

LVL **10.** Anja und Paul berechnen den Flächeninhalt des Dreiecks auf verschiedenen Wegen. Anja rechnet mit den roten Strecken und Paul mit den blauen. Erkläre, wie beide rechnen, und prüfe, ob die Rechenwege jeweils richtig sind.

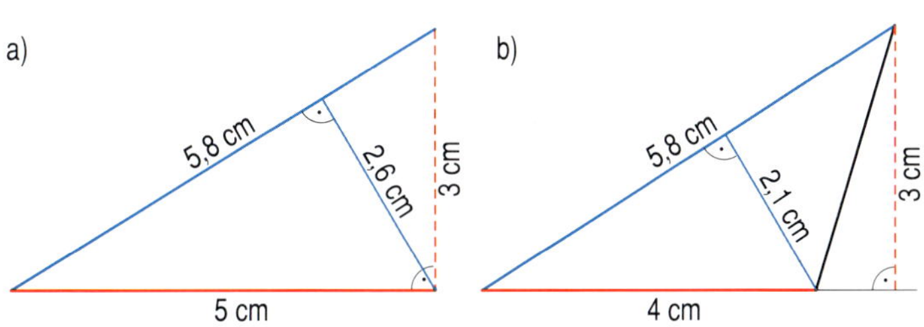

11. Bestimme den Flächeninhalt des Dreiecks. Benötigte Längen kannst du im Bild ablesen.

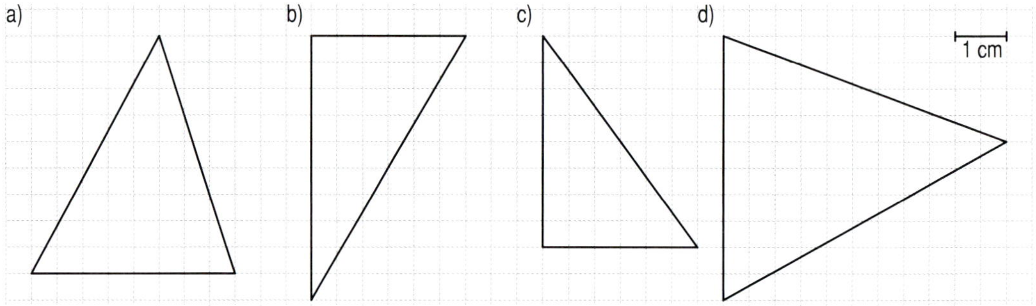

12. Konstruiere ein Dreieck ABC mit den Seiten a = 8 cm, b = 10 cm, c = 12 cm und dann zu jeder Seite die zugehörige Höhe. Miss die Höhen, und berechne auf drei Wegen den Flächeninhalt des Dreiecks. Vergleiche.

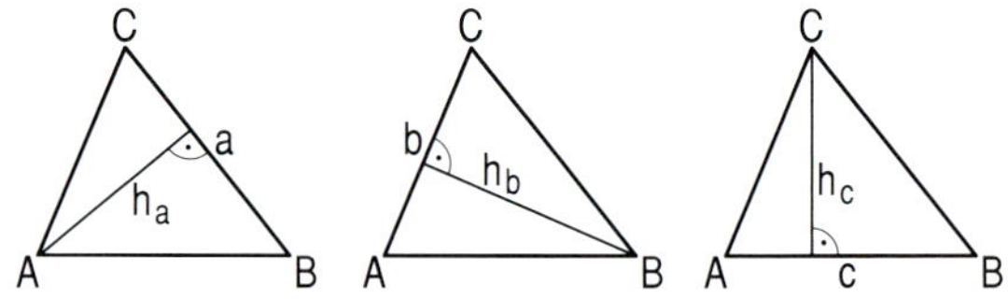

13. Konstruiere das Dreieck ABC und die zur Seite c gehörende Höhe h_c. Miss die Höhe, und berechne den Flächeninhalt.

a) $c = 7$ cm, $\alpha = 60°$, $\beta = 42°$
b) $c = 6$ cm, $\alpha = 75°$, $\beta = 50°$
c) $c = 8$ cm, $\alpha = 40°$, $\beta = 59°$
d) $c = 7$ cm, $\alpha = 30°$, $\beta = 49°$

$c = 5$ cm
$\alpha = 40°$
$\beta = 35°$

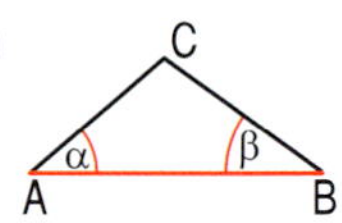

TIPP Zuerst ei[n]e Planfigur zeichnen.

14. Konstruiere ein gleichschenkliges Dreieck ABC und eine seiner Höhen. Miss die Höhe, und berechne den Flächeninhalt des Dreiecks.

a) Basis: $c = 4$ cm, $\alpha = \beta = 40°$
b) Basis: $c = 8$ cm, $\gamma = 120°$
c) Basis: $c = 7$ cm, $\alpha = \beta = 55°$

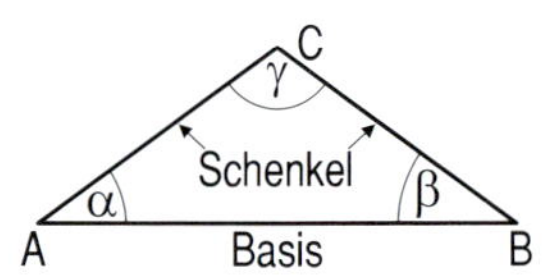

15. a) Konstruiere ein gleichseitiges Dreieck mit 4 cm Seitenlänge und eine seiner Höhen. Miss die Höhe, und berechne den Flächeninhalt des Dreiecks. Berechne außerdem seinen Umfang.

LVL b) Wie ändern sich Flächeninhalt und Umfang bei doppelter Seitenlänge? Präsentiere und erkläre dein Ergebnis den anderen.

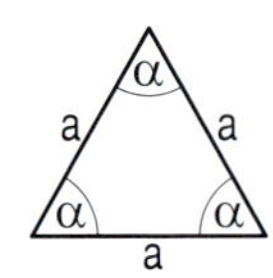

16. a) Ein Dreieck mit der Höhe h = 3 cm hat 12 cm² Flächeninhalt. Wie lang ist seine Grundseite?

b) Ein Dreieck mit der Grundseite g = 4,5 m hat 13,5 m² Flächeninhalt. Wie lang ist seine Höhe?

c) Wie hoch muss ein Dreieck mit 7,4 cm Grundseite sein, damit es einen Flächeninhalt von 20,72 cm² hat?

gegeben: $A = 10\ \text{m}^2$, $g = 5$ m
gesucht: Höhe h des Dreiecks
Rechnung: $10 = \frac{5 \cdot h}{2}$ ($A = \frac{g \cdot h}{2}$)
$20 = 5 \cdot h$
$h = 4$
Antwort: Die Höhe ist h = 4 m.

17. Jens hat den Flächeninhalt eines Dreiecks berechnet: 9,6 cm². Die Grundseite war 6 cm lang. Leider weiß er nicht mehr, wie lang die Höhe war.

18. Das Dach einer Kirchturmspitze wird neu eingedeckt. Die Ziegel für die Dachfläche kosten 59 € pro m². Für die Seitenkanten braucht man spezielle Ziegel, die pro Meter 11,50 € kosten. Die quadratische Grundfläche wird mit einer Dachrinne versehen (1 m kostet 15,50 €). Stelle die Materialkosten in einer Liste zusammen, und präsentiere in der Klasse.

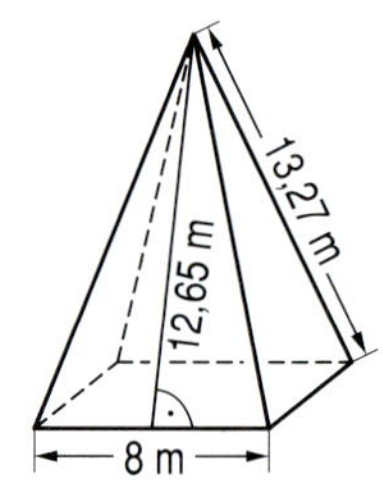

19. Berechne den Flächeninhalt.

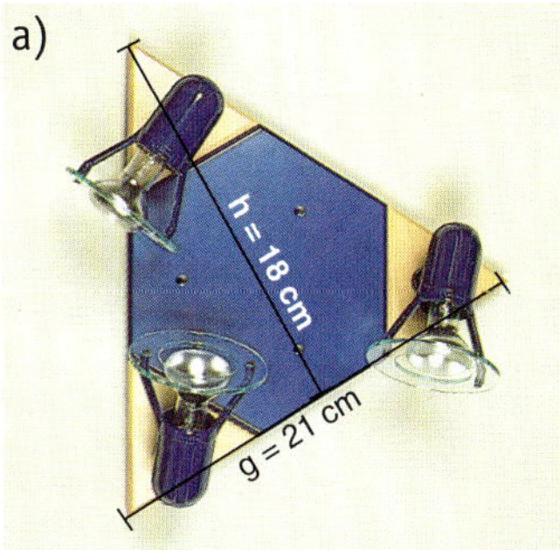

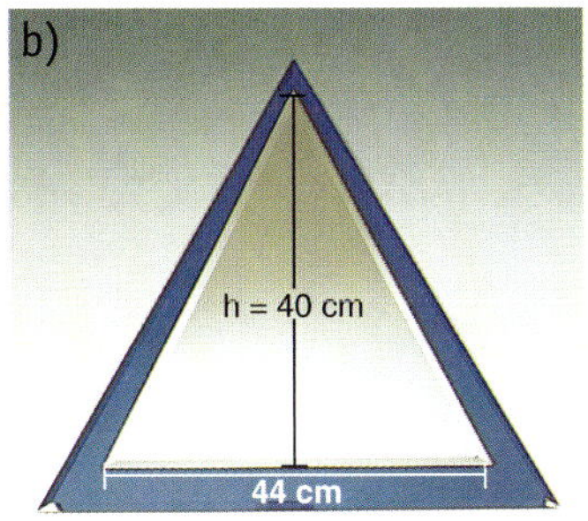

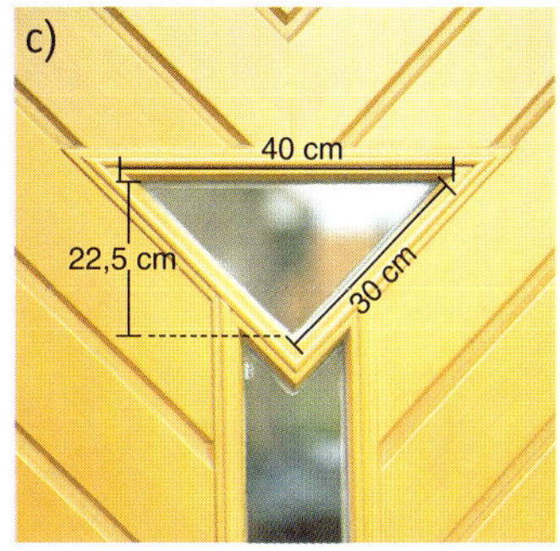

LVL **20.** Ein Möbelhaus bietet Tische mit dreieckiger Holzplatte an.

a) Wie viel m^2 ist der Flächeninhalt einer Platte groß?

b) Ein Konditor kauft für sein neues Café 25 Tische mit so einer Tischplatte. Wie viel m^2 Holz werden für die Tischplatten gebraucht?

c) Erkundige dich in einem Möbelgeschäft, wie teuer ein solcher Tisch sein könnte. Berechne damit die Kosten für die Tische aus Teilaufgabe b).

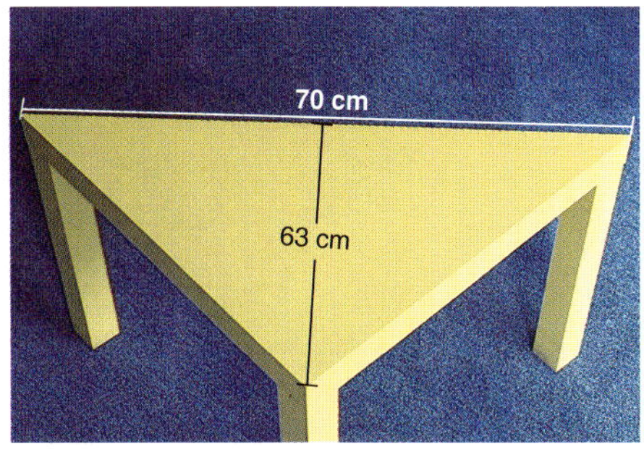

LVL **21.** Stelle zu dem Verkehrsschild mit den vorgeschriebenen Maßen mindestens zwei Fragen, und beantworte sie.

LVL **22.** Wähle selbst ein anderes Verkehrsschild, zeichne es, und beantworte eigene Fragen.

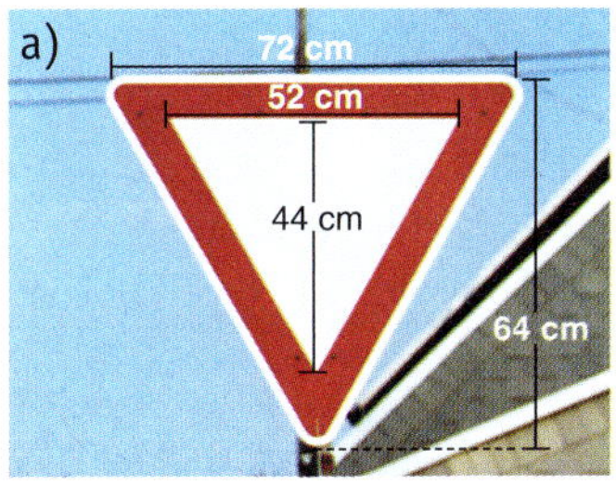

23. Frau Zenz will für ihre Küche ein kleines Eckregal aus Holz bauen. Sie hat die einzelnen Bauteile skizziert mit Angabe der Maße und der benötigten Anzahl.

a) Aus wie viel cm^2 Holz wird das Regal bestehen?

b) Wie viel € kostet das Holz, wenn 1 m^2 Holz 6,95 € kostet?

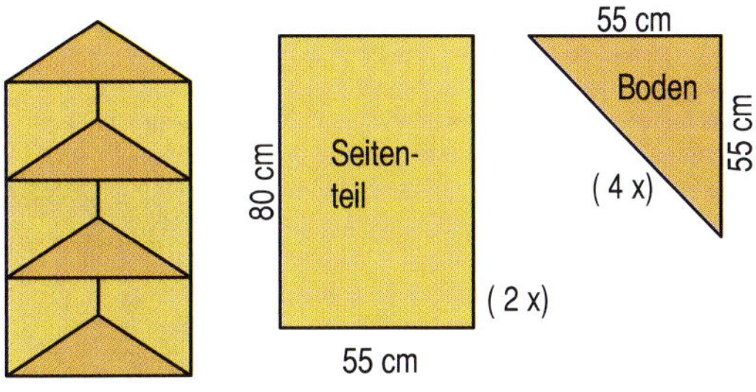

24. Berechne den Flächeninhalt und den Umfang

a) von Annas selbstgebasteltem Drachen,

b) der Sandfläche im Inneren des Spielkastens.

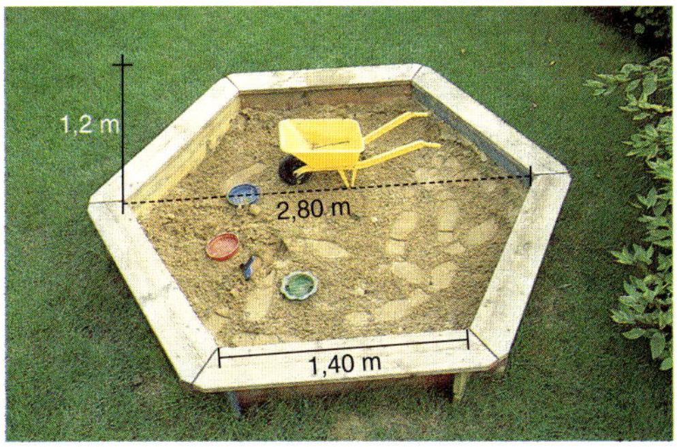

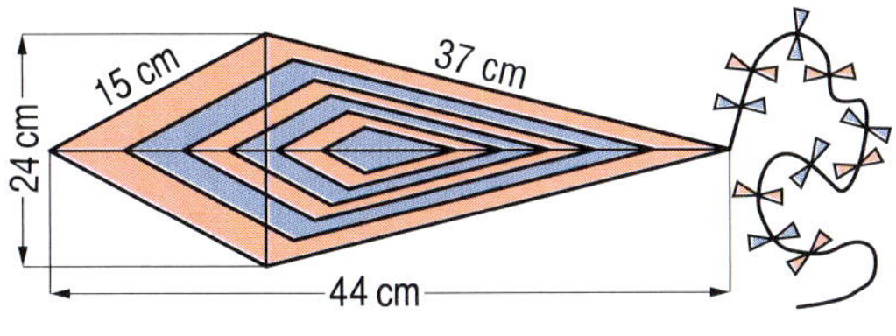

LVL

Ein neues Wartehäuschen

1. Für das Dach wurden vier gleich große rechteckige Glasplatten eingesetzt. Berechne zuerst die Fläche einer Glasplatte, dann die gesamte Fläche.

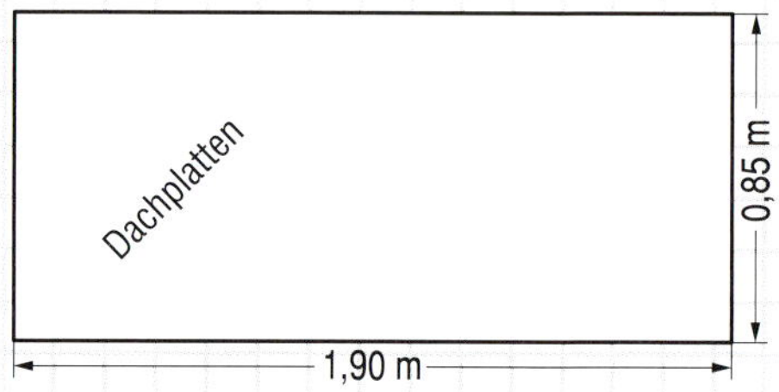

2. a) Wie groß ist ein rechteckiges Seitenteil?
b) Berechne die Fläche der beiden Seitenteile zusammen.

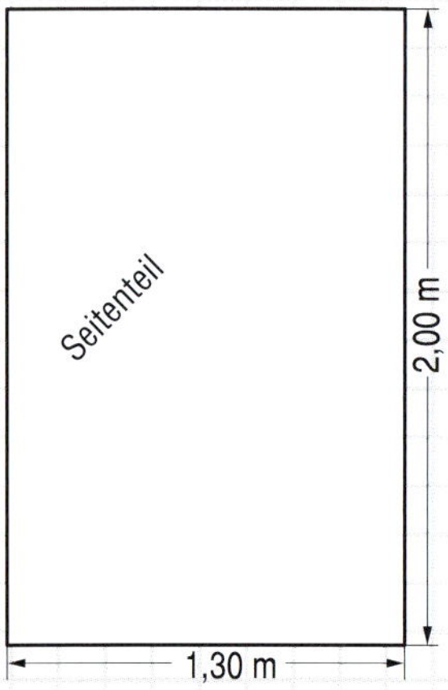

3. Wie groß ist die Fläche der Glaseinsätze auf der Rückwand?
a) Berechne die rechteckige Teilfläche.
b) Berechne die dreieckige Teilfläche.
c) Gib die gesamte Fläche der beiden Glaseinsätze an.

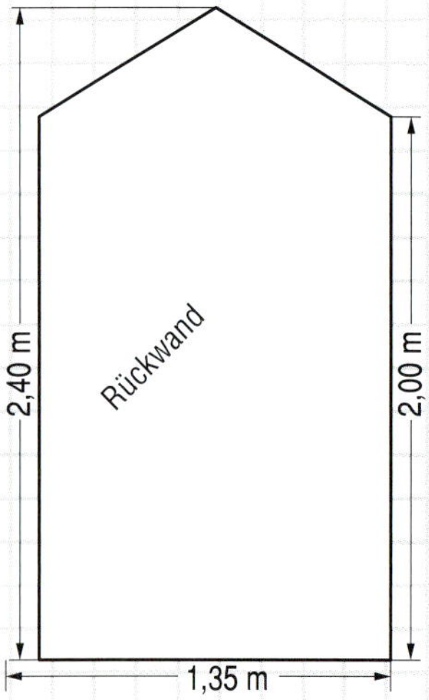

4. Gib die gesamte Fläche der Verglasung des Wartehäuschens in m² an.

5. Wie groß ist die überdachte rechteckige Bodenfläche ungefähr?

Bleib FIT!

Die Lösungen ergeben drei Spezialitäten aus Italien

1. Berechne.

a) □ · 0,01 = 1,14 b) □ : 100 = 0,16

c) □ : 0,001 = 9000 d) □ : 1000 = 0,017

2. Runde.

a) 2,45 (auf Zehntel)

b) 56,755 (auf Hundertstel)

c) 367,599 (auf Ganze)

3. Berechne.

a) $3\frac{1}{2} + 5\frac{1}{4}$ b) $6\frac{2}{3} + 7\frac{1}{2}$

c) $9\frac{5}{6} - 3\frac{2}{3}$ d) $8\frac{5}{8} - 3\frac{1}{2}$

4. Berechne den fehlenden Wert.

a) Wie viel € sind 15 % von 120 €?

b) Wie viel Prozent sind 45 m von 150 m?

c) 60 € sind 25 %. Wie viel € sind das Ganze?

5. Wandle um.

a) 125 mm = □ cm

b) 297 cm = □ m

c) 1 km 39 m = □ m

6. Berechne.

a) 2,35 + 27,58 + 19,03

b) 97,26 − 23,39 − 15,92

c) 41,75 · 5

d) 117,6 : 12

7. Benenne den Winkel.

a)

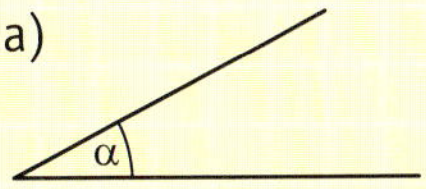

b)

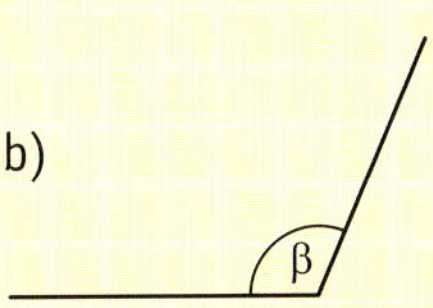

gestreckter Winkel (10) stumpfer Winkel (20) rechter Winkel (30) spitzer Winkel (40)

8. a) $1\frac{3}{5} : 4$ b) $\frac{2}{7} \cdot 3$

$\frac{2}{5}$	N
$\frac{6}{7}$	E
2,97	M
1,25	L
2,5	A
$6\frac{1}{6}$	A
$5\frac{1}{8}$	S
$8\frac{3}{4}$	A
9	A
9,8	T
12,5	E
$14\frac{1}{6}$	L
16	I
17	B
18	A
20	O
30	G
40	R
56,75	K
48,96	N
56,76	T
57,95	E
114	C
139	M
208,75	S
240	N
367	N
368	T
1039	I

LVL

Ein Schluck aus dem Steinhuder Meer

Aufgabe: In der Nähe von Hannover liegt der See „Steinhuder Meer“. Stell dir vor:
1. Der See hat keinen Zu- oder Abfluss.
2. Jeder Einwohner von Niedersachsen schöpft einen Liter Wasser aus dem Steinhuder Meer.

Um welche Höhe sinkt der Wasserspiegel des Steinhuder Meers?

Schätzung

Der Wasserspiegel sinkt um ...

2 m (Lena)	1,20 m (Fahrid)
50 cm (Sebastian)	80 cm (Nicole)
20 cm (Yvonne)	4 m (Yasmin)

LVL

Was macht ihr da?
Wir zeichnen zum Steinhuder Meer ein möglichst gleich großes Rechteck.
Das kann ich besser!
Jch suche im Jnternet die Einwohnerzahl von Niedersachsen.
1 l = 1 dm³
1 l
1 dm³
Wie viele Personen können **gleichzeitig** Wasser aus dem See schöpfen?
Bestimmt 100 000.
Kannst du mir den Quader erklären?
Wir modellieren.
So stellen wir uns als Modell die Wassermenge vor, die aus dem Steinhuder Meer geschöpft wird.
Steinhuder Meer

Volumen des Quaders

LVL **1.** Gruppenarbeit: Erstellt Lernplakate zum Thema „Volumen des Quaders und des Würfels", präsentiert die Plakate in der Klasse, und hängt das beste von ihnen an der Klassenwand auf.

2. Berechne das Volumen des Quaders (Längenmaße in cm).

a) b) c) d)

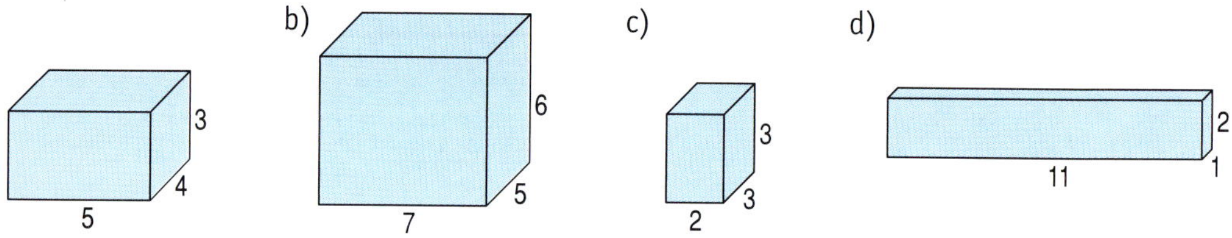

3. Berechne das Volumen eines Quaders mit den angegebenen Kantenlängen.

a)	b)	c)	d)	e)	f)
a = 5 cm	a = 9 cm	a = 12 cm	a = 20 cm	a = 35,1 cm	a = 24,5 cm
b = 8 cm	b = 11 cm	b = 7 cm	b = 40 cm	b = 20 cm	b = 20 cm
c = 7 cm	c = 4 cm	c = 10 cm	c = 55 cm	c = 11 cm	c = 28 cm

4. Berechne das Volumen eines Würfels mit a) a = 8 m b) a = 20 m c) a = 0,7 cm.

5. Wie viele Würfel mit $\frac{1}{2}$ m Kantenlänge passen in einen 1-m³-Würfel? Welches Volumen in Liter hat jeder?

6. Eine Blechdose ist 18,5 cm hoch, und hat eine quadratische Grundfläche mit 12 cm Kantenlänge. Berechne ihren Rauminhalt in cm³, und verwandle dann in dm³ und *l*.

TIPP

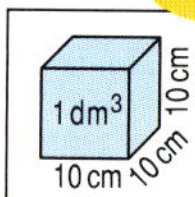

$10 \cdot 10 \cdot 10\ cm^3$
$= 1\ dm^3$
$= 1\ l$

LVL **7.** Eine Autozeitschrift testet die Kofferraumgröße mit Hilfe von genormten Koffern. In den Kofferraum passen 2 Koffer der Größe A (Länge 70 cm, Breite 40 cm, Höhe 25 cm) und drei Koffer der Größe B (Länge 60 cm, Breite 35 cm, Höhe 20 cm).
Eine andere Zeitschrift testet mit Normwürfeln (Kantenlänge 10 cm). Sie gibt das Volumen mit 300 Litern an.
Erkläre die Messvorgänge, und begründe die Unterschiede.

LVL **8.** Wenn bei einem Würfel die Kantenlänge um 50% vergrößert wird, vergrößert sich auch das Volumen. Mit welchem Faktor ▢ muss man V_1 multiplizieren, um V_2 zu erhalten? Es ist einer der folgenden Werte: 1,5 | 2,45 | 3,375 | 4,555 | 5 | 5,55 | 50. Überlege gemeinsam mit einer Partnerin oder einem Partner, und stelle die Überlegungen der Klasse vor.

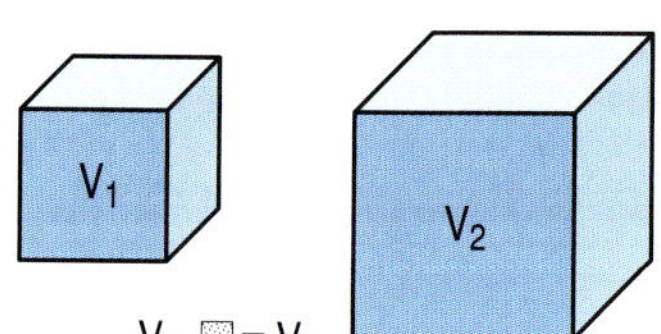

$V_1 \cdot ▢ = V_2$

9. Sven hat mit Holzwürfeln der Kantenlänge 2 cm ein „Hochhaus" gebaut. Aus wie vielen Würfeln besteht es? Wie groß ist sein Rauminhalt?

10. Janina hat mit Schachteln (5,2 cm x 3,6 cm x 1,6 cm) gebaut. Welches Volumen hat ihr „Haus"?

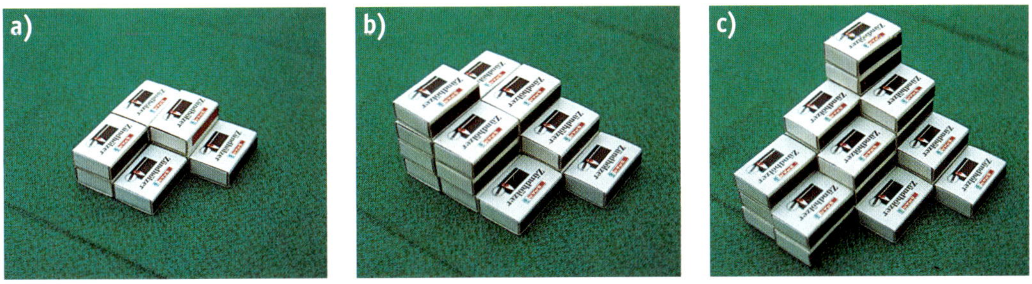

11. a) Berechne das Volumen eines Leimholzbretts mit 80 cm Länge, 20 cm Breite und 1,8 cm Dicke in cm^3 und verwandle in dm^3.

b) Wie schwer ist eine Ladung von 38 solchen Brettern in g und kg?

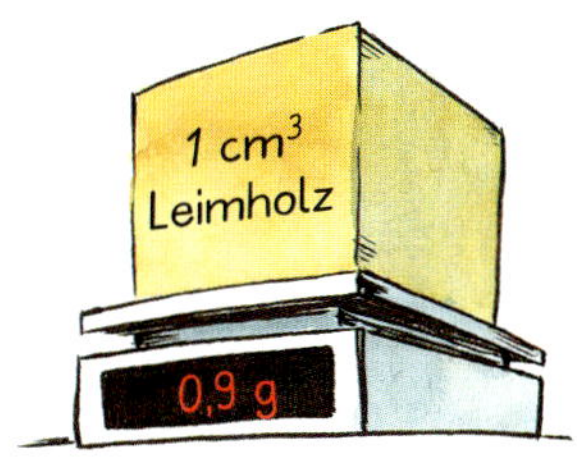

12. a) Eine Tür aus Leimholz ist 215 cm hoch, 60 cm breit und 2,8 cm dick. Berechne den Rauminhalt der Tür in cm^3 und in dm^3.

b) Wie schwer ist eine solche Tür? Berechne in g und kg.

13. Bestimme die fehlende Kantenlänge des Quaders.

a) $V = 36\ cm^3$	b) $V = 78\ cm^3$	c) $V = 120\ m^3$	d) $V = 605\ m^3$
$a = 2\ cm$	$a = 13\ cm$	$a = 12\ m$	$a = 11\ m$
$b = 3\ cm$	$b = 3\ cm$	$b = 5\ m$	$b = 11\ m$

$V = 30\ cm^3$, $a = 4\ cm$, $b = 5\ cm$
$V = a \cdot b \cdot c$
$30 = 4 \cdot 5 \cdot c$

LVL **14.** Ein Quader hat ein Volumen von $480\ cm^3$. Beurteile, welche Angaben stimmen könnten.

① $a = 10\ cm$, $b = 12\ cm$, $c = 4\ cm$
② $a = 48\ cm$, $b = 5\ cm$, $c = 5\ cm$
③ $a = b = 4\ cm$, $c = 30\ cm$
④ $a = b = c = 8\ cm$
⑤ $a = 4\ cm$, $b = 2 \cdot a$, $c = 15\ cm$
⑥ $a = 4\ cm$, $b = 6\ cm$, $c = 5 \cdot a$

15. Schätze zuerst: In welchen Behälter passt mehr hinein? Berechne dann von beiden das Volumen in cm^3. Verwandle in dm^3 (= Liter), und runde ganzzahlig.

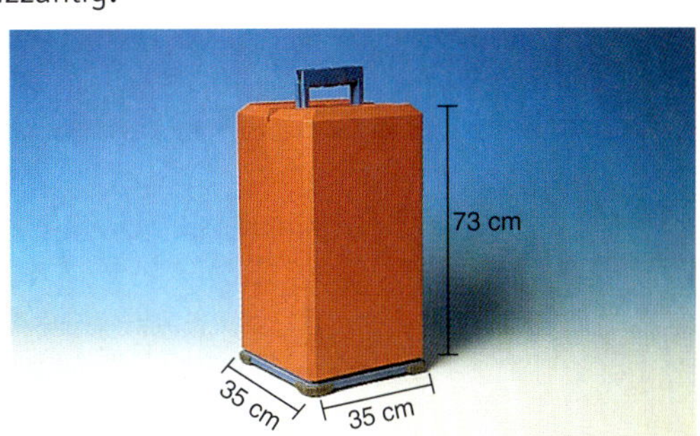

Oberfläche des Quaders

Oberfläche
= Summe aller Seitenflächen

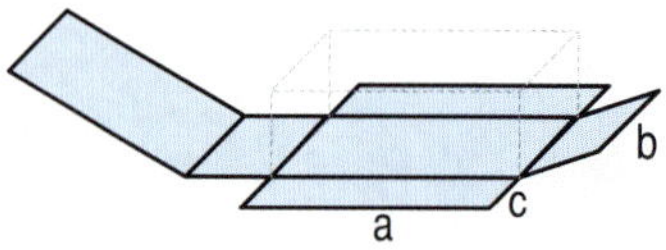

Beispiel: a = 25 cm b = 10 cm c = 5 cm

O = 2 · 25 cm · 10 cm	oben, unten
+ 2 · 25 cm · 5 cm	vorne, hinten
+ 2 · 10 cm · 5 cm	links, rechts
= 500 cm² + 250 cm² + 100 cm²	
= 850 cm²	

LVL **1.** Schneide einen quaderförmigen Karton auf, zeige der Klasse die Oberfläche des Kartons, und erkläre die Berechnung des Oberflächeninhalts.

2. Welche Oberfläche hat der Quader? (Die Längen sind in cm angegeben.)

a) b) c) d)

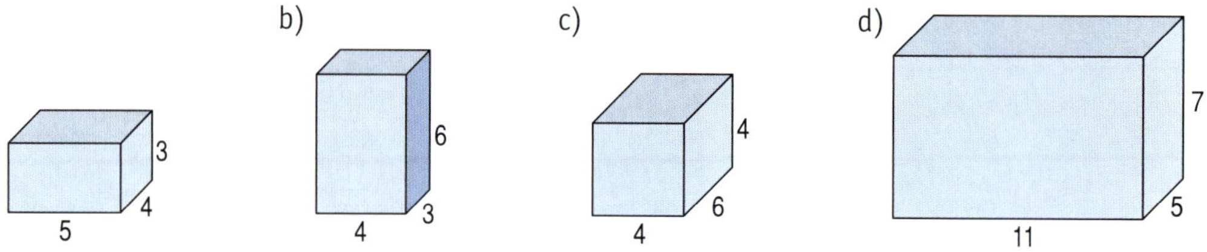

3. Berechne die Oberfläche und das Volumen des Quaders.

a)	b)	c)	d)	e)	f)
a = 4 cm	a = 12 cm	a = 20 cm	a = 9 m	a = 8 mm	a = 12 m
b = 7 cm	b = 5 cm	b = 10 cm	b = 9 m	b = 10 mm	b = 7 m
c = 6 cm	c = 2 cm	c = 35 cm	c = 11 m	c = 6 mm	c = 4,5 m

4. Berechne Oberfläche und Volumen eines Würfels. a) a = 7 cm b) a = 16 cm c) a = 30,5 cm

5. Ein quaderförmiger Briefkasten aus Blech ist 40 cm hoch, 45 cm breit und 11,5 cm tief.

a) Wie viel cm³ Volumen hat er? Wie viel Liter sind das?

b) Wie viel cm² Blech braucht man für ihn mindestens?

TIPP
Umrechnungszahl 1000
1 m³ = 1000 dm³
1 dm³ = 1000 cm³ = 1 *l*

6. Ein Geschäft verschenkt Pappwürfel mit 14 cm Kantenlänge.

a) Wie groß ist das Volumen eines Würfels? b) Wie groß ist die Oberfläche eines Würfels?

c) Reichen 2 m² Pappe zur Herstellung von 20 Würfeln?

7. Familie Marten besitzt einen großen Reisekoffer.

a) Wie viel Liter Gepäck passen in den Koffer?

b) Auf die Seitenflächen möchten die Kinder Aufkleber (einen pro dm²) der verschiedenen Reiseziele anbringen.

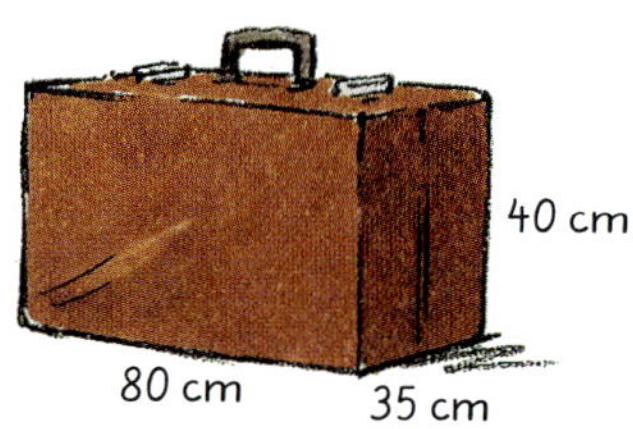

LVL **8.** Ein Tennisball hat einen Durchmesser von 6 cm. Es sollen 4 Tennisbälle in einen quaderförmigen Karton verpackt werden.

a) Es gibt verschiedene Möglichkeiten. Bei welcher Form braucht man am wenigsten Karton?

b) Welche Möglichkeiten gibt es, wenn man 6 Tennisbälle in einen Karton packen möchte?

LVL **9.** Die Seitenflächen eines Quaders haben drei Flächengrößen: 24 cm², 40 cm² und 60 cm². Überlege zusammen mit anderen, ob sich daraus auch das Volumen des Quaders bestimmen lässt.

Vermischte Aufgaben

1. a) Wie viel m^3 Gerste fasst der Erntewagen, wenn er bis zum Rand gefüllt wird?

b) 1 m^3 Gerste wiegt etwa 700 kg. Wie viel t wiegt die Ladung des vollen Wagens?

c) Gelagert wird die Gerste in einem quaderförmigen Raum: 3 m hoch, 5 m breit und 6 m lang. Wie viel m^3 passen hinein? Wie viel t sind das etwa?

d) Wie viele Wagenladungen passen hinein?

LVL **2.** Eine Tiefkühltruhe mit den Innenmaßen 85 cm x 50 cm x 50 cm fasst 200 *l*. So steht es jedenfalls im Prospekt. Ein Innenmaß stimmt aber nicht. Anke und Tanja prüfen nach und rufen die Firma an, die einen einzelnen kleinen Druckfehler im Prospekt zugibt. Erkläre der Klasse, um welchen Druckfehler es sich handelt.

3. Berechne das fehlende Innenmaß der Tiefkühltruhe.

a) V = 240 *l*; 100 cm lang, 40 cm breit

b) V = 540 *l*; 150 cm lang, 60 cm breit

4. Ein quaderförmiges Schwimmbecken kann mit 210 m^3 Wasser gefüllt werden, bis es randvoll ist. Berechne seine Länge, wenn es 7 m breit und 2 m tief ist.

5. a) Die Oberfläche eines Würfels ist 600 cm^2 groß. Berechne zuerst die Größe einer Seitenfläche, dann die Kantenlänge, und zuletzt das Volumen des Würfels.

b) Löse die entsprechende Aufgabe für einen Würfel mit 864 cm^2 Oberfläche.

LVL **6.** Ein quaderförmiges Schwimmbecken (Maße: 25 m x 15 m x 2 m) soll renoviert werden. Die Fliesen für 1 m^2 kosten 9,95 €. 1 m^3 Wasser kostet 2,50 €. In einer Stunde können 25 m^3 Wasser eingefüllt werden. Nach Abschluss der Renovierung schreibt die ausführende Firma eine Rechnung über 7 918 €. Stelle drei Fragen, und beantworte sie.

LVL **7.** Martin will seiner Mutter eine oben offene Kiste für die Waschmittel bauen. Seine Mutter zeigt, welche Pakete stehend hineinpassen sollen (Längen in cm).

a) Skizziere eine rechteckige Grundfläche, auf der alle Pakete stehen können. Wie lang und breit ist sie?

b) Das Holz für die Kiste ist 1 cm dick. Welche Außenmaße hat die Kiste, wenn sie 15 cm hoch sein soll? Wie viel cm^2 Holz braucht Martin?

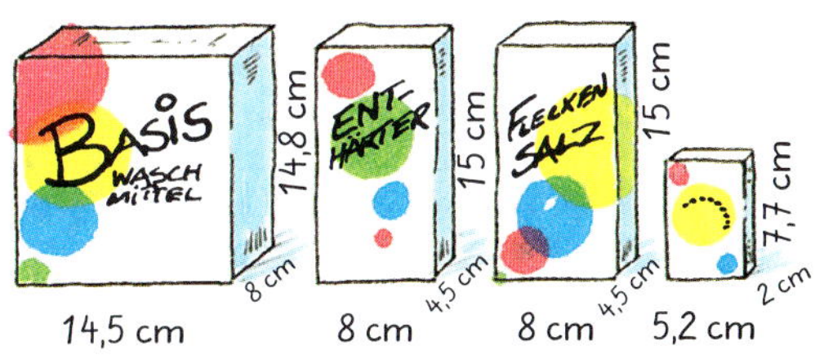

LVL **8.** Das Holzgestell ist bis 5 cm unter den Rand mit Kompost gefüllt und soll geleert werden. Die Schubkarre fasst bis zum Rand gefüllt 85 *l*. Stelle zwei Fragen, und beantworte sie zusammen mit Sitznachbarn.

Zusammengesetzte Körper

LVL **1.** Finde zusammen mit deiner Nachbarin oder deinem Nachbarn in der Klasse mindestens jeweils drei verschiedene Wege, wie man das Volumen der abgebildeten Körper berechnen kann. Tragt in der Klasse alle Wege zusammen, die gefunden wurden.

①

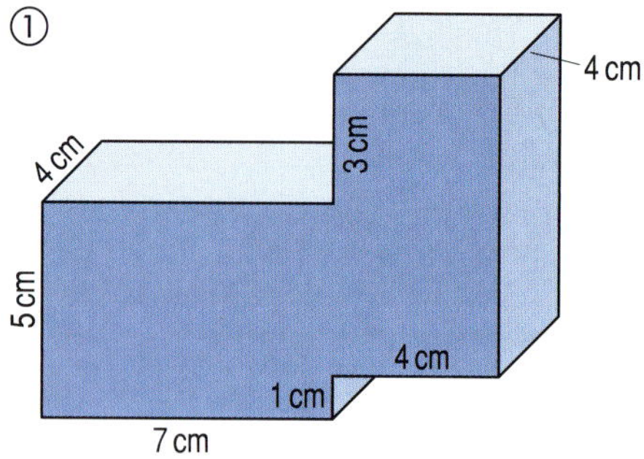

②

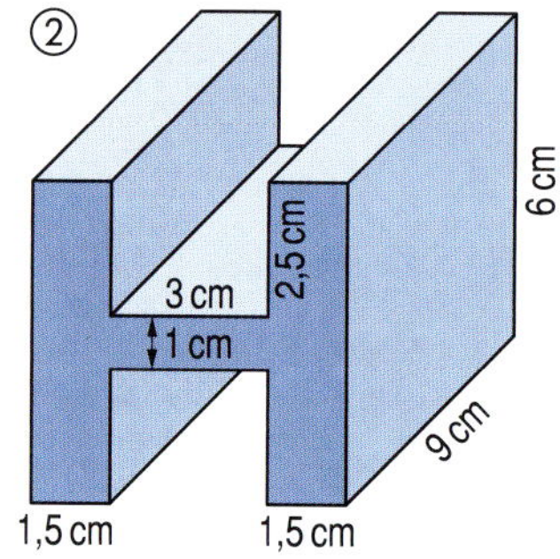

2. Berechne den Rauminhalt. Vergleiche deinen Lösungsweg mit anderen.

a)

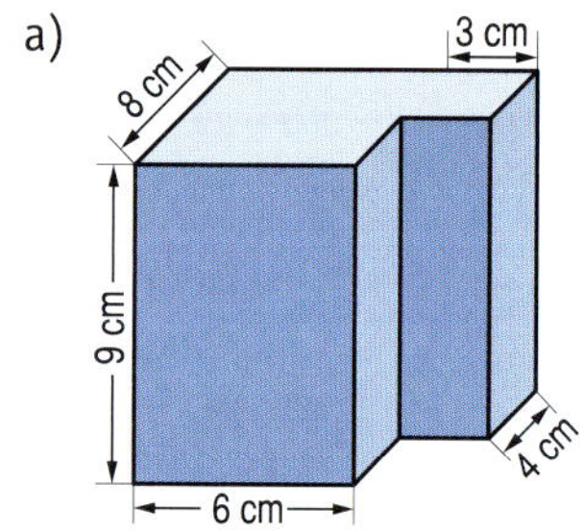

b)

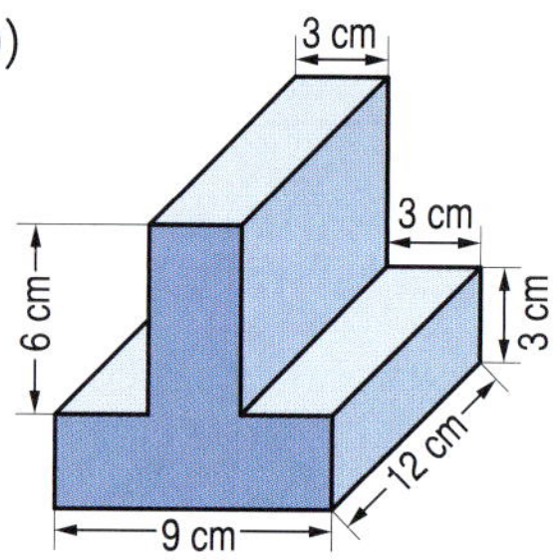

c)

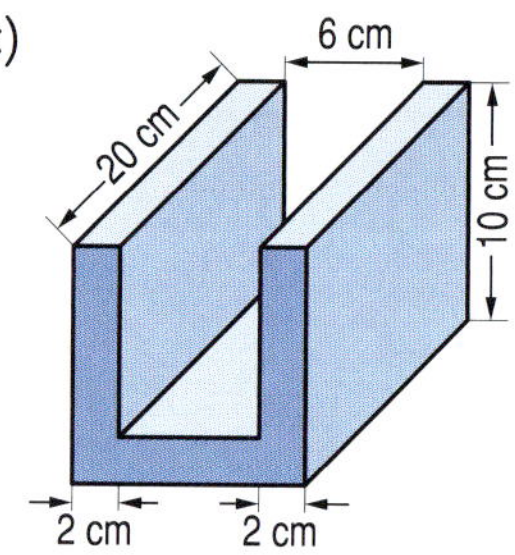

3. Bestimme den Rauminhalt des zusammengesetzten Körpers.

a)

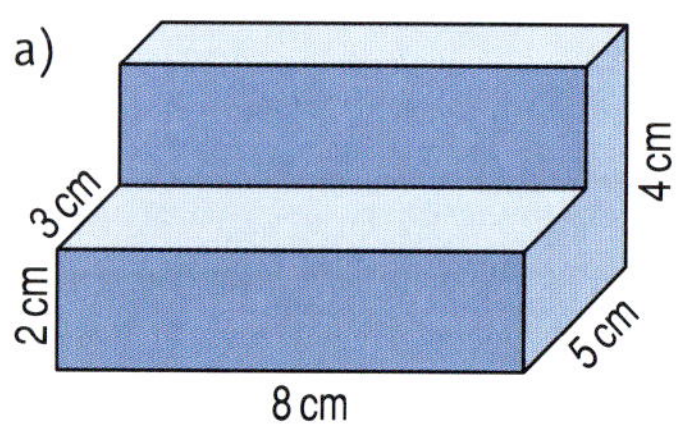

b)

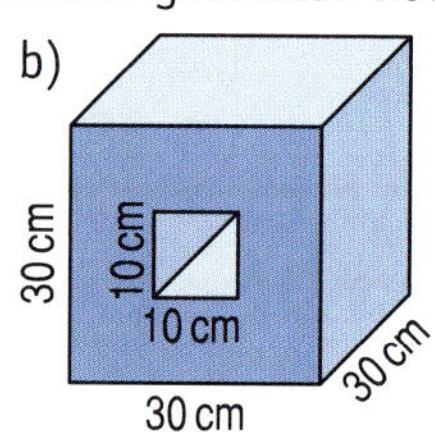

c)

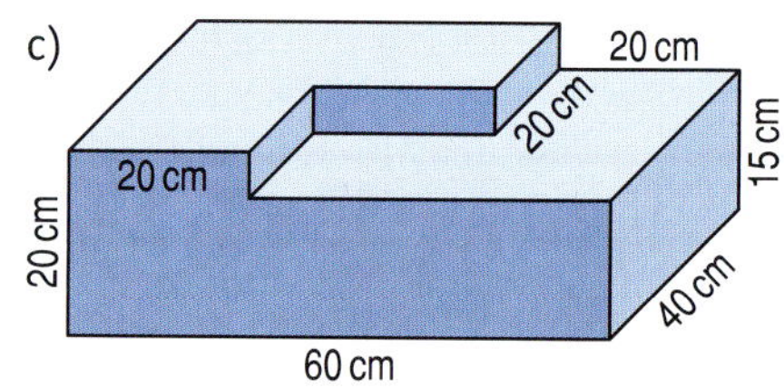

LVL **4.** Das abgebildete Kreuz wird aus einer 2,2 mm dicken Silberplatte ausgesägt. Partnerarbeit:

a) Berechnet das Volumen des abgebildeten Kreuzes.

b) Unter dem Stichwort Dichte findet Ihr im Internet, wie viel 1 cm^3 Silber wiegt. Wie viel Gramm wiegt das Kreuz?

c) Welchen Materialwert hat das Kreuz bei dem Silberpreis des heutigen Tages (Zeitung, Internet)?

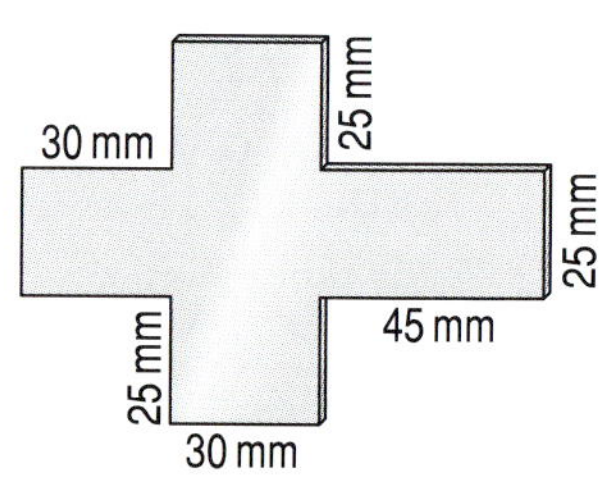

LVL **5.** Partnerarbeit: Von dem in Originalgröße abgebildeten Quader wird an jeder der acht Ecken ein Würfel mit einer Kantenlänge von 8 mm ausgeschnitten.

a) Fertigt ein Schrägbild des verbleibenden Restkörpers an.

b) Berechnet das Volumen und die Oberfläche des Restkörpers, und vergleicht euer Ergebnis mit den Ergebnissen von Mitschülerinnen und Mitschülern.

c) Zeichnet das Netz des verbleibenden Restkörpers.

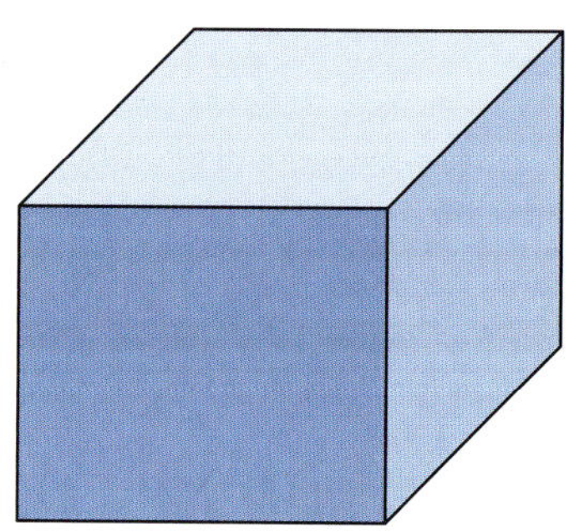

1. Berechne den Flächeninhalt und den Umfang des Rechtecks.

a) a = 28 cm, b = 35 cm b) a = 16 cm, b = 5,5 cm c) a = 50 mm, b = 7,7 cm

2. Berechne den Flächeninhalt und den Umfang des Quadrats.

a) a = 12 cm b) a = 55 mm c) a = 5,6 dm
d) a = 0,8 m e) a = 0,77 m f) $a = \frac{1}{2}$ m

3. Bestimme die Seitenlänge des Quadrats.

a) $A = 4\ cm^2$ b) $A = 64\ cm^2$ c) $A = 900\ m^2$
d) $A = 169\ cm^2$ e) $A = 6\,400\ m^2$ f) $A = \frac{1}{4}\ km^2$

4. Bestimme den Flächeninhalt des Dreiecks.

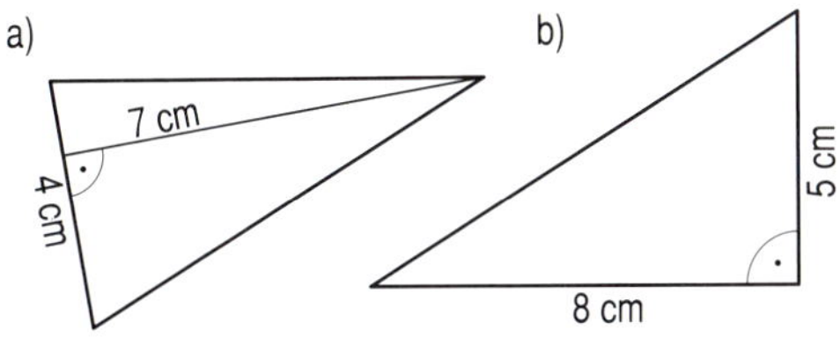

5. Ein Dreieck hat die Seitenlängen a = 13 cm, b = 12 cm, c = 5 cm. Zeichne das Dreieck auf ein DIN-A4-Blatt, und berechne Flächeninhalt und Umfang.

6. Berechne das Volumen des Quaders.

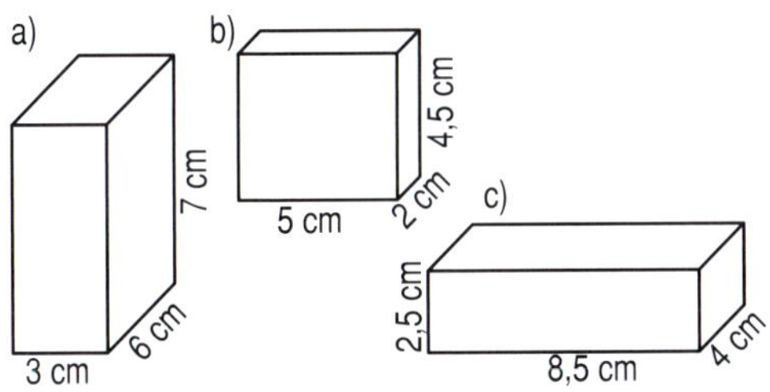

7. Berechne das Volumen des Würfels mit der Kantenlänge 5,5 cm.

8. Ein Würfel hat das Volumen $V = 125\,000\ cm^3$. Wie lang sind die Kanten?

9. Berechne die Oberfläche des Quaders.

a) a = 15 cm, b = 6,5 cm, c = 14 cm b) a = 13 cm, b = 12 cm, c = 4,5 cm c) a = 7 dm, b = 9 dm, c = 3,8 dm

10. Berechne die Oberfläche des Würfels mit der Kantenlänge 13 cm.

Flächeninhalt und Umfang

des Rechtecks	**des Quadrats**

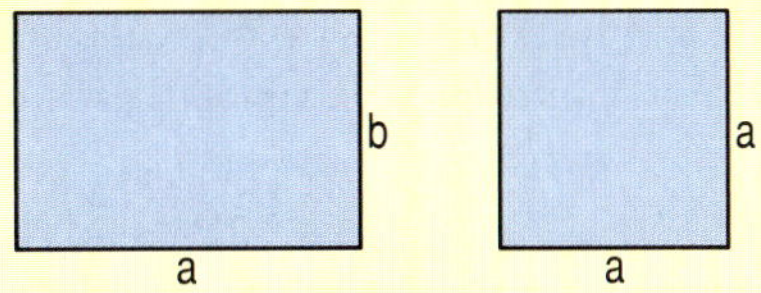

$A = a \cdot b$ $A = a \cdot a = a^2$

$u = 2 \cdot a + 2 \cdot b$ $u = 4 \cdot a$

Flächeninhalt und Umfang des Dreiecks

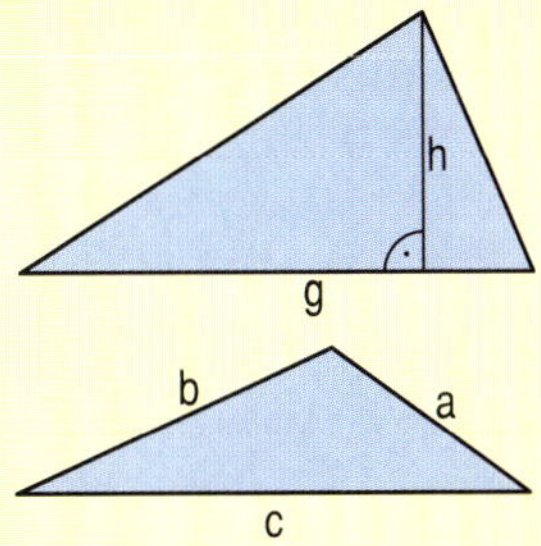

$A = \frac{g \cdot h}{2}$

$u = a + b + c$

Volumen des Quaders

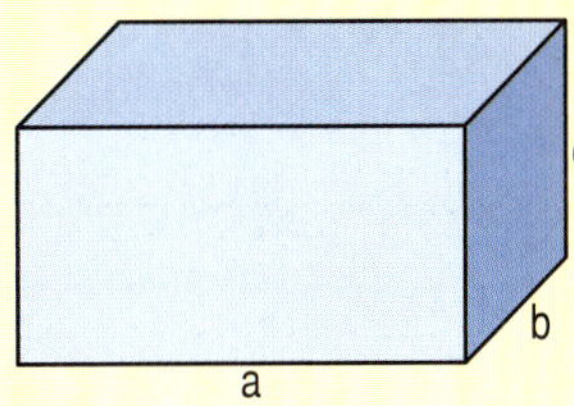

$V = a \cdot b \cdot c$

Volumen des Würfels

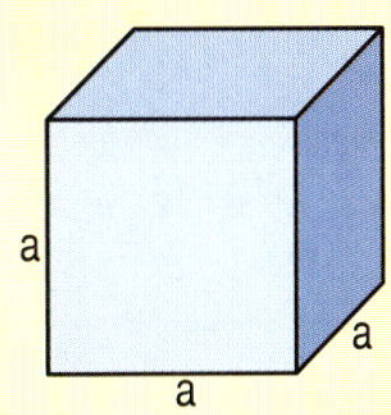

$V = a \cdot a \cdot a = a^3$

Oberfläche des Quaders

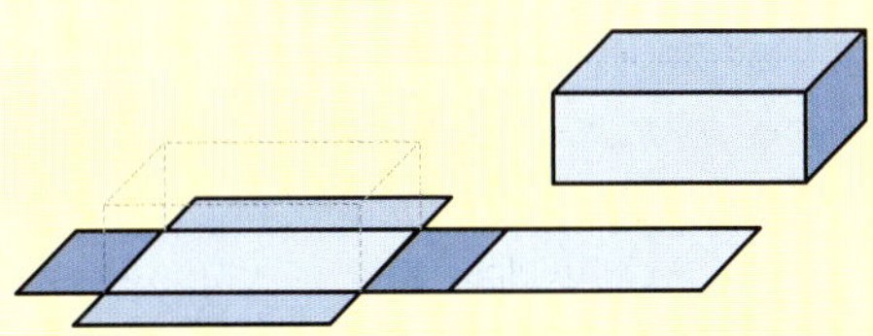

„Summe der Flächeninhalte aller Seitenflächen“

DIAGNOSETEST

1. Wandle in die angegebene Einheit um.

a) $135\ cm^2 = \square\ mm^2$ b) $2\,350\ dm^2 = \square\ m^2$ c) $1\,250\ mm^2 = \square\ cm^2$ d) $255\ dm^3 = \square\ l$

2. Berechne den Flächeninhalt und den Umfang des Rechtecks.

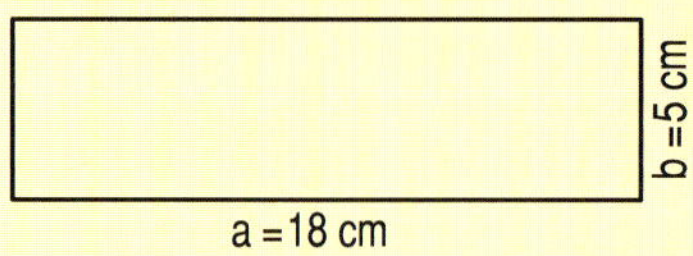

3. Berechne den Flächeninhalt des Dreiecks.

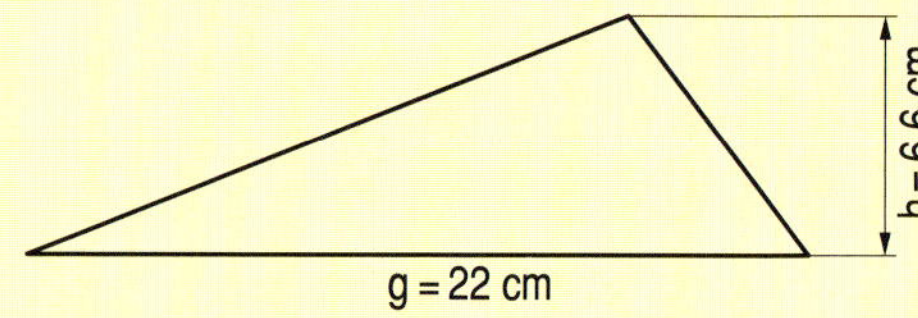

4. Berechne das Volumen und die Oberfläche eines Quaders mit a = 4 cm, b = 3,5 cm, c = 6 cm.

5. Abgebildet ist ein offener Würfel aus Metall und ein Messbecher. Wie oft muss man den Messbecher füllen und den Inhalt in den Würfel gießen, bis der Würfel gefüllt ist?

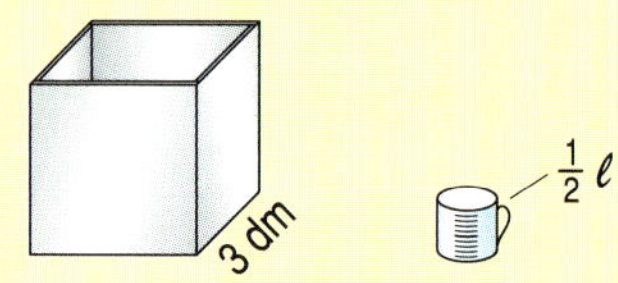

Wähle weitere 5 Aufgaben aus

1. Herr Pütz möchte den dreieckigen Balkon mit Estrich versehen, um ihn anschließend fliesen zu können.

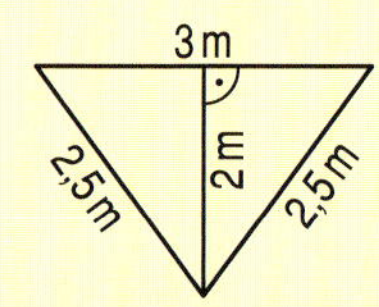

a) Zur Isolierung wird ringsum ein Band gelegt. Wie viel Meter Band muss Herr Pütz kaufen?

b) Wie viel Estrich braucht Herr Pütz, wenn er für einen Quadratmeter 18 kg benötigt?

2. Zeichne die Punkte in ein Koordinatensystem (Einheit 1 cm). Verbinde sie, und berechne den Flächeninhalt des entstandenen Vierecks ABCD.

A(0 | 5) B(2,5 | 5) C(2 | 12) D(0 | 12)

3. Markus und Tina machen zusammen Hausaufgaben und berechnen die Flächeninhalte von Dreiecken. Die Fläche eines Dreiecks ist $10{,}5\ cm^2$, seine Grundseite 7 cm lang. Markus behauptet, die Höhe sei 3 cm lang, Tina meint, sie sei 3,5 cm lang. Wer von ihnen hat recht?

4. Berechne den Flächeninhalt der Figur. Die Längen sind in cm angegeben.

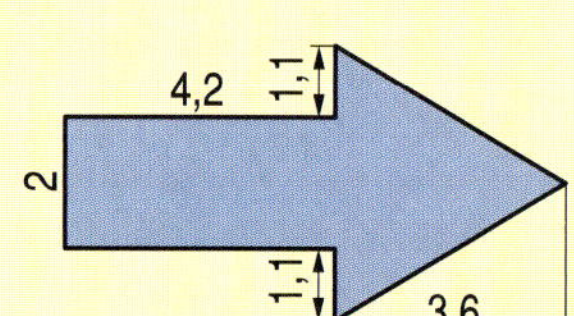

5. Ein Würfel hat eine Oberfläche von $150\ cm^2$. Berechne

a) seine Kantenlänge, b) sein Volumen.

6. Ein Bauhaus bietet 25 cm hohe Pflanzsteine an. Sie sind innen 40 cm und 60 cm lang. Wie viel Liter Blumenerde kann man einfüllen, wenn sie bis 5 cm unter dem Rand gefüllt werden?

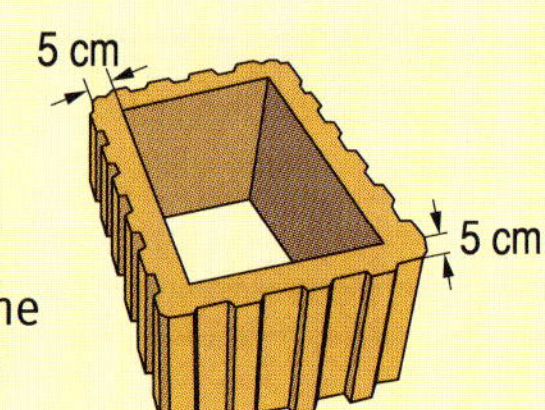

7. Eine Plätzchendose ist 6,5 cm hoch und hat eine rechteckige Grundfläche mit den Seitenlängen 25 cm und 18 cm. „Platz für 3 *l* Plätzchen", meint Sandra. Stimmt das?

8. Eine Milchtüte mit quadratischer Grundfläche hat folgende Maße: a = 7 cm, h = 20,5 cm. Wie viel Liter Milch passen hinein?

7

Terme und Gleichungen

LVL

Spiel mit x

Spiel mit x (für 2 oder mehr Spieler)

Ihr benötigt einen Würfel und für jeden Spieler eine Spielfigur. Es wird der Reihe nach gewürfelt.

In der ersten Runde setzt jeder Spieler seine Figur auf das Startfeld, würfelt und rückt um die gewürfelte Augenzahl vor.

Beim nächsten Mal geht man um so viele Felder vor oder zurück, wie der Rechenausdruck auf dem aktuellen Feld angibt.

LVL

x steht für die gewürfelte Augenzahl
Positives Ergebnis heißt „Gehe vorwärts“ um den ausgerechneten Betrag
Negatives Ergebnis heißt „Gehe rückwärts“ um den ausgerechneten Betrag
Auf dem Feld 0 · x einmal aussetzen, und danach um die gewürfelte Augenzahl vorwärts gehen
x
x+3
2·x−5
x−1
(−2)·x
2·x
x−3
x+2
x−2
x+1
−x
3·x
x−5
2·x
(−2)·x
x−1
2·x−5
0·x
x−2
2·x
2·(x−1)
x+3
2·(x+1)
x−1
0·x
−2·(x−2)
x−4
x
x+4

LVL

Rechenwege aufschreiben

Wie alt ist die kleine Schwester?

Eine Schulstunde dauert 45 Minuten. Wie lang ist ein Unterrichtstag mit x Schulstunden und Pausen von insgesamt 40 Minuten?

In der Klasse 7a sind x Schülerinnen und y Schüler. Wie viele Jugendliche sind es insgesamt?

Ein Briefumschlag wiegt x Gramm. 1 Bogen Briefpapier y Gramm. Wie schwer ist ein Umschlag mit 4 Bögen?

Wie viel kg wog der Elefant vorher?

Ein Brot wiegt x Gramm. Es werden 9 Scheiben zu je 9 Gramm abgeschnitten. Wie viel Gramm bleiben übrig?

Wie viel € sind nach dem Geburtstag im Sparschwein?

Kolja hat x Computerspiele. Seine Freundin Jasmin hat 8 mehr. Wie viele Spiele hat Jasmin?

Wie viel € bekommt jedes Kind?

Klaus wiegt x kg. Sein Vater wiegt doppelt so viel und 4 kg dazu. Wie viel kg wiegt der Vater?

Wie viel € muss die Familie bezahlen?

Eine Tüte mit Keksen wiegt x Gramm. Die Tüte allein wiegt y Gramm. Wie viel Gramm Kekse sind in der Tüte?

Terme mit Variablen

LVL 1. Im „Spiel mit x" am Kapitelanfang stand x für eine gewürfelte Zahl in einem Rechenbefehl. Auch Zahlenrätsel und Sachaufgaben kann man häufig durch Rechenwege (Terme) kürzer als mit Worten beschreiben.

a) Sprich mit deinen Mitschülerinnen und Mitschülern über die oben geschilderten Situationen.

b) Überlege dir einen Rechenbefehl, ein Zahlenrätsel oder einen Sachtext, zu dem eine Mitschülerin oder ein Mitschüler einen Rechenweg aufschreiben soll.

Terme beschreiben Rechenwege. Sie können Buchstaben als **Variablen** enthalten.
Wenn man für die Variablen Zahlen einsetzt, erhält man eine Zahl als Ergebnis.
Beispiele: Berechne den Term $3 \cdot x + 7$ für $x = 4$.
$3 \cdot 4 + 7 = 12 + 7 = 19$
Berechne den Term $5 \cdot (x - 2)$ für $x = 8$.
$5 \cdot (8 - 2) = 5 \cdot 6 = 30$

2. Berechne den Term für die Zahlen $x = 2$ und $x = -2$.

a) $x + 3$ b) $20 \cdot x + 1$ c) $3 \cdot x - 5$ d) $3 + 4 \cdot x$ e) $5 \cdot (x + 2)$ f) $(x - 2) \cdot 4$
g) $(x - 2) \cdot (-3)$ h) $19 - 6 \cdot x$ i) $15 + 5 \cdot x$ j) $(-2) \cdot (x + 2)$ k) $8 + 2 \cdot x$ l) $(-1) \cdot (x + 4)$

3. Eine Ferienwohnung kostet pro Tag 40 € plus 30 € für die Reinigung am Ende des Aufenthalts. Lege eine Tabelle an, und berechne den Preis für 7, 10, 14 und 21 Tage Aufenthalt.

Tage x	Preis (€) $x \cdot 40 + 30$
7	$7 \cdot 40 + 30 = \ldots$

4. Im Getränkemarkt zahlt man Pfand: 0,15 € für jede Flasche und 1,50 € für den Kasten. Berechne das Pfand für einen Kasten mit 6, 10, 12, 24 oder 30 Flaschen.

Flaschen x	Pfand (€) $x \cdot 0{,}15 + 1{,}50$

5. Erstelle eine Tabelle. Wächst das Ergebnis mit wachsendem x? x-Werte: −2; −1,5; −1; ...; 1,5; 2

a) $5 + x$ b) $3 \cdot x + 2$ c) $(-2) \cdot x + 1$ d) $(-1) \cdot x + 3$ e) $(-2) \cdot (x + 3)$

6. Berechne den Term für $x = 2$ und $y = -3$. a) $x + y$ b) $x - y$ c) $2 \cdot x + 3 \cdot y$ d) $2 \cdot (x + 3 \cdot y)$

LVL 7. Schreibe eine kurze Rechengeschichte zu dem Term. a) $x - y$ b) $x : y$ c) $x - 2{,}95 \cdot y$

LVL 8. Daniel und seine Eltern bewohnen eine 3-Zimmer-Wohnung mit Flur, Bad und Küche. Das Zimmer von Daniel ist x m^2 groß, das Elternschlafzimmer 8 m^2 größer, das Wohnzimmer doppelt so groß wie Daniels Zimmer. Flur, Bad und Küche sind zusammen 9 m^2 kleiner als das Wohnzimmer. Welcher Term beschreibt die Größe der Wohnung? Beurteile die angegebenen Vorschläge.
① $x + 8 \cdot 2 - 9$ ② $3 \cdot x + 8 - 9$ ③ $x + x + 8 + 2 \cdot x + 2 \cdot x - 9$ ④ $(3 \cdot x + 8) \cdot 2 - 9$ ⑤ $6 \cdot x - 1$

9. Eine Schachtel wiegt leer 25 g. Sie wird mit 4-g-Pralinen gefüllt. Der Term $4 \cdot x + 25$ beschreibt das Gesamtgewicht einer Schachtel mit x Pralinen. Lege eine Tabelle an, und berechne das Gewicht mit 12, 20, 32 und 45 Pralinen.

Anzahl x	Gesamtgewicht $4 \cdot x + 25$
12	$4 \cdot 12 + 25 = 73$

10. Der Eintritt in den Zoo kostet für Kinder 4 €. Dazu kommen 20 € für eine Führung der Gruppe.

a) Welcher Term beschreibt den Gesamtpreis für x Kinder?

b) Lege eine Tabelle an, und berechne den Gesamtpreis für 23, 25, 28 und 30 Kinder.

$20 \cdot x + 4$	$4 \cdot x - 20$
$20 \cdot x - 4$	$4 \cdot x + 20$

11. In einem Gefäß befinden sich 150 cm³ Wasser. Pro Minute tropfen 15 cm³ hinein.

a) Welcher Term beschreibt die Wassermenge nach x Minuten?

b) Lege eine Tabelle an. Berechne die Wassermenge nach 15, 20, 25 und 45 Minuten.

$150 \cdot x + 15$	$150 \cdot x - 15$
$150 + 15 \cdot x$	$150 - 15 \cdot x$

12. Ein Wohnmobil kostet für ein Wochenende 180 €. Darin enthalten sind 100 Freikilometer. Für jeden weiteren Kilometer sind 0,30 € zu zahlen. Berechne den Preis für 280 km, 350 km, 490 km und 620 km. Nenne die gefahrenen Kilometer x. Stelle einen Term auf, setze ein, und rechne.

13. Bei einem Farbfilm kostet die Entwicklung 3,95 € und jedes Foto 0,29 €. Berechne mit Hilfe eines Terms den Preis für Filme mit 12, 24, 27 und 36 Fotos.

14. Gib einen Term an:

a) vermindert man eine Zahl um 7

b) das 10fache der gesuchten Zahl

c) subtrahiert man eine Zahl von 100

d) dividiert man eine Zahl durch 5

e) vermehrt man eine Zahl um 19

f) vermindert man 19 um eine Zahl

g) addiert man zur gesuchten Zahl 5

h) ein Drittel der gesuchten Zahl

i) eine ausgedachte Zahl multipliziert mit 7

Termlexikon

x	gesuchte Zahl ich denke mir eine Zahl
x + 7	addiert man 7 zu einer Zahl vermehrt man eine Zahl um 7
x − 3	subtrahiere 3 von einer Zahl vermindert man eine Zahl um 3
9 − x	subtrahiert man eine Zahl von 9 vermindert man 9 um eine Zahl
3 · x	das Dreifache einer Zahl multipliziert man eine Zahl mit 3
x : 4	ein Viertel einer Zahl dividiert man eine Zahl durch 4

15. Ordne den richtigen Term zu. In der Reihenfolge der Aufgaben erhältst du ein Lösungswort.

① vermindert man das Doppelte einer Zahl um 3

② addiert man 3 zum Vierfachen einer Zahl

③ von einer Zahl wird 3 subtrahiert und das Ergebnis mit 4 multipliziert

④ vermehre eine Zahl um 4 und verdopple die Summe

⑤ vermindert man 4 um das Dreifache einer Zahl

⑥ zu einer Zahl wird 3 addiert und die Summe mit 4 multipliziert

⑦ subtrahiere von 4 das Doppelte einer Zahl

⑧ vermindert man 4 um eine Zahl und verdreifacht die Differenz

$(x + 4) \cdot 2$	I
$4 \cdot x + 3$	A
$3 \cdot x + 4$	U
$4 - 3 \cdot x$	A
$(x - 3) \cdot 4$	R
$4 - 2 \cdot x$	L
$2 \cdot x - 3$	V
$(x + 3) \cdot 4$	B
$(4 - x) \cdot 3$	E

16. Schreibe als Term, setze anschließend für die Variable zuerst 8 dann − 30 ein, und berechne.

a) Von einer Zahl wird 5 subtrahiert und die Differenz verdreifacht.

b) Zur Hälfte einer Zahl wird 12 addiert und die Summe mit 4 multipliziert.

Bleib FIT!

Die Ergebnisse der Aufgaben 1 – 8 ergeben drei Spezialitäten aus Südost-Europa.

1. a) $\frac{1}{2} + \frac{1}{5}$ b) $1\frac{1}{2} + 2\frac{3}{4}$ c) $4\frac{2}{5} - 1\frac{1}{6}$ d) $3 - \frac{2}{7}$

2. Wandle die angegebenen Einheiten um.

a) $\frac{1}{4}$ hl = □ *l* b) $\frac{7}{10}$ kg = □ g

c) $\frac{3}{5}$ m = □ cm d) $\frac{2}{3}$ h = □ min

3. Berechne den Winkel γ.

a)

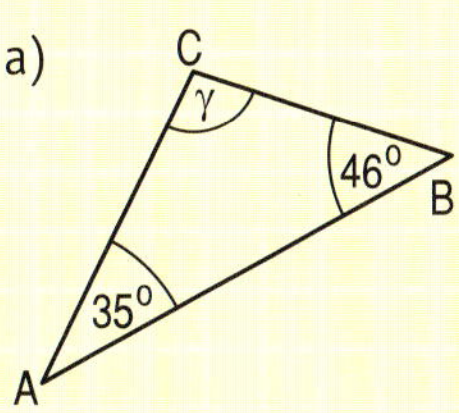

b)

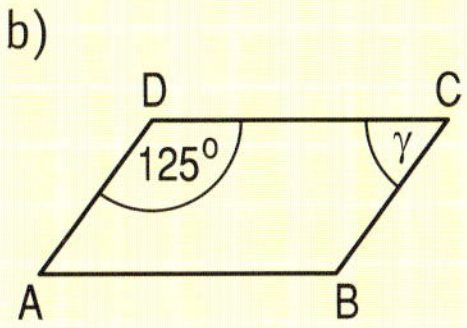

4. a) 2,34 · 10 b) 0,307 · 100

c) 2,3 : 100 d) 2,34 : 1000

5. Berechne die fehlende Größe vom Rechteck.

a) a = 1,6 cm b = 1,2 cm u = □ cm

b) a = 85 cm u = 240 cm b = □ cm

c) a = 6,3 cm b = 4,5 cm A = □ cm^2

d) a = 21 cm A = 399 cm^2 b = □ cm

6. Was gilt für jedes Parallelogramm?

- Gegenüberliegende Seiten sind gleich lang (1)
- je zwei Seiten sind zueinander senkrecht (2)
- die Diagonalen bilden 4 rechte Winkel (3)
- Gegenüberliegende Winkel sind gleich groß (4)

7. a) Berechne die Summe aus 12,04; 213,8 und 48,13.

b) Berechne das Produkt aus 72,44 und 32,5.

c) Addiere 485 und 738, verdopple das Ergebnis.

8. a) 3 Hefte kosten 1,80 €. Wie viel Euro kosten 5 Hefte derselben Sorte?

b) Wenn Petra im Urlaub täglich 6 € ausgibt, reicht ihr Taschengeld 15 Tage. Wie viele Tage reicht das Geld, wenn sie 10 € pro Tag ausgibt?

0,00234 | V
0,023 | J
$\frac{7}{10}$ | P
1 | V
$2\frac{5}{7}$ | E
3 | C
$3\frac{7}{30}$ | J
$4\frac{1}{4}$ | L
4 | A
5,6 | A
4,50 | P
19 | E
9 | I
25 | S
23,4 | A
25,38 | Z
28,35 | C
30,7 | A
35 | R
50 | B
40 | V
55 | C
60 | A
66 | T
70 | T
99 | I
273,97 | P
500 | M
700 | K
2 354,3 | C
2 446 | I

Lösen von Gleichungen durch Probieren

LVL **1.** Welches Zahlenrätsel wird hier gelöst? Beschreibe den Lösungsweg, und gib die Lösung an. Würdest du auch so die Lösung suchen, wenn das Ergebnis 180 sein soll?

In einer **Gleichung** steht zwischen zwei Termen das Gleichheitszeichen. Wenn man für die Variablen Zahlen einsetzt, erhält man entweder eine wahre (w) oder eine falsche (f) Aussage.
Eine Zahl, die beim Einsetzen eine wahre Aussage liefert, heißt Lösung. Oft kann man sie durch Probieren finden.

Gleichung: $2 \cdot x + 1 = 5$

x	2 · x + 1	= 5	w/f
0	2 · 0 + 1 = 1	5	f
1	2 · 1 + 1 = 3	5	f
2	2 · 2 + 1 = 5	5	w
3	2 · 3 + 1 = 7	5	f

Lösung: $x = 2$

2. Löse die Gleichung mit Hilfe einer Tabelle durch Probieren. Die Lösung ist eine Zahl.

a) Gleichung: $3 \cdot x + 2 = 17$
b) Gleichung: $3 \cdot (2 + x) = 18$
c) Gleichung: $2 \cdot (4 \cdot x - 9) = 38$
d) Gleichung: $(-3) \cdot x + 8 = -7$

x	3 · x + 2	= 17	w/f
1	3 · 1 + 2 = 5	17	f
2	3 · 2 + 2 = 8	17	f
3	3 · 3 + 2 =		

3. Löse mit Hilfe einer Tabelle. Die Lösung ist eine negative Zahl.

a) $3 \cdot y - 6 = -15$ b) $(-2) \cdot z + 5 = 13$ c) $2 \cdot (r + 3) = 0$ d) $4 \cdot (x - 7) = -56$

4. Löse durch Probieren. Überlege vorher, ob die Lösung positiv oder negativ ist.

a) $7 \cdot x - 30 = 26$ b) $3 \cdot (y + 9) = 18$ c) $3 \cdot (10 - b) = 36$ d) $3 \cdot z + 4 = -5$

5. Drei Geschwister haben zusammen 54 € gespart.
Lara hat dreimal so viel gespart wie Dana.
Tobias hat 2 € weniger gespart als Lara.
Wie viel Euro hat jedes Kind gespart?

Dana x	Lara + 3 · x	Tobias + 3 · x − 2 =	zusammen 54	w/f
1	3	1	5	f
3	9			

LVL **6.** Über zwei Zahlen steht immer ihre Summe. Welche Zahlen muss man wählen? Überlegt auch ähnliche Aufgaben für Partnerarbeit.

a)

	z	
x		y
7	9	11

b)

	40	
y		y
x	x	x

c)

	30	
z		z
x	y	x

LVL **7.** Zwei Zahlen in der nebenstehenden Gleichung wurden leider weggewischt. Die Lösung der Gleichung ist 5. Für $x = 8$ ergibt die linke Seite 10.

$\quad \cdot x - \quad = 1$

Lösen von Gleichungen mit Tabellenkalkulation

1. Ein Tabellenkalkulationsprogramm soll dir helfen, die Gleichung
$3 \cdot x + 7 - 4 \cdot x - 9 + 7 \cdot x = 88$ zu lösen.

a) Welche Formeln stehen in den Zellen B5 und B6?

b) Lege selbst eine Tabelle an, die die linke Seite der Gleichung für die Einsetzungen $x = 1$ und $x = 2$ berechnet.

c) Klicke zum Kopieren auf die rechte untere Ecke der Zelle B6. Ziehe bei gedrückter Maustaste so weit nach unten, dass die Berechnung bis $x = 20$ fortgesetzt wird. Gib die Lösung der Gleichung an.

	A	B
1		
2	Gleichung:	3*x+ 7 - 4*x - 9 + 7*x = 88
3		
4	Einsetzung für x	Berechnung linke Seite
5	1	4
6	2	10
7	3	
8	4	
9	5	
10	6	
11	7	
12	8	
13	9	
14	10	

Zellenblock markieren und hier ziehen.

2. Löse die Gleichung durch Probieren mit einer Tabellenkalkulation.

a) $49 + 5 \cdot x + 17 - 13 \cdot x + 6 = 0$

b) $15 + 4 \cdot x - 7 + 13 \cdot x - 8 = 204$

c) $3{,}5 - 7{,}5 \cdot x + 13 + 9 \cdot x - 7{,}8 = 13{,}2$

d) $47{,}5 - (3 \cdot x + 4{,}5) + 2{,}5 \cdot x = 39$

e) $4 \cdot x - 3 \cdot (4 - 7 \cdot x + 6) = 270$

f) $15 \cdot x - 4 \cdot (3 \cdot x + 9) + 36 = 33$

g) $12 \cdot (x - 7) - 3 \cdot (x + 1) = 84$

h) $3 \cdot (7{,}5 + 4 \cdot x) + 8 \cdot (3{,}5 \cdot x + 7) - 78{,}5 = 800$

3. Tim hat eine Tabelle angelegt zum Lösen der Gleichung
$13 - 4 \cdot x - 81 + 13 \cdot x + 4 = -100$.

a) In welchem Zahlenbereich vermutest du die Lösung der Gleichung? Begründe.

b) Lege die Tabelle so an, dass du die Lösung der Gleichung ablesen kannst.

B6 = =13-4*A6-81+13*A6+4

	A	B
1		
2	Gleichung:	13 - 4*x - 81 + 13*x + 4 = -100
3		
4	Einsetzung für x	Berechnung linke Seite
5	1	-55
6	2	-46
7	3	-37
8	4	-28
9	5	-19
10	6	-10
11	7	-1
12	8	8
13	9	17
14	10	26
15	11	35

4. Löse die Gleichung durch Probieren mit einer Tabellenkalkulation.

a) $-8 + 5 \cdot x - 71 - 19 \cdot x + 3 = 22$

b) $4 \cdot (3 \cdot x + 9 - 4 \cdot x) - 12 = 68$

c) $45 - 3 \cdot (-2 \cdot x + 15 - 9 \cdot x) - 19 \cdot x = -70$

5. Vera hat eine Tabelle angelegt zum Lösen der Gleichung
$-2 \cdot x + 17 - 9 \cdot x - 43 + 5 \cdot x = -47$.

a) In welchem Bereich muss die Lösung liegen? Begründe.

b) Lege die Tabelle so an, dass du die Lösung der Gleichung ablesen kannst.

	A	B
1		
2	Gleichung:	-2*x + 17 - 9*x - 43 + 5*x = -47
3		
4	Einsetzung für x	Berechnung linke Seite
5	1	-32
6	2	-38
7	3	-44
8	4	-50
9	5	-56
10	6	-62
11	7	-68
12	8	-74
13	9	-80
14	10	-86
15	11	-92

6. Löse die Gleichung durch Probieren mit einer Tabellenkalkulation.

a) $48 - 12 \cdot x + 21 - 7 \cdot x + 32 = 21{,}2$

b) $3{,}5 \cdot x + 7 - 8{,}7 \cdot x + 12{,}3 = -13{,}98$

c) $(4 \cdot x + 3 - 7{,}2 \cdot x) \cdot 9 + 19{,}88 = -100$

Lösen von Gleichungen mit Umkehroperatoren

LVL **1.** Partnerarbeit: Diskutiert den Trick des Zahlenzauberers.

a) Welches Ergebnis hätte die Testperson für 100 als gedachte Zahl nennen müssen?

b) Die Testperson nennt das Ergebnis 88. Wie war seine gedachte Zahl?

c) Überlegt euch selbst ähnliche Zaubertricks.

Viele Gleichungen kann man mit Operatoren darstellen und ihre Lösungen mit Umkehroperatoren berechnen.

Gleichung:	$x \cdot 5 + 2 = 62$	Probe:
Operatoren:	$x \xrightarrow{\cdot 5} \square \xrightarrow{+2} 62$	$12 \cdot 5 + 2$
Umkehroperatoren:	$\mathbf{12} \xleftarrow{:5} 60 \xleftarrow{-2} 62$	$= 60 + 2$
		$= 62$

---

2. Finde die Zahl x mit Hilfe von Umkehroperatoren.

a) $x \xrightarrow{\cdot 2} \square \xrightarrow{+8} 22$ b) $x \xrightarrow{:8} \square \xrightarrow{+9} 15$ c) $x \xrightarrow{:5} \square \xrightarrow{+17} 26$ d) $x \xrightarrow{\cdot 3} \square \xrightarrow{+7} -8$

e) $x \xrightarrow{:6} \square \xrightarrow{+18} 27$ f) $x \xrightarrow{\cdot 12} \square \xrightarrow{-35} 25$ g) $x \xrightarrow{:4} \square \xrightarrow{+29} 37$ h) $x \xrightarrow{\cdot 17} \square \xrightarrow{-28} 40$

3. Schreibe mit Operatoren, und löse mit Umkehroperatoren.

a) $x \cdot 7 = 63$ b) $y + 19 = 24$ c) $z - 48 = 60$ d) $a : 5 = 9$ e) $b - 17 = 38$

f) $y \cdot 15 = 30$ g) $\frac{a}{9} = 7$ h) $b + 39 = 52$ i) $\frac{x}{12} = 6$ j) $z \cdot 5 = 100$

4. a) $x \cdot 4 + 3 = 31$ b) $y \cdot 5 - 7 = 73$ c) $a \cdot 3 - 9 = 27$ d) $x : 2 - 28 = 22$ e) $b : 6 - 27 = 3$

5. Schreibe als Gleichung, und löse sie. Mache eine Probe.

a) Vermehrt man das Dreifache einer Zahl um 7, so erhält man 31.

b) Subtrahiert man 17 vom Doppelten einer Zahl, so erhält man 3.

c) Die Summe aus dem Fünffachen einer Zahl und 45 ist 100.

d) Vermindert man das Zehnfache einer Zahl um 48, so erhält man 82.

Aufgabe: Vermindert man das Dreifache einer Zahl um 5, so erhält man 7.

Gleichung: $3 \cdot x - 5 = 7$

LVL **6.** Schreibe eine Textaufgabe zum Filmstreifen, und löse sie mit einer Gleichung.

Ordnen und Zusammenfassen

LVL **1.** Partnerarbeit: Die Variable x kann für irgendeine gedachte Zahl stehen, eine Würfelzahl oder für die Anzahl gleicher Münzen in einem Geldbeutel. Was könnt ihr euch sonst noch darunter vorstellen? Wie könnt ihr die gestellte Hausaufgabe geschickt lösen?

Vielfache **derselben** Variablen darf man zusammenfassen. $2 \cdot x + 5 \cdot x = 7 \cdot x$ $\quad 7 \cdot x - 5 \cdot x = 2 \cdot x$

Beispiel für das Vereinfachen des Terms $5 \cdot x + 7 - 2 \cdot x + 13 - 2 \cdot x$

$5 \cdot x + 7 - 2 \cdot x + 13 - 2 \cdot x$ (ordnen)
$= 5 \cdot x - 2 \cdot x - 2 \cdot x + 7 + 13$ (zusammenfassen)
$= x + 20$

Vereinbarung: $1 \cdot x = x$

2. Ordne jedem Term der „Termmauer" den vereinfachten Term zu. Die Buchstaben ergeben einen kurzen Satz.

① $3 \cdot x + 5 + 7 \cdot x - 8$	② $2 \cdot x - 7 - 9 - 5 \cdot x$	③ $8 - 4 \cdot x - x + 12$	
④ $3 + 8 \cdot x - 11$	⑤ $-4 \cdot x + 7 + 9 \cdot x$	⑥ $-12 - 5 \cdot x + 19$	⑦ $6 \cdot x - 21 - 8 \cdot x$
⑧ $5 \cdot x - 3 \cdot x + 17 - 21 + 6 \cdot x - 5$	⑨ $-31 + 3 \cdot x + 18 - 4 \cdot x - x + 14$		

$8 \cdot x - 8$	K
$8 \cdot x - 9$	E
$-3 \cdot x - 16$	C
$-5 \cdot x + 7$	N
$-5 \cdot x + 20$	H
$5 \cdot x + 7$	A
$10 \cdot x - 3$	I
$-2 \cdot x + 1$	S
$-2 \cdot x - 21$	N

3. Vereinfache den Term durch Ordnen und Zusammenfassen, dann berechne ihn für die angegebenen Einsetzungen.

a) $6 \cdot x - 8 + 5 \cdot x + 4 - 9 \cdot x - 1$

x = 7	x = –5	x = 18	x = 3

b) $5 + 7 \cdot y + 9 - 2 \cdot y - 11$

y = 4	y = 9	y = –10	y = 5

c) $5 \cdot a + 11 - 7 + 13 \cdot a - 8 \cdot a$

a = 9	a = 2	a = 8	a = –4

d) $7 \cdot z + 16 - 4 \cdot z + 2 \cdot z - 20$

z = 6	z = 10	z = –2	z = –5

e) $14 + 8 \cdot x - 9 - 6 \cdot x + 4$

x = 3	x = –8	x = 11	x = 15

f) $-3 \cdot y + 8 + 5 \cdot y + 8 \cdot y - 20$

y = 5	y = 12	y = 2	y = –3

4. Löse die Gleichung wie im Beispiel.

a) $3 \cdot x + 5 + 4 \cdot x + 4 - 2 \cdot x = -11$
b) $-18 + 9 \cdot y - 2 \cdot y + 13 - 4 \cdot y = -23$
c) $4 \cdot x - 6 + 3 \cdot x - 5 - 3 \cdot x = -23$
d) $8 - 3 \cdot y - 17 - 5 \cdot y + 3 - y = 30$
e) $38 - 4 \cdot x + 7 + 9 \cdot x - 13 \cdot x = -3$
f) $18 + 19 \cdot x + 14 - 12 \cdot x - 1 = -4$
g) $-12 \cdot y - 7 - 3 + 20 \cdot y + 29 = -21$

$3 \cdot x - 7 + 5 \cdot x - 3 = 14$ (ordnen)
$3 \cdot x + 5 \cdot x - 7 - 3 = 14$ (zusammenfassen)
$8 \cdot x - 10 = 14$

$x \xrightarrow{\cdot 8} \square \xrightarrow{-10} 14$

$3 \xleftarrow{:8} 24 \xleftarrow{+10} 14$

Lösung: $\underline{\underline{x = 3}}$

LVL

Rechengeschichten

1. Der Filmstreifen erzählt euch eine Geschichte mit glücklichem Ende.

a) Spielt die Bildergeschichte vor der Klasse nach.

b) Schreibe die Geschichte in kurzen Sätzen auf. Beginne so:
Tom bekommt von seiner Oma 10 Euro.

c) Bearbeite folgende Aufgaben zusammen mit deinem Nachbarn oder deiner Nachbarin:
Wie teuer ist ein Apfel?
Tipp: Nennt den Preis für einen Apfel x, stellt eine Gleichung auf und löst sie.

2. Stelle mindestens drei Fragen, und beantworte sie.

3. Herr Müller verkauft auf einer Kirmes Autopolitur. Bei Arbeitsbeginn hat er 100 Euro Wechselgeld in seiner Kasse. Bis zur Frühstückspause verkauft er 9 Flaschen und bis zum Mittag weitere 28 Flaschen. In der Pause nimmt er sich 4,50 € für eine Pizza aus der Kasse. Bis zum Feierabend verkauft er dann noch weitere 54 Flaschen. Als er am Ende des Arbeitstages die Standgebühr von 85 € bezahlt hat, sind noch 1 330 € in seiner Kasse.

a) Stelle eine Frage, und beantworte sie.

b) Gruppenarbeit: Überlegt euch ein Produkt, das verkauft werden soll und einen Preis dafür. Schreibt eine Verkaufsgeschichte wie oben, und stellt die Aufgabe euren Mitschülerinnen und Mitschülern.

4. Schreibe selbst eine Geschichte, oder male eine Bildergeschichte zu der Gleichung, und löse sie.

$50 - 2 \cdot x + 7 - 3 \cdot x = 12$

1. Berechne den Term für $x = 4$ und für $x = -4$.

a) $x + 5$ b) $4 - 2 \cdot x$ c) $-1 \cdot (x - 4)$

2. Berechne den Term für $x = 3$ und für $y = -2$.

a) $2 \cdot x + 3 \cdot y$ b) $3 \cdot (x - y)$ c) $x \cdot (y + 4)$

3. Ein Mietklavier kostet einmalig 90 € Grundgebühr und dann 20 € pro Monat.

a) Welcher Term beschreibt die Kosten für x Monate?

b) Berechne ihn für 6, 10 und 15 Monate.

4. Die Lösung findest du durch Probieren.

a) $9 \cdot a + 5 = 41$ b) $5 + 3 \cdot x = 11$

c) $3 \cdot (b - 4) = 0$ d) $4 \cdot (y - 8) = 16$

e) $2 \cdot (z + 1) = 10$ f) $(x + 6) : 3 = 5$

g) $(a - 4) \cdot (-2) = 12$ h) $(z + 4) : 2 = -7$

5. Schreibe mit Operatoren, und löse.

a) $a \cdot 17 = 51$ b) $x - 19 = 35$

c) $z \cdot 8 + 14 = 86$ d) $b : 4 + 13 = 20$

6. Schreibe als Gleichung, und löse sie.

a) Subtrahiert man vom Doppelten einer Zahl 8, so erhält man 2.

b) Die Summe aus dem Sechsfachen einer Zahl und 18 ist 60.

7. Ordne und fasse zusammen, dann löse mit einem Verfahren deiner Wahl.

a) $8 \cdot x - 9 - 6 \cdot x + 14 = 7$

b) $15 - 2 \cdot y - 7 + 6 \cdot y = -8$

c) $11 \cdot z - 18 - 31 + 5 \cdot z = -1$

Terme beschreiben Rechenwege. Sie können Buchstaben als **Variablen** enthalten.
Wenn man für die Variablen Zahlen einsetzt, erhält man eine Zahl als Ergebnis.

Beispiel:
Term $3 \cdot x + 7$ für $x = 4$: $3 \cdot 4 + 7 = 19$

Wenn man für die Variable in einer Gleichung Zahlen einsetzt, erhält man entweder eine wahre oder eine falsche Aussage. Eine Zahl, die beim Einsetzen eine wahre Aussage liefert, heißt Lösung.
Man kann sie durch Probieren finden.

Beispiel: $5 + 2 \cdot x = 13$

x	$5 + 2 \cdot x$	= 13	w/f
1	$5 + 2 \cdot 1 = 7$	13	f
2	$5 + 2 \cdot 2 = 9$	13	f
3	$5 + 2 \cdot 3 = 11$	13	f
4	$5 + 2 \cdot 4 = 13$	13	w

Viele Gleichungen kann man mit Operatoren schreiben und dann lösen.

Beispiel: $x \cdot 3 + 2 = 11$

$x \xrightarrow{\cdot 3} \square \xrightarrow{+2} 11$

$3 \xleftarrow{:3} 9 \xleftarrow{-2} 11$

Lösung: $x = 3$

Probe:
$3 \cdot 3 + 2$
$= 9 + 2$
$= 11$

Gleichungen werden **vereinfacht**, indem man auf beiden Seiten ordnet und zusammenfasst.

$3 \cdot x - 7 + 5 \cdot x + 2 = 11$
ordnen
$3 \cdot x + 5 \cdot x - 7 + 2 = 11$
zusammenfassen
$8 \cdot x - 5 = 11$

8. Schreibe als Term mit einer Variablen, und setze dann für die Variable 2 ein. Berechne den Term.

a) Zu einer Zahl wird 9 addiert und die Summe verdoppelt.

b) Vermindere das Dreifache einer Zahl um 3, und multipliziere das Ergebnis mit 8.

9. Schreibe die Gleichung mit Operatoren, und löse sie mit Umkehroperatoren.

a) $x \cdot 3 - 4 = 17$ b) $a : 12 + 8 = 14$ c) $z \cdot 17 - 4 = 47$ d) $y : 9 - 2 = 7$

e) $(b + 5) \cdot 14 = 98$ f) $(x + 4) \cdot 8 - 12 = 60$ g) $(y \cdot 4 - 9) \cdot 6 = 90$ h) $(a + 3) \cdot 4 = 44$

10. Schreibe als Gleichung, und löse sie mit einem Verfahren deiner Wahl.

a) Von einer Zahl wird 8 subtrahiert und das Ergebnis mit 6 multipliziert. Man erhält 30.

b) Das Doppelte einer Zahl wird um 10 vermindert. Verdreifacht man die Differenz, erhält man 24.

11. Erfinde ein Zahlenrätsel mit der Lösung 5.

DIAGNOSETEST

1. a) Gib einen Term für das Gewicht der leeren Tüte an:
Eine Tüte mit Keksen wiegt 187 g. Die Kekse wiegen x Gramm.

b) Gib einen Term für den Gesamtbetrag an:
Der Eintritt ins Schwimmbad kostet für Erwachsene x Euro und für Kinder y Euro. Frau Tibbe bezahlt für sich und ihre 4 Kinder.

2. Berechne den Term für $x = 4$ und $x = -2$. a) $25 - x$ b) $3 \cdot x + 17$

3. Thomas ist x Jahre alt, sein Bruder Till 4 Jahre älter.

a) Welcher Term beschreibt das Alter von Till?

b) Lege eine Tabelle für das Alter beider Kinder an, wenn Thomas 2, 4, 9 und 12 Jahre alt ist.

4. Löse die Gleichung. a) $2 \cdot a + 17 = 29$ b) $8 \cdot y + 13 = -27$

5. Schreibe als Gleichung und löse sie:
Addiert man 9 zum Dreifachen einer Zahl, so erhält man 30.

Wähle weitere 5 Aufgaben aus

1. Ein Rechteck ist x Zentimeter lang und y Zentimeter breit. Welcher Term beschreibt

a) den Umfang, b) den Flächeninhalt des Rechtecks?

2. Ein Rechteck hat die Breite x. Die Länge ist 5 cm größer. Gib einen Term für den Umfang an.

3. Berechne den Term für $x = 7$ und $x = -1$. a) $85 - 28 : x + 4$ b) $17 \cdot (48 - 6 \cdot x) + 14$

4. Eine Schachtel wiegt leer 35 g. Sie wird mit 6 g schweren Pralinen gefüllt. Gib einen Term an für das Gewicht einer Schachtel mit x Pralinen. Lege eine Tabelle an für das Gewicht einer Schachtel mit 20, 24, 30 und 36 Pralinen.

5. Löse die Gleichung. a) $2 \cdot x - 4 + 3 \cdot x + 8 = 19$ b) $(x + 8) : 2 = 7$

6. Verdopple die Summe aus dem Dreifachen einer Zahl und 8, anschließend vermindere das Ergebnis um 7. Welche Terme beschreiben den Rechenvorgang richtig?

① $2 \cdot 3 \cdot x + 8 - 7$ ② $(3 \cdot y + 8) \cdot 2 - 7$ ③ $7 - 2 \cdot 3 \cdot x + 8$

④ $2 \cdot (3 \cdot x + 8) - 7$ ⑤ $2 \cdot (3 \cdot x + 8 - 7)$ ⑥ $(6 \cdot y + 8) - 7$

7. Schreibe die Gleichung, und löse sie:
Zum Fünffachen einer Zahl wird 17 addiert und das Ergebnis mit 3 multipliziert. Man erhält 81.

8. Für 3 Flaschen Limo und 2 Päckchen Erdnüsse zahlt Evin 6,40 €. Eine Flasche Limo kostet 1,20 €. Wie teuer ist ein Päckchen Erdnüsse?

9. Familie Walger mietet für 14 Tage eine Ferienwohnung. Für die Endreinigung zahlen sie einmalig 35 €. Insgesamt lautet die Rechnung auf 623 €. Wie teuer ist die Ferienwohnung pro Tag?

10. Gib einen Term für den Umfang an: a)

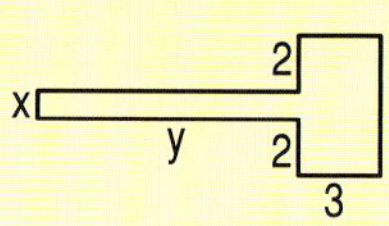

b)

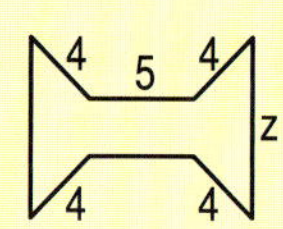

Daten und Zufall

8

LVL

Flugverbindungen von Köln aus

LVL

Eine 7. Realschulklasse aus Braunschweig hat sieben Flugverbindungen von Köln aus hinsichtlich Entfernung und Flugzeit mit einem Tabellenkalkulationsprogramm bearbeitet.

	A	B	C	D
1	Flugstrecke	Karte (cm)	Luftlinie (km)	Flugzeit ( )
2	Köln - Warschau	6,5		
3	Köln - Helsinki			
4	Köln - Algier			
5	Köln - London			
6	Köln - Iraklion			
7	Köln - Budapest			
8	Köln - Paris			

1. Rufe das Tabellenkalkulationsprogramm am Computer auf, und trage die abgebildeten Informationen ein. Miss auf der Landkarte (Nebenseite) die fehlenden Entfernungen, und ergänze die Eintragungen auf den Feldern B3 bis B8.

2. Die Schülerinnen und Schüler in Braunschweig schrieben in das Feld C2: =B2/12,5*1850. Erkläre die Eintragung, und führe sie selbst aus. Klicke anschließend in der Kopfzeile das grüne Zeichen „✔“ an, oder betätige die Eingabetaste „↵“.

3. Klicke nun das Feld C2 unten rechts an, und halte die Maustaste gedrückt. Im Bild ist ein Kreuz zu sehen: 962 ✚

Ziehe das Kreuz ✚ bei gedrückter Maustaste bis C8 nach unten, und lass die Maustaste los. Erkläre die Zahlen in C2 bis C8.

4. a) Alle Arbeitsgruppen haben in das Feld D2 =C2/650 geschrieben. Erkläre den Eintrag, führe ihn selbst aus (einschließlich „✔“), und kopiere ihn von D2 bis D8 nach unten.

b) Mit der vom Computer berechneten Flugzeitangabe waren alle Gruppen unzufrieden. Warum?

c) Drei Gruppen haben D2 bis D8 markiert und dann nacheinander Format → Zellen → Bruch → ... → ok angeklickt. Eine Gruppe hat A2 bis A8 und D2 bis D8 gleichzeitig markiert (Steuerungstaste Strg gedrückt halten!) und das Grafikprogramm über aufgerufen. Erkläre die Tabellen und die Grafik, beurteile sie, und erstelle sie selbst.

D
Flugzeit ( )
1 5/10
2 3/10
2 4/10
8/10
3 4/10
1 5/10
6/10

D
Flugzeit ( )
1 2/4
2 1/4
2 2/4
3/4
3 2/4
1 2/4
2/4

D
Flugzeit ( )
1 1/2
2 1/3
2 2/5
3/4
3 2/5
1 1/2
3/5

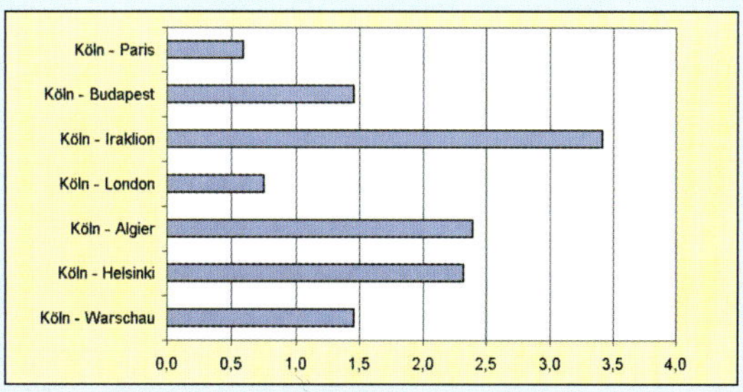

LVL

Die Seriennummern auf den Euro-Scheinen

L	Finnland	R	Luxemburg	V	Spanien
M	Portugal	S	Italien	X	Deutschland
N	Österreich	T	Irland	Y	Griechenland
P	Niederlande	U	Frankreich	Z	Belgien

1. Aus welchen Ländern stammen die abgebildeten Euroscheine?

X06325104242

Buchstabe: Herkunftsland

zehn Ziffern

Prüfziffer, berechnet aus Buchstabe und Ziffern davor

Buchstaben ersetzen durch eine Zahl: A = 11, B = 12, C = 13, ...

2. Welche Zahlen gehören zu den Buchstaben der Länder?

Die Prüfziffer wird nach dem *„Modulus-9-Verfahren"* so berechnet:

M4004787948 ▯ ← gesucht

– M durch 23 ersetzen:

234004787948 ▯

– Diese Zahl (*oder* ihre Quersumme) durch 9 dividieren, ergibt den *Rest* 2

– Rest von 9 subtrahieren: 9 – 2 = 7

M4004787948**7** ← gefunden

3. a) Warum ist es egal, ob man die Zahl *oder* die Quersumme nimmt?

b) Womit ist die Rechnung einfacher?

4. Kontrolliere die Prüfziffern auf den oben abgebildeten Euroscheinen.

5. Woran erkennt man hier, ohne zu rechnen, dass das *keine* Euro-Seriennummer sein kann?
X04508204720

6. Wozu braucht man Seriennummern auf Geldscheinen? Überlege, sprich mit anderen, frage in einer Bank oder Sparkasse.

7. Ändert sich die Prüfziffer, wenn man in der Seriennummer

a) eine einzige Ziffer ändert,

b) zwei Ziffern vertauscht,

c) zwei Ziffern ändert,

d) den Buchstaben ändert?

LVL

Sessellift

1. Herr Izmir Aksakal mit seinen beiden Töchtern Havva und Gülhan und Vanessa mit ihren Eltern Christiane und Thomas Geisinger sind gemeinsam in den Skiurlaub gereist. Am liebsten fahren sie mit dem abgebildeten 6er-Sessellift, der für sie genau „passt". Gleich am ersten Tag beschließen sie, jedes Mal in einer anderen Sitzordnung auf dem Lift Platz zu nehmen.

a) Wie viele verschiedene Sitzordungen gibt es?

b) Die Gruppe beginnt um 10.00 Uhr mit dem Skilaufen, läuft bis 16.00 Uhr und macht von 12.30 bis 13.30 Mittagspause. Fahrten mit dem Sessellift schaffen sie im Abstand von einer halben Stunde (10.00, 10.30, ... 12.00 und 13.30, 14.00 ... 16.00). Wie lange dauert es, bis sie alle möglichen Sitzordnungen jeweils einmal eingenommen haben?

Zur Beantwortung der Frage a) haben Mydia und Gundi mit einer schematischen Zeichnung begonnen. Übertrage sie ins Heft, erkläre sie deiner Nachbarin bzw. deinem Nachbarn, und höre dir deren bzw. dessen Erklärung an. Wenn ihr euch einig seid, dann setzt die Zeichnung fort, bis ihr die Frage a) beantworten könnt.

2. Wie viele verschiedene 9-stellige Zahlen kannst du bilden, wenn in jeder die Ziffern 1, 2, 3, 4, 5, 6, 7, 8, 9 genau einmal auftreten?

3. Auf wie viele verschiedene Weisen kannst du die Buchstaben A, E, K, N, T zu einem „Wort" mit 5 Buchstaben zusammensetzen? Unter den Möglichkeiten gibt es „richtige" Wörter; finde zwei.

4. Sabrina feiert ihren 12. Geburtstag, also brennen auf ihrem Geburtstagskuchen 12 Kerzen. Ihr Bruder Sven schlägt vor: „Du pustest die Kerzen aus, ich zünde sie in anderer Reihenfolge wieder an, du pustest sie aus usw., bis ich die Kerzen in allen möglichen Reihenfolgen angezündet habe." Als Sabrina nach 3 Minuten zum vierten Mal ausgepustet hat, sagt sie: „Oh, das kann dauern!"

Baumdiagramme

Preise	
Rindswurst:	1,00 €
Schweinswurst:	0,80 €
Geflügelwurst:	1,10 €
Brötchen:	0,20 €
Pommes:	1,00 €
Kartoffelsalat:	1,20 €
Cola, Limo, Wasser:	0,80 €

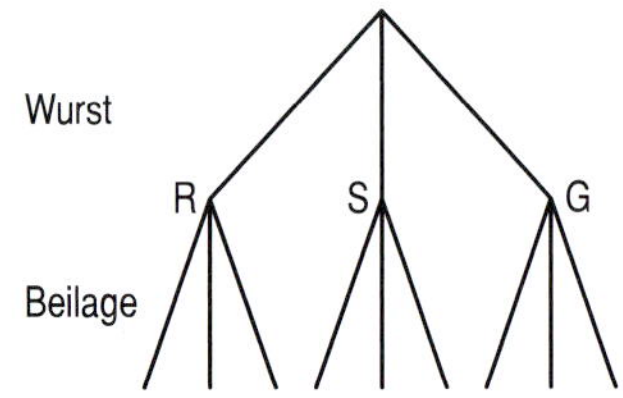

LVL **1.** a) Eva möchte wissen, unter wie vielen Kombinationen Wurst-Beilage sie auswählen kann. Dazu hat sie angefangen, ein *Baumdiagramm* zu zeichnen. Überlege zusammen mit einer Mitschülerin oder einem Mitschüler, wie das Baumdiagramm zu verstehen ist, und zeichnet dann das vollständige Diagramm.

b) Lutz sagt: „Ich möchte aber auch wissen, wie viele Kombinationen möglich sind, wenn man anschließend noch ein Getränk wählt." Ergänzt das Baumdiagramm entsprechend.

2. a) Die Firma Besch stellt MP3-Player mit drei Speicherkapazitäten her (4 GB, 20 GB und 40 GB). Alle Geräte kann man in den Farben Weiß, Pink, Blau und Silber bestellen. Wie viele Möglichkeiten der Auswahl gibt es? Zeichne ein Baumdiagramm.

b) Wie viele Möglichkeiten gibt es, wenn man zusätzlich die Wahl unter drei verschiedenen Kopfhörermodellen hat?

3. a) Andrea liebt Müsli zum Frühstück. Sie hat Schoko-, Früchte-, Knusper- und Vollkornmüsli. Sie isst ihr Müsli entweder mit Milch, Joghurt oder Quark. Wie viele Tage kann sie so unterschiedlich frühstücken?

b) Wie viel Möglichkeiten sind es, wenn sie dem Müsli noch wahlweise Himbeer- oder Sanddornsirup hinzufügt?

4. Bärbel möchte ein T-Shirt kaufen und bedrucken lassen. Die T-Shirts gibt es in den Farben Weiß, Schwarz und Rot. Zum Bedrucken gibt es fünf Bilder und sechs Sprüche, die Bärbel gut findet. Unter wie vielen Kombinationsmöglichkeiten hat Bärbel die Qual der Wahl? Zeichne ein Baumdiagramm.

LVL **5.** Erfinde zum Baumdiagramm eine passende Sachgeschichte.

a)

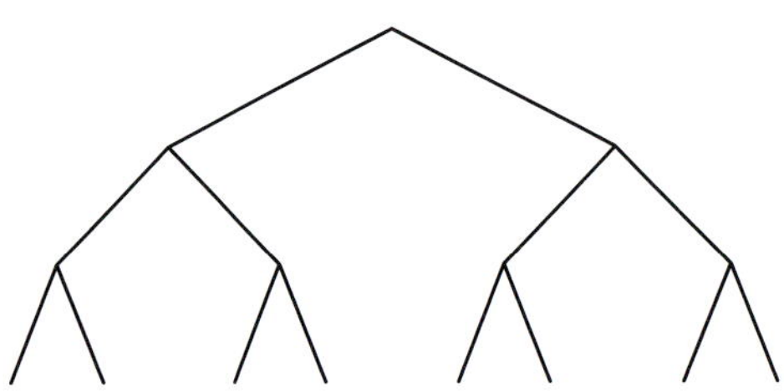

b)

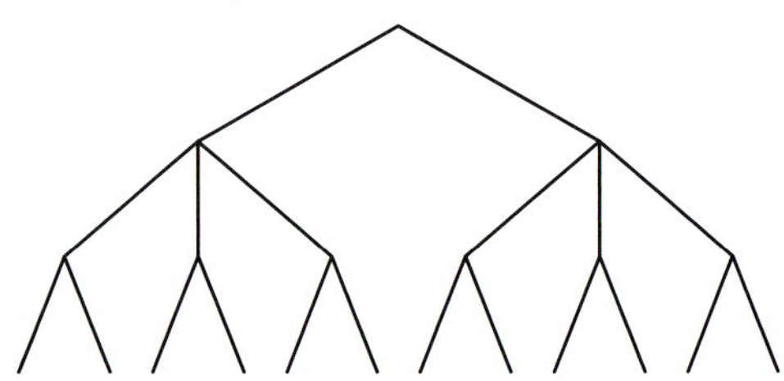

6. a) Gerhard besitzt ein Zahlenschloss mit fünf Rädern mit den Ziffern von 0 bis 9. Er hat leider die eingestellte Geheimnummer vergessen. Wie viele Stunden würde er benötigen, um alle Kombinationsmöglichkeiten auszuprobieren, wenn er für jede Einstellung 3,6 Sekunden braucht? Ist es sinnvoll, die Lösung mit einem Baumdiagramm zu versuchen?

b) Wie lange würde er bei einem Zahlenschloss mit vier solcher Ziffernräder brauchen? Versuche, die Lösung mit möglichst wenig Rechenaufwand zu finden.

LVL **7.** Wie viele vierstellige Zahlen gibt es? Vergleiche deinen Lösungsweg mit anderen.

Mittelwert (Durchschnitt)

LVL **1.** Wie groß ist Max? Überlege zusammen mit deinem Nachbarn oder deiner Nachbarin, und begründet eure Meinung mit einer Rechnung.

LVL **2.** Gruppenarbeit: Erstellt ein Lernplakat, das erklärt, wie man den Mittelwert berechnet. Euer Plakat soll ein bildlich dargestelltes Beispiel enthalten.

3. Weitsprungtraining. Die zwei mit dem besten Durchschnitt fahren zur Meisterschaft.

a)

Andy	**Boris**	**Chris**	**Dany**
4,62 m	4,73 m	4,30 m	4,95 m
4,89 m	4,19 m	4,91 m	4,39 m
4,91 m	4,65 m	4,55 m	5,02 m
4,17 m	4,73 m	4,25 m	4,14 m
4,09 m	4,83 m	4,27 m	4,45 m

b)

Erni	**Flori**	**Goran**	**Heini**
4,75 m	4,51 m	5,01 m	4,13 m
4,27 m	4,27 m	4,11 m	4,75 m
5,06 m	4,38 m	4,89 m	4,71 m
4,41 m	4,97 m	4,43 m	4,25 m
4,96 m	4,32 m	4,36 m	4,97 m

4. Beim Skispringen zählt außer der Weite auch die Haltung beim Sprung. Sie wird von 5 Punktrichtern mit 0 bis 20 Punkten bewertet.

Jörg:	14	20	15	13	16
Torben:	8	12	10	13	4
Olaf:	17	2	18	17	14

a) Wer hat den besten Punktedurchschnitt?

b) Bei Wettkämpfen werden der beste und der schlechteste Wert gestrichen, und nur vom Rest wird der Mittelwert berechnet. Wer hat jetzt die beste Punktwertung?

LVL c) Warum werden zwei Werte gestrichen?

5. Frau Wolf hat unregelmäßige Einkünfte. Leider sind die Einnahmen von November und Dezember unleserlich. Von Frau Wolf haben wir zwei Informationen erhalten: Sie hat monatlich im Durchschnitt 694 € verdient, und im Dezember hat sie 201 € mehr verdient als im November.

Januar	Februar	März	April	Mai	Juni
540 €	724 €	645 €	563 €	824 €	715 €
Juli	August	September	Oktober	November	Dezember
774 €	865 €	623 €	568 €	€	€

LVL

Rund ums Glücksrad

Anna	04894	78165
	45674	12091
	28121	46494
	39237	26409
	44031	11852
	62899	83919
	91173	04467
	09562	69913
	16812	54367
	22138	69276
Beate	19709	93671
	26931	58271
	47319	69337
	64764	32681
	29192	94654
	28738	76199
	65704	18570
	93858	65180
	21614	71214
	43135	94226
Carsten	06460	94813
	49784	40281
	50539	16397
	87515	97569
	80679	79885
	48733	30723
	24048	91413
	88140	55546
	22504	25301
	09969	27511
Daniel	81404	80588
	74193	32203
	41427	16091
	67754	74294
	49900	53159
	62845	20159
	94510	33890
	42380	64570
	24707	85244
	80371	81121
Eva	79147	50318
	70920	78485
	55199	57361
	75151	09946
	12490	38391
	69867	79467
	69438	32447
	35259	55322
	43741	70647
	57352	31314

LVL

1.

Ziffer	0	1	2	3	4	5	6	7	8	9
geschätzte Häufigkeit										

2.

Einnahmen:	Einsatz mal Anzahl Spiele
Ausgaben:	Hauptpreis mal Anzahl „1“
	Trostpreis mal Anzahl „2, 3, 5, 7“
in der Kasse:	

3.

Annas Spiele

Ziffer	Anzahl (𝍸) Für jedes Vorkommen der Ziffer ein „I“	Anzahl
0	𝍸 I	6
1	𝍸 𝍸 𝍸	15
2	𝍸 𝍸 II	12
3	𝍸 III	8
4	𝍸 𝍸 III	13
5	𝍸	5
6	𝍸 𝍸 II	12
7	𝍸 II	7
8	𝍸 III	8
9	𝍸 𝍸 IIII	14
Summe:		100

4.

	0	1	2	3	4	5	6	7	8	9
Anna	6	15	12	8	13	5	12	7	8	14
Beate										
Carsten										
Daniel										
Eva										
abs. H.										
rel. H.										

$\frac{\text{absolute Häufigkeit}}{500}$ = relative Häufigkeit

5.

Einnahmen:	
Ausgaben:	
in der Kasse:	

Wahrscheinlichkeit

LVL **1.** Beurteile die Vorschläge in den Abbildungen. Welche sind „fair"?

Bei einem Zufallsversuch mit gleichwahrscheinlichen Ausfällen ist p die **Wahrscheinlichkeit eines Ereignisses.**

$$p\ (\text{Ereignis}) = \frac{\text{Anzahl der günstigen Ausfälle}}{\text{Anzahl aller möglichen Ausfälle}}$$

Die Wahrscheinlichkeit gibt an, wie groß die relative Häufigkeit für ein Ereignis ungefähr sein wird, wenn man den Zufallsversuch sehr oft wiederholt.

Würfeln mit einem fairen Würfel: Es sind sechs Ausfälle (Augenzahlen) möglich. Zwei davon sind günstig für das Ereignis „5 oder 6".

Wahrscheinlichkeit für 5 oder 6:

$p\ (5 \text{ oder } 6) = \frac{2}{6} = \frac{1}{3} \approx 0{,}33 = 33\%$

2. Bestimme für einen fairen Würfel die Wahrscheinlichkeit.

a) p (1 bis 3) b) p (gerade Zahl) c) p (keine 6) d) p (weder 1 noch 6)

3. Das Glücksrad mit den Ziffern 0 bis 9 wird gedreht. Bestimme die Wahrscheinlichkeit.

a) p (3 bis 7) b) p (ungerade Zahl) c) p (keine 0) d) p (Teiler von 12)
e) p (Primzahl) f) p (keine Primzahl) g) p (höchstens 3) h) p (mindestens 3)

4. In einer Klasse mit 24 Schülerinnen und Schülern gibt jeder einen Zettel mit seinem Namen in eine Kiste. Es wird gemischt und dann ein Zettel gezogen. Mit welcher Wahrscheinlichkeit ist es der Name

a) von einem der 16 Mädchen, b) von einem der 6 ausländischen Jungen und Mädchen?

5. Gut mischen, und dann eine Kugel ziehen. Mit welcher Wahrscheinlichkeit ist es eine weiße?

a)  b) 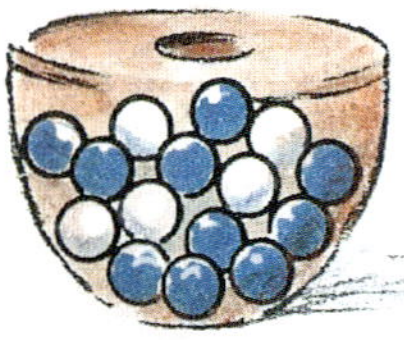 c)  d) 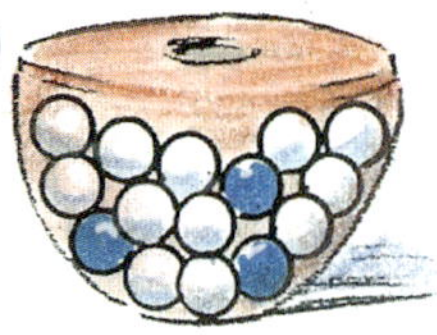

6. a) Wie viele Flächen eines Würfels sind rot zu färben, damit die Wahrscheinlichkeit für das Ereignis „rot" zwei Drittel ist?

LVL b) Kann man den Würfel auch so färben, dass die Wahrscheinlichkeit $p\ (\text{rot}) = \frac{1}{4}$ ist?

7. a) Eine Münze wird 3 000-mal geworfen. Wie oft ungefähr erwartest du „Wappen"?

b) Ein Würfel wird 3 000-mal geworfen. Wie oft ungefähr erwartest du „1 oder 6"?

c) Ein Glücksrad mit zehn gleichen Feldern für die Ziffern 0 bis 9 wird 3 000-mal gedreht. Wie oft ungefähr erwartest du eine Primzahl?

TIPP
Primzahlen haben genau zwei Teiler.

8. Aus einem gut gemischten Skatspiel (32 Karten) wird eine Karte blind gezogen. Mit welcher Wahrscheinlichkeit ist es

a) eine rote Karte; b) eine Kreuz-Karte;
c) eine Dame; d) keine Dame;
e) ein Bube oder König; f) die Pik-Zehn;
g) ein rotes As; h) eine 7, 8, 9 oder 10?

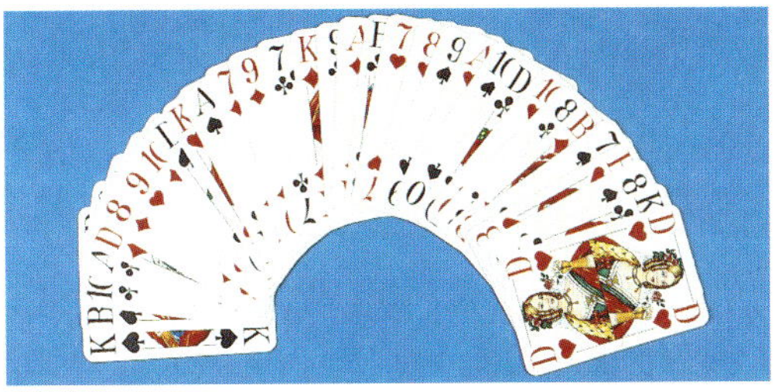

9. In einer Schachtel liegen gut gemischt hundert Zettel mit den Zahlen von 1 bis 100. Ein Zettel wird blind gezogen. Mit welcher Wahrscheinlichkeit ist es

a) eine Zahl mit zwei gleichen Ziffern; b) eine Zahl mit zwei verschiedenen Ziffern;
c) eine zweistellige Zahl ohne 0 als Ziffer; d) eine Zahl mit zwei ungeraden Ziffern;
e) eine durch 9 teilbare Zahl; f) eine nicht durch 9 teilbare Zahl;
g) eine Zahl ohne 7 als Ziffer; h) eine durch 4 teilbare Zahl?

LVL **10.** Rot gewinnt, und du bist dran. Wäre es dir egal, mit welchem der beiden Würfel oder Glücksräder du spielen müsstest? Begründe deine Meinung.

a)

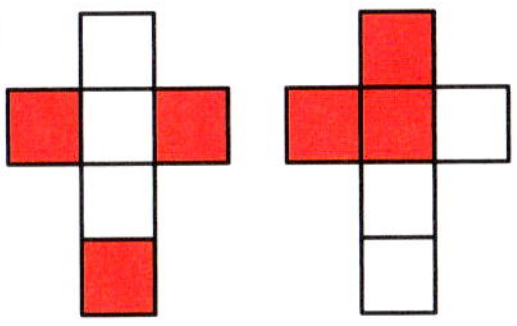

b)

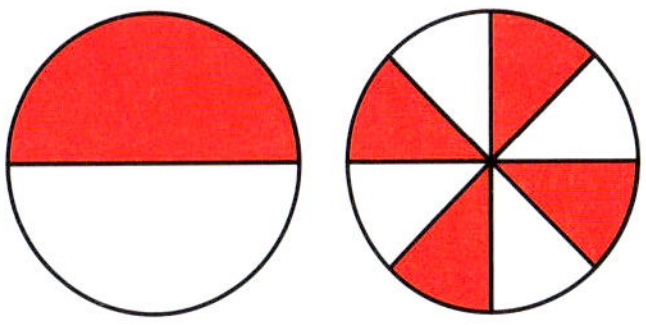

11.

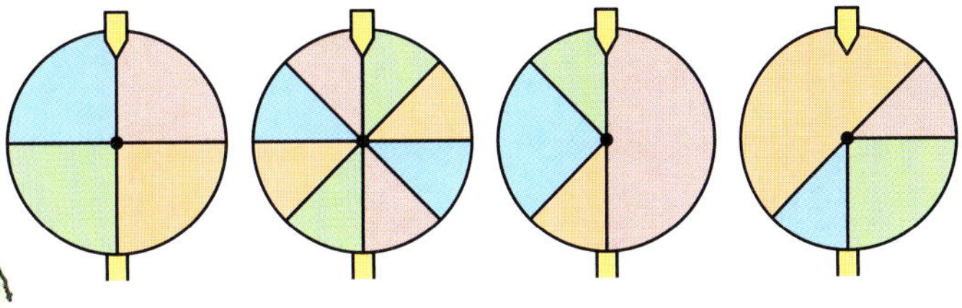

LVL **12.** Auf dem Tisch stehen verkehrt herum drei Tassen, außerdem liegt ein 2-€-Stück bereit. Du musst dich umdrehen, und ein Spielleiter versteckt das Geldstück unter einer Tasse. Danach darfst du auf eine Tasse tippen.

a) Mit welcher Wahrscheinlichkeit tippst du auf die Tasse mit dem Geldstück und gewinnst?

b) Der Spielleiter ändert die Regel: Nachdem du auf eine Tasse getippt hast, dreht er eine andere Tasse um, unter der die 2-€-Münze nicht liegt. Danach darfst du entscheiden, ob du bei deiner ursprünglichen Tasse bleibst oder zur dritten Tasse wechselst.

- Wie hoch ist die Gewinnwahrscheinlichkeit, wenn du bei deiner Tasse bleibst?
- Wie hoch ist die Gewinnwahrscheinlichkeit, wenn du zur dritten Tasse wechselst?
- Vergleiche deine Ansicht mit der von Mitschülerinnen und Mitschülern, und überprüft eure Meinungen durch eine große Anzahl von Versuchen in Gruppen von je 3 Personen. Stellt die relativen Häufigkeiten des Gewinnens bei „Bleiben" und bei „Wechseln" grafisch dar.

Bleib FIT!

Die Ergebnisse der Aufgaben ergeben die Namen leckerer Speisen aus Süddeutschland.

1. a) Wie viele Minuten brauchst du, um eine 1 Mio. Millimeter lange Strecke zu gehen?
▢ 1 ▢ 10 ▢ 60

b) Wie viele Personen können auf einem Quadrat mit 1 Mio. mm^2 Flächeninhalt stehen?
▢ 3 ▢ 30 ▢ 300

c) Wie viele Tennisbälle haben Platz in einer Schachtel mit 1 Mio. mm^3 Rauminhalt?
▢ 1 ▢ 10 ▢ 20

2. Welche Figur entstand aus (11) durch Spiegelung?

3. Berechne die fehlende Zahl.

a) 12 · ▢ = 1044 b) ▢ · 18 = 2790

4. Berechne den Winkel, notiere die Gradzahl.

a)
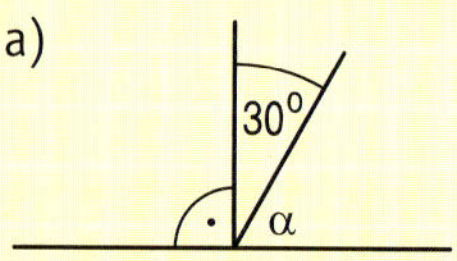

b)
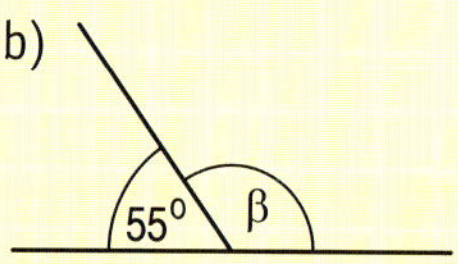

5. Ergänze die fehlende Ziffer.

a) 5758▢ ist durch 5 teilbar.

b) 3467▢ ist durch 9 teilbar.

c) 5762▢ ist durch 2 und durch 3 teilbar.

6. Eine Pyramide mit quadratischer Grundfläche passt genau auf eine Fläche eines Würfels und wird dort festgeklebt. Bestimme für den neuen Körper die Anzahl der

a) Ecken, b) Kanten, c) Flächen.

7. Wie viele kreisrunde Scheiben von 2 cm Radius kann man aus einem quadratischen Stück Pappe von 20 cm Kantenlänge höchstens ausschneiden?

8. Rechne ohne Taschenrechner.

a) 2 : 500 b) 0,02 · 3

c) 0,16 : 2 d) 0,25 · 8

0	M
0,004	C
0,06	H
0,08	E
0,4	K
0,6	W
0,8	R
1	A
2	N
3	P
4	U
5	M
7	A
9	A oder L
9	A oder L
10	S
14	V
16	T
20	O
22	U
25	S
30	B
33	E
44	G
55	I
60	L
87	T
125	E
155	Z
300	D

Hausaufgaben

LVL

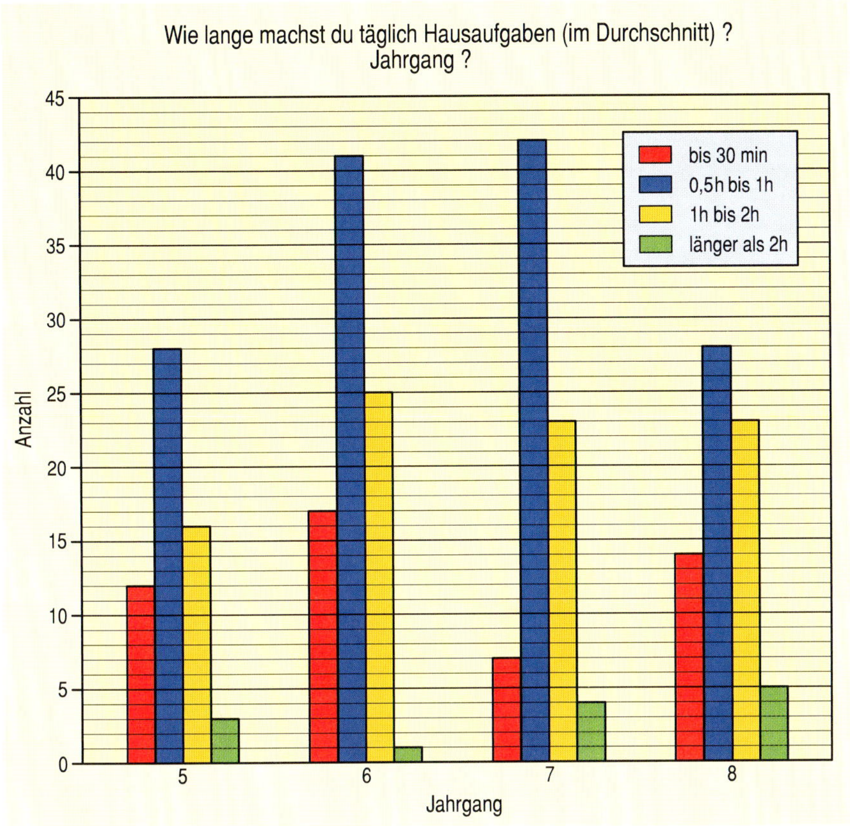

Konferenzbeschluss
Hausaufgaben sollen so bemessen sein, dass sie, bezogen auf den einzelnen Tag, in folgenden Arbeitszeiten erledigt werden können: für die Klassen 5 und 6 in 60 Minuten, für die Klassen 7 bis 10 in 120 Minuten.

1. Zeichne die nebenstehende Tabelle in dein Heft. Lies die Anzahlen am Diagramm ab, und trage sie in deine Tabelle ein.

	bis 30 min	0,5 h bis 1 h	1 h bis 2 h	mehr als 2 h
Jahrgang 5				
Jahrgang 6				
Jahrgang 7				
Jahrgang 8				

2. Wie viele Schülerinnen und Schüler wurden a) in den einzelnen Jahrgängen, b) insgesamt befragt?

3. Berechne für alle Jahrgänge die prozentualen Anteile der einzelnen Antworten.

4. Vergleiche mit dem Konferenzbeschluss. Welcher Prozentsatz aller befragten Schülerinnen und Schüler arbeitet länger als vorgesehen?

5. a) Zeichne zur Tabelle Säulendiagramme wie oben.
b) Zeichne ein Säulendiagramm, das die Antworten aller Schülerinnen und Schüler zeigt.

6. a) Berechne für die Gesamtheit der befragten Schülerinnen und Schüler die Prozentsätze der gegebenen Antworten.
b) Stelle die in a) berechneten Werte in einem Kreisdiagramm dar.

Hörst du Musik bei den Hausaufgaben?					
Jahrgang	5	6	7	8	
immer	3	7	19	16	45
meistens	6	19	27	23	75
selten	25	37	18	27	107
nie	28	27	15	10	80
Summe	62	90	79	76	307

7. Sprich mit deinen Mitschülerinnen und Mitschülern über das Ergebnis dieser Befragung.

LVL

Befragungen mit dem Computerprogramm GrafStat*

Freizeit und Medien

Hallo, mein Name ist ... . ich bin Schüler/in der ... (Schule) in ... (Ort). Wir führen im Rahmen des Unterrichts eine Umfrage zum Thema „Freizeit und Medien bei Jugendlichen" durch. Ich möchte dich bitten, an dieser Umfrage teilzunehmen.

1. Wie viel Stunden Freizeit stehen dir an einem normalen Wochentag im Durchschnitt zur Verfügung; ich meine die Zeit, in der Du machen kannst, was Du willst?

   _______ Stunden

2. Verbringst Du Deine Freizeit meist allein mit dem

Es gibt Computerprogramme, die bei der Durchführung von Fragebogenaktionen hilfreich sind.

Für den Unterricht steht allen Schulen das Programm GrafStat* von Uwe Diener zur Verfügung.

Partnerarbeit: GrafStat-Rallye

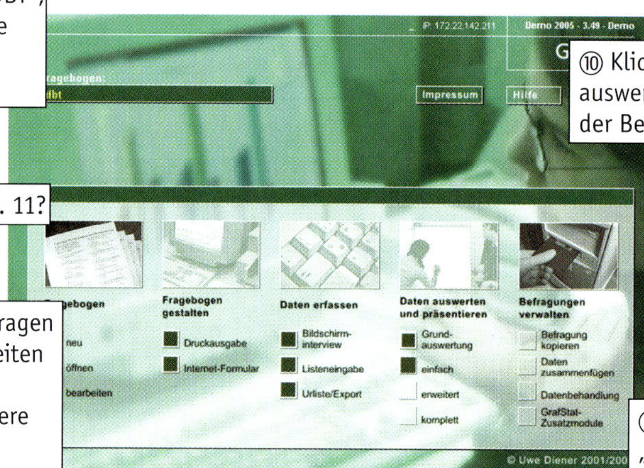

① Starte das Programm, du siehst den Hauptbildschirm.

② Öffne im Ordner „Gleichberechtigung" den Fragebogen „gleichb.DBT", und zeige ihn mit Hilfe der Druckausgabe auf dem Monitor an.

③ Wie lautet Frage Nr. 11?

④ Zusätzlich zu den Fragen und Antwortmöglichkeiten kann man auf einem Fragebogen noch weitere Texte ergänzen. Welchen Button muss man dazu klicken?

⑤ Du möchtest die Schrift im Fragebogen auf dem Monitor vergrößern. Auf welchen Button musst du klicken?

⑥ Lege einen neuen Fragebogen mit dem Namen „Test" an. Welche Fragetypen sind möglich?

⑦ Starte die Hilfefunktion.

⑧ Lies den Hilfetext zu „Fragen eingeben". Wie viele Antwortvorgaben kann man bei Einfach- und Mehrfachwahl machen?

⑨ Öffne die Datei „e-spar.DBT" im Ordner „Sonstige/Energiesparen".

⑩ Klicke auf den Button „Grundauswertung". Wie viel Prozent der Befragten war männlich?

⑪ Gehe zurück zu „Daten auswerten und präsentieren". Klicke auf den Button „komplett".

⑫ Lass dir ein Säulendiagramm zur Auswertung von Frage 1 anzeigen. Welche Farbe hat der Balken für die Antwort „Gymnasium"?

Gruppenarbeit: Fragebogenaktion in deiner Klasse

- Überlegt euch ein interessantes Thema für eure Befragung.
- Sammelt Fragen (ungefähr 10) zum Thema, und legt die Antwortmöglichkeiten fest.
- Erstellt den Fragebogen mit GrafStat.
- Führt eine schriftliche Befragung durch.
- Gebt alle Daten in die Listen ein.
- Druckt Tabellen und Diagramme zur Auswertung eurer Befragung aus.
- Diskutiert das Ergebnis eurer Befragung in der Gruppe.
- Präsentiert das Ergebnis der Befragung vor der Klasse.

*Download unter www.grafstat.de

1. Kemal hat für die Bundesjugendspiele Schlagballweitwurf trainiert. Hier die Ergebnisse: 46,5 m – 42 m – 48,5 m – 39 m – 43 m. Berechne die durchschnittliche Wurfweite.

2. Tanja hat über 50 m folgende Laufzeiten erreicht: 7,8 s – 7,2 s – 8,0 s – 7,7 s – …
Im letzten Lauf hat sie eine Zeit erzielt, so dass der Mittelwert aller 5 Läufe 7,6 s betrug. Wie schnell war sie im letzten Lauf?

3. Das ist der Notenspiegel einer Arbeit. Berechne den Durchschnitt. Runde auf Zehntel.

I	II	III	IV	V	VI
3	5	9	8	4	1

4. Das Glücksrad wird kräftig gedreht. Es bleibt so stehen, dass eine Frucht hinter dem Fenster zu sehen ist. Wie groß ist die Wahrscheinlichkeit, dass diese Frucht

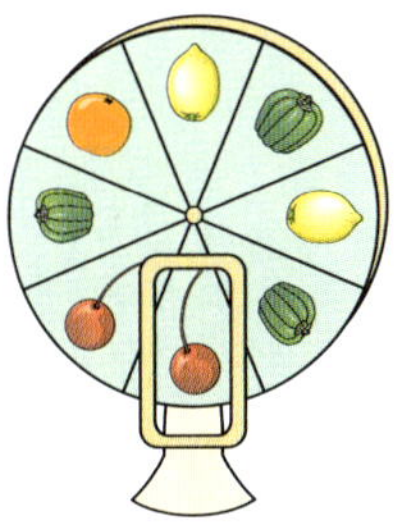

a) eine Paprikaschote, b) eine Kirsche,

c) eine Zitrone, d) eine Orange ist?

5. Wie groß ist die Wahrscheinlichkeit, aus einem Skat-Kartenspiel (32 Karten) zu ziehen:

a) Karte, auf der keine Person zu sehen ist,

b) Karte mit rot gefärbter Person,

c) schwarze Karte mit einer Zahl darauf?

6. Beim Skat haben die Karten folgende Werte.

As	König	Dame	Bube	10	9	8	7
11	4	3	2	10	0	0	0

Wie groß ist die Wahrscheinlichkeit, aus dem Skat-Spiel eine Karte zu ziehen, die nicht mehr als 4 Punkte zählt?

Den **Mittelwert** von Größen berechnet man in zwei Schritten:

① Man addiert alle Größen.

② Man dividiert die Summe durch die Anzahl der Größen.

Beispiel:

I	II	III	IV	V	VI
2	7	11	5	3	1

① $\mathbf{2} \cdot 1 + \mathbf{7} \cdot 2 + \mathbf{11} \cdot 3 + \mathbf{5} \cdot 4 + \mathbf{3} \cdot 5 + \mathbf{1} \cdot 6 = 90$

② $2 + 7 + 11 + 5 + 3 + 1 = 29$
$90 : 29 = 3{,}1034\ldots \approx 3{,}1$

Der Mittelwert wird auch *Durchschnitt* genannt.

Bei einem Zufallsversuch mit gleichwahrscheinlichen Ausfällen berechnet man die **Wahrscheinlichkeit p** für ein Ereignis so:

$$p\ (\text{Ereignis}) = \frac{\text{Anzahl der günstigen Ausfälle}}{\text{Anzahl der möglichen Ausfälle}}$$

Dieser Wert gibt an, wie groß die relative Häufigkeit für ein Ereignis ungefähr sein würde, wenn man den Zufallsversuch sehr oft wiederholt.

Beispiel:
Aus einem Skatspiel (je 4 Könige, Damen, Buben, Asse, 10er, 9er, 8er und 7er; davon jeweils 2 rote und 2 schwarze) wird verdeckt eine Karte gezogen.
Wie groß ist die Wahrscheinlichkeit für das Ergebnis „Auf der Karte ist eine Person abgebildet.“?

Anzahl der günstigen Ausfälle: 12
(4 Könige, 4 Damen, 4 Buben)

Anzahl der möglichen Ausfälle: 32
(alle Karten des Spiels)

$\mathbf{p} = \frac{12}{32} = \frac{\mathbf{3}}{\mathbf{8}} = 0{,}375 \approx 38\ \%$

7. Mit einem fairen Würfel wurde 200-mal geworfen. Die Ergebnisse sind im Diagramm festgehalten.

a) Welcher Mittelwert pro Spiel wurde erreicht, und welchen hätte man erwarten können?

b) Wie oft hätte man die einzelnen Ziffern bei gleicher Wahrscheinlichkeit erwarten können?

c) Wie oft hätte man eine gerade Ziffer erwarten können, und wie oft ist eine gerade Ziffer aufgetreten?

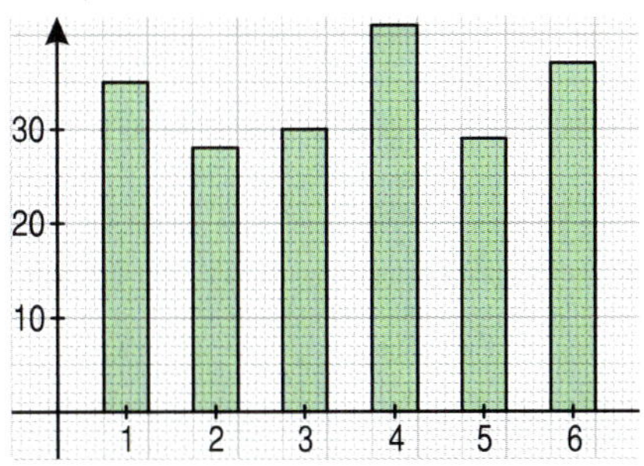

DIAGNOSETEST

1. Berechne den Mittelwert: 2,6 m | 3,2 m | 2,4 m | 3,8 m | 3 m

2. Gib den Zensurendurchschnitt an. Runde das Ergebnis auf Zehntel.

I	II	III	IV	V	VI
3	7	7	6	2	0

3. Wie groß ist die Wahrscheinlichkeit, mit einem fairen Würfel eine „6" zu werfen?

4. Zettel mit den Zahlen von 1 bis 20 sind zu gleichartigen Kugeln zusammengerollt. Wie groß ist die Wahrscheinlichkeit, einen Zettel zu ziehen, auf dem mindestens einmal die Ziffer 2 steht?

5. Andrea hat das Glücksrad sehr oft gedreht und ihre Ergebnisse in einer Strichliste festgehalten.

a) Wie groß ist die Wahrscheinlichkeit für „rot"?

b) Ist bei Andreas Versuchen die relative Häufigkeit für „gelb" größer oder kleiner als die Wahrscheinlichkeit für „gelb"?

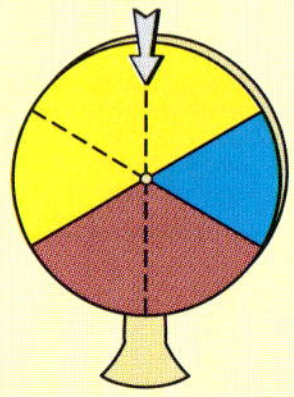

blau	卌 卌 卌 ||||
gelb	卌 卌 卌 卌 卌 卌 卌 卌 卌 ||
rot	卌 卌 卌 卌 卌 卌 ||||

Wähle weitere 5 Aufgaben aus

1. Am 3. Juni wurde alle zwei Stunden die Temperatur gemessen.
Wie hoch war die Durchschnittstemperatur an diesem Tag?

Uhrzeit	0.00	2.00	4.00	6.00	8.00	10.00	12.00	14.00	16.00	18.00	20.00	22.00
Temp. (°C)	12,2°	11,3°	10,9°	11,1°	12,6°	15,1°	19,4°	22,7°	21,9°	19,4°	17,6°	14,5°

2. Frank hat bei 6 Sprüngen einen Mittelwert von 4,35 m erreicht. Die ersten 5 Sprünge waren: 4,20 m – 4,70 m – 3,95 m – 4,45 m – 4,10 m. Wie weit war der letzte Sprung?

3. Der abgebildete Kreisel wird gedreht, bis er schließlich seitwärts auf einer Kante liegt. Das Versuchsergebnis ist die zur Kante gehörende Farbe. Wie groß ist die Wahrscheinlichkeit, dass

a) das Ergebnis nicht „rot" ist,

b) das Ergebnis „gelb" oder „rot" ist?

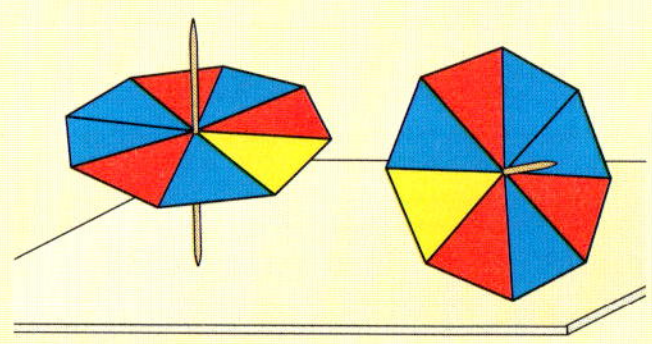

4. Wie groß ist die Wahrscheinlichkeit, aus einem Skatspiel ein schwarzes Ass zu ziehen?

5. Sabrina hat das abgebildete Glücksrad 80-mal gedreht und 35-mal eine Primzahl als Ergebnis erhalten.

a) Wie groß war die relative Häufigkeit für das Ergebnis „Primzahl"? Schreibe als Bruch und als Prozentsatz.

b) Wie groß ist die Wahrscheinlichkeit für das Ergebnis „Primzahl"? Schreibe als Bruch und als Prozentsatz.

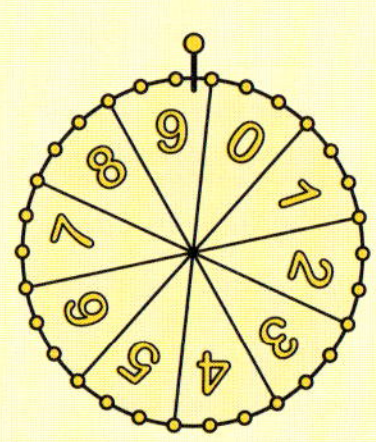

6. An 4 Tagen gab Andreas jeweils mindestens 2,50 € und höchstens 6 € pro Tag aus. Im Durchschnitt hat er 4 € ausgegeben. Gib zwei Möglichkeiten für die Ausgaben an.

Taschenrechner

1. Wie viele Ziffern kann dein Taschenrechner anzeigen? Hat er eine Vorzeichentaste?

2. Prüfe die Ergebnisse mit deinem Taschenrechner.

a) 123 + 789 = 912
912 − 789 = 123

b) 45 · 369 = 16 605
16 605 : 369 = 45

c) 852 − 741 = 111
159 159 : 159 = 1001

d) 246 246 : 123 = 2002
3003 · 123 = 369 369

3. *Vorsicht,* beim Eintippen keine Ziffern vertauschen! Ursel hat das nicht beachtet und aus Versehen zwei Ziffern vertauscht. Findest du heraus, was Ursel tatsächlich gerechnet hat?

a) 23 · 15 = 480 *f* b) 125 + 357 = 572 *f* c) 357 − 159 = 216 *f*
d) 1623 : 68 = 24 *f* e) 42 568 + 14 216 = 56 874 *f* f) 5472 · 49 = 514 368 *f*

4. Wenn du richtig rechnest, treten in jeder Gleichung alle Ziffern 1, 2, … 9 auf.

a) 4 · 1963 = ■ b) 198 · 27 = ■ c) 12 · 483 = ■ d) 9 · 3607 · 3803 = ■

5. a) Zweiundsiebzig mal achtzehn b) fünfzehntausend durch zwölf
c) Siebenundzwanzig plus einundachtzig d) elftausend minus neunhundert

6. Zur Probe kannst du zweimal rechnen. Schneller geht es meistens durch „Rückwärtsrechnen“ für die Umkehraufgabe.

a) 159 · 63 b) 1245 : 15 c) 17,26 · 3,5 d) 767 676 : 76

17 [×] 54 [=] 918
918 [÷] 54 [=] 17

7. Schreibe die Aufgabe mit dem Ergebnis auf. Kontrolliere durch Rückwärtsrechnen.

a) 357 $\xrightarrow{+753}$ ● b) 951 $\xrightarrow{-159}$ ● c) 6,02 $\xrightarrow{\cdot 3{,}5}$ ● d) 54,12 $\xrightarrow{:12}$ ●

8. Berechne durch Rückwärtsrechnen. Schreibe wie im Beispiel.

a) ● $\xrightarrow{\cdot 31}$ 1457 b) ● $\xrightarrow{:147}$ 258 c) ● $\xrightarrow{:1{,}23}$ 0,456

● $\underset{:13}{\overset{\cdot 13}{\rightleftarrows}}$ 754
754 : 13 = 58
58 · 13 = 754

9. Das Vorzeichen „−“ (minus) liefert die [+/−]-Taste oder die [+⇄−]-Taste.
Rechne, und teste dein Kopfrechnen-Können und deinen Taschenrechner.

a) − 10 + 20
10 + (− 20)
10 − (− 20)

b) 6 · (− 1,2)
− 6 · 1,2
− 6 · (− 1,2)

c) 7,5 : 1,5
7,5 : (− 1,5)
− 7,5 : (− 1,5)

d) − 2 · (− 3) − (− 4)
− 2 · 3 + (− 4)
2 · (− 3) + (− 4)

LVL **10.** Erforsche, was die %-Taste deines Taschenrechners leistet, z. B. mit Aufgaben wie:
① Wie viel % sind 5 von 50? ② Wie viel sind 50 plus 10 % von 50?
③ Was liefert die Tastenfolge 100 [+] 10 [%], was liefert 100 [+] 10 [%] [−] 10 [%]?

Rechenketten mit und ohne Klammern

Aufgabe	Tastenfolge und Ergebnis (auf Hundertstel gerundet)
$5 \cdot 4 + 3 - 2 : 6$	5 [×] 4 [+] 3 [−] 2 [÷] 6 [=] 22,66... ≈ 22,67
$5 \cdot (4 + 3) - 2 : 6$	5 [×] [(] 4 [+] 3 [)] [−] 2 [÷] 6 [=] 34,66... ≈ 34,67
$(5 + 4) : 3 + 2 : 6$	[(] 5 [+] 4 [)] [÷] 3 [+] 2 [÷] 6 = 3,33... ≈ 3,33
$\frac{2+3}{4+5} + 6$	[(] 2 [+] 3 [)] [÷] [(] 4 [+] 5 [)] [+] 6 [=] 6,555... ≈ 6,56

Hier kann man Klammern setzen; sonst wird „Punktrechnung vor Strichrechnung" gerechnet.

1. Rechne mit deinem Taschenrechner. Kontrolliere durch Kopf- und Überschlagsrechnen.

a) $6 \cdot 7 - 8 + 16$ b) $19 \cdot 3{,}8 - 2{,}2 + 30$ c) $90 : 12 + 7{,}5 - 15$
d) $5{,}2 : 4 + 3{,}7 - 5$ e) $85{,}6 : 5 + 2{,}88 - 10$ f) $9{,}9 \cdot 50 - 95 + 100$

2. Runde auf Hundertstel, wenn nötig. Kontrolle mit Überschlagsrechnen.

a) $8 \cdot (17 + 9) - 8$ b) $20 - 16 : 3$ c) $(15 - 3{,}78) : 3 + 9{,}8$
d) $(8 + 17) : 6 - 4$ e) $2{,}3 + (4{,}5 + 6{,}7) \cdot 8{,}9$ f) $5{,}1 \cdot (3{,}7 - 4{,}9) + 10{,}5$
g) $2 : 3 + 4 : 5 + 6 : 7$ h) $(3{,}7 + 5{,}1) : 9 - 0{,}5$ i) $0{,}9 - (1{,}4 + 4{,}1) : 7$

TIPP
Nächste Ziffer 0, 1, 2, 3 oder 4 abrunden, sonst aufrunden.

3. a) $1{,}75 \cdot 3{,}45 + \frac{2}{3}$ b) $14{,}5 \cdot 41{,}6 - \frac{125}{6}$ c) $\frac{2}{3} \cdot 4{,}5 - 3$
d) $(3{,}91 - 1{,}35) : 4 - \frac{4}{5}$ e) $12 \cdot (45{,}3 - 25{,}6) : 7{,}8$ f) $\frac{3}{7} \cdot 4{,}9 - \frac{4}{9}$

4. a) $\frac{16 + 18}{0{,}5}$ b) $\frac{5}{1{,}3 + 7{,}7}$ c) $\frac{37 \cdot 3}{333 + 666}$ d) $\frac{56}{3 \cdot 333}$ e) $\frac{12 + 13}{1{,}4 + 1{,}5} + 16$

5. Welcher Term hat dasselbe Ergebnis wie die Operatordarstellung?

a) $6 \xrightarrow{+14} \xrightarrow{\cdot 5} \xrightarrow{:4}$ ● b) $6 \xrightarrow{\cdot 14} \xrightarrow{+5} \xrightarrow{+4}$ ●
c) $6 \xrightarrow{\cdot 14} \xrightarrow{:5} \xrightarrow{\cdot 4}$ ● d) $6 \xrightarrow{\cdot 14} \xrightarrow{:5} \xrightarrow{+4}$ ●

① $\frac{6 \cdot 14}{5} + 4$ ② $(6 + 14) \cdot \frac{5}{4}$
③ $6 \cdot \frac{14}{5} \cdot 4$ ④ $6 \cdot 14 + 5 + 4$

6.

Frankfurt/Main (Februar 2004)

Zahlen die beeindrucken: 458 865-mal landete oder startete 2003 auf dem Frankfurter Flughafen ein Passagier- oder Frachtjet. Gut 1,5 Mio. Tonnen Fracht wurden umgeschlagen; knapp 48,4 Millionen Passagiere verließen Frankfurt über den Flughafen oder kamen dort an.

a) Berechne die Anzahl der Starts und Landungen pro Tag, pro Stunde und pro Minute.
b) Berechne das Frachtgewicht (Tonnen), das täglich bzw. stündlich transportiert wurde.
c) Berechne die Zahl der Passagiere, die täglich und pro Sekunde den Flughafen verließen oder dort ankamen.

Gesamtzahl pro Jahr
[÷] 365 [=] ... pro Tag
[÷] 24 [=] ... pro Stunde
[÷] 60 [=] ... pro Minute
[÷] 60 [=] ... pro Sekunde

LVL **7.** Welcher (periodische) Dezimalbruch ist es? Was entdeckst du hier?

a) $\frac{1}{9}, \frac{2}{9}, \ldots, \frac{8}{9}$ b) $\frac{1}{99}, \frac{23}{99}, \frac{40}{99}, \frac{98}{99}$ c) $\frac{5}{999}, \frac{67}{999}, \frac{980}{999}, \frac{998}{999}$ d) $\frac{246}{9999}, \frac{406}{9999}, \frac{1020}{9999}, \frac{9998}{9999}$,

LVL **8.** Hat dein Taschenrechner eine Speichertaste [STO], mit der man Zwischenergebnisse speichern kann? Erkundet in Partnerarbeit, wie man gespeicherte Zahlen wieder in die Anzeige bringt.

Spielen, Staunen und Entdecken mit dem TR

LVL

1. a) Du hast sicher eine „Lieblingsziffer“. Multipliziere sie mit 37 und das Ergebnis mit 3. Was stellst du fest?

b) Übertrage die Tabelle in dein Heft, und fülle sie aus.

multipliziere die Zahl	2	3	4	5	6	7	8	9
mit 37 und 3				555				
mit 11 und 101								
mit 41 und 271								

2. Wähle eine 2-, 3- bzw. 4-stellige Zahl. Was erkennst du im Ergebnis?

a) (2-stellige Zahl) $\xrightarrow{\cdot 101}$ (??)

b) (4-stellige Zahl) $\xrightarrow{\cdot 73}$ ▢ $\xrightarrow{\cdot 137}$ (????)

c) (3-stellige Zahl) $\xrightarrow{\cdot 7}$ ▢ $\xrightarrow{\cdot 11}$ ▢ $\xrightarrow{\cdot 13}$ (???)

3. Wähle eine natürliche Zahl zwischen 3 und 27 (z. B. 13).
Multipliziere sie mit 37 (ergibt im Beispiel 481).
Setze im Ergebnis die erste Ziffer nach hinten (ergibt im Beispiel 814).
Kannst du die neue Zahl ohne Rest durch 37 teilen (ergibt im Beispiel 814 : 37 = ▢)?

4. Rechne aus, und setze fort. Was fällt dir auf?

a) 1 · 1 | 11 · 11 | 111 · 111 | ...

b) 1 · 8 + 1 | 12 · 8 + 2 | 123 · 8 + 3 | ...

c) 1 · 9 + 2 | 12 · 9 + 3 | 123 · 9 + 4 | ...

d) 9 · 9 + 7 | 98 · 9 + 6 | 987 · 9 + 5 | ...

5. Rechne, genau und nicht gerundet, teilweise im Kopf und teilweise mit dem Taschenrechner wie im Beispiel.

a) 1200 · 340 · 560 · 890 b) 3 700 · 40 000 · 70
c) 1000 · 147 000 · 85 200 d) 1300 · 7 060 · 200
e) 180 · 97 000 · 2 500 f) 1590 · 1000 · 35
g) 2 050 · 67 000 · 900 h) 750 · 803 · 2 060

10 · 365 · 24 · 60 · 60
= 365 · 24 · 6 · 6 · 1000
365 ⊠ 24 ⊠ 6 ⊠ 6 ⊟
Ergebnis: 315 360 · 1000
= 315 360 000

6. Wie weit kommst du mit dem Taschenrechner?

a) 123 · 10 · 10 · 10 · ...
2 468 · 100 · 100 · 100 · ...
100 · 200 · 300 · 400 · ...

b) 987 : 10 : 10 : 10 : ...
4 318 : 100 : 100 : 100 : ...
5 412 : 1000 : 1000 : 1000 : ...

Bearbeite alle 10 Aufgaben.

1. Tina ist $9\frac{1}{2}$ Jahre alt, ihr Vater ist dreimal so alt. Wie alt ist Tinas Vater?

2. Ein Krug enthält $1\frac{1}{2}$ Liter Saft. Wie viele $\frac{1}{4}$ *l*-Gläser lassen sich damit füllen?

3. a) Die Pacht einer Lagerhalle kostet für 7 Monate 3 850 €. Wie viel kostet sie in einem Jahr?

b) 3 m Gartenzaun kosten im Baumarkt 25,50 €. Herr Schemberg zahlt 102,00 €. Wie viel Meter Gartenzaun hat er gekauft?

4. a) Bei 1,20 m Schnittbreite muss der Rasenmäher genau 80 Bahnen fahren, um die rechteckige Rasenfläche zu mähen. Wie viele Bahnen sind es für einen Mäher mit nur 60 cm Schnittbreite?

b) Drei Maschinen erledigen einen Auftrag in 12 Tagen. Wie viele Maschinen muss man einsetzen, wenn der Auftrag in 8 Tagen erledigt werden soll?

5. a) Von den 125 Mitgliedern eines Tennisvereins sind 20 % älter als 50. Wie viele Mitglieder sind das?

b) Von den 28 Kindern einer Schulklasse haben 21 zusätzlichen Unterricht für ein Musikinstrument. Wie viel Prozent sind das?

6. Ein Rechteck mit a = 4 cm und b = 5 cm ist durch die Mittelsenkrechten der Rechteckseiten in vier gleich große Teilflächen zerlegt.

a) Zeichne das Rechteck mit den Mittelsenkrechten seiner Seiten.

b) Wie groß ist der Flächeninhalt einer der vier Teilflächen des Rechtecks?

7. Berechne den fehlenden Winkel.

a)

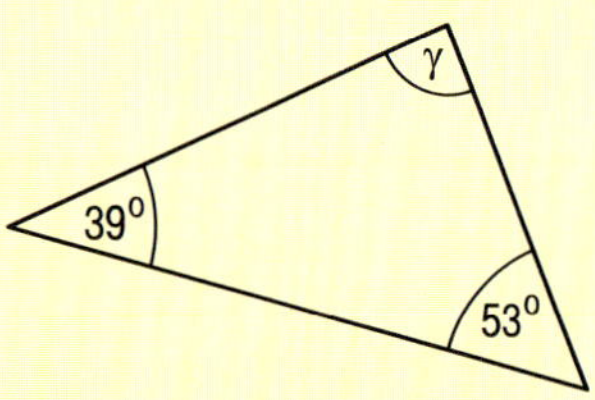

b)

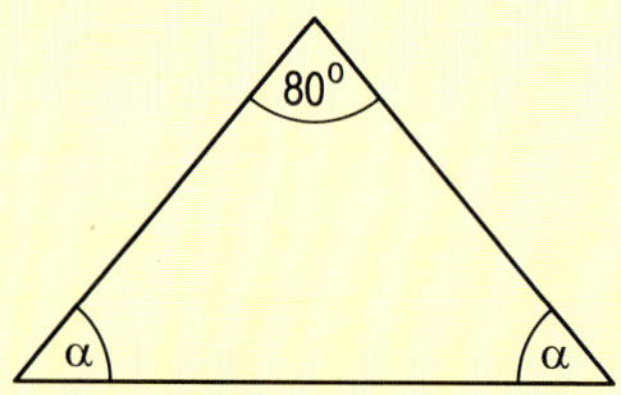

8. Berechne die Größe der Rasenfläche.

a)

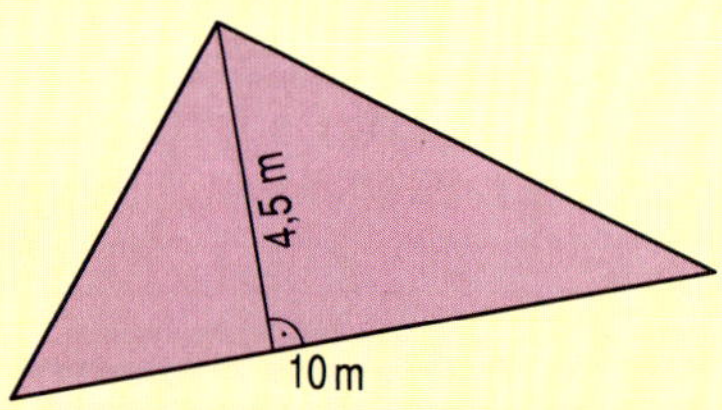

b)

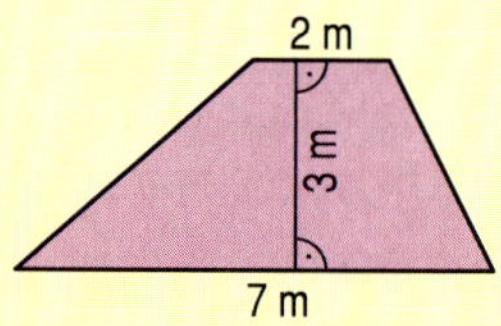

9. Eine quaderförmige Pappschachtel für Reis ist 19 cm hoch, 15 cm breit und 4,5 cm tief.

a) Berechne das Volumen der Schachtel.

b) Berechne die Oberfläche der Schachtel.

10. Löse die Gleichung:

a) $6 \cdot x + 14 = 41$

b) $(x + 7) : 3 = 6$

Wähle weitere 10 Aufgaben dieser oder der folgenden Seite aus.

1. Berechne: a) $4\frac{3}{4} + 1\frac{1}{3}$ b) $4\frac{3}{5} - 2\frac{7}{10}$ c) $1\frac{2}{3} \cdot 3$ d) $2\frac{2}{3} : 3$

2. Ein Lkw darf maximal mit 4,5 t beladen werden. Drei Kisten zu jeweils 0,7 t, 830 kg und 2,14 t sind schon auf der Ladefläche. Wie viel Kilogramm dürfen maximal noch zugeladen werden?

3. a) $68 - 73$ b) $(-7) : (-0{,}5)$ c) $10 - 3 \cdot (4{,}1 - 8{,}1)$ d) $1 - (\frac{1}{2} + \frac{2}{3}) : 7$

4. Bei einer Gruppenarbeit ist eine Schulklasse in 6 Gruppen zu je 4 Schülern eingeteilt.
a) Wie viele Gruppen wären es, wenn jede aus nur 3 Schülern bestünde?
b) Welche anderen Einteilungen in gleich große Gruppen wären möglich? Notiere alle in einer Tabelle.

5. Eine 2,5 kg-Packung Hundefutter kostet 4,75 €. Ein anderes Hundefutter wird in einer 6,5 kg-Packung für 11,70 € angeboten. Welches Angebot ist preislich günstiger?

6. Löse die Aufgabe, wenn sie sinnvoll lösbar ist, oder begründe, warum dies unmöglich ist.
a) Jan kann 5 km in 20 min laufen. Wie lange braucht er für eine Marathonstrecke von 42 km?
b) Drei Wasserpumpen schaffen 900 *l*. Wie viel Liter schaffen 6 Pumpen in derselben Zeit?
c) Jan lässt 3 Frühstückseier 3 Minuten kochen. Wie lange dauert es, wenn er 5 Eier kocht?
d) Irene fährt auf einem Radweg 18 km in 1 Stunde. Wie weit fährt sie in 15 Minuten?

7. Ein Arbeiter erhält einen festgesetzten Stundenlohn und eine Zulage von 12 € pro Tag. Für einen Tag mit 6 Arbeitsstunden erhält er 69 €. Wie hoch ist sein Lohn pro Arbeitsstunde?

8. Corinna hat in der 7. Klasse zwei Diktate geschrieben. Im ersten Diktat mit 125 Wörtern hatte sie 5 Fehler, im zweiten mit 160 Wörtern hatte sie 8 Fehler. Vergleiche die Ergebnisse.

9. Die Schülerzeitung *i-Punkt* hat vor den großen Ferien eine Umfrage bei den Schülerinnen und Schülern gestartet. Gefragt wurde: „Wohin wirst du in den Sommerferien verreisen?"
a) Wie viele Antworten wurden gezählt?
b) Bestimme die prozentualen Anteile der Antworten.

Reiseziel	Anzahl
Verreisen nicht	88
Deutschland	180
europ. Ausland	96
außerhalb Europas	36

10. Das Sechsfache einer Zahl ist um 30 größer als das Vierfache der Zahl.

11. Bei einer vorweihnachtlichen Umfrage an der Kepler-Schule sollten die Schülerinnen und Schüler ihren dringlichsten Weihnachtswunsch nennen. Das Diagramm ist mit 1 mm für 1 % gezeichnet.
a) Miss die Längen der Säulen, und notiere die Prozentsätze der einzelnen Nennungen. Stimmt die Gesamthöhe aller gezeichneten Rechtecke?
b) 68 Befragte waren ohne Wunsch. Wie viele Personen wurden befragt, und wie viele wünschten sich ein Fahrrad?

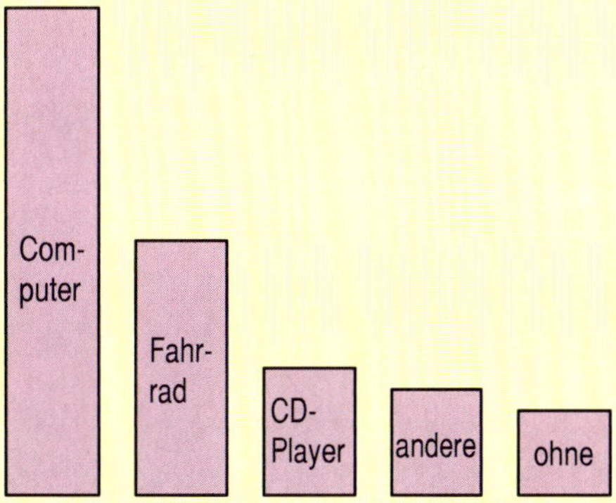

DIAGNOSEARBEIT

12. Das Diagramm zeigt, wofür Familie Gill ihr Monatseinkommen braucht. Familie Gill zahlt 650 € Monatsmiete.

a) Wie hoch ist das monatliche Einkommen der Familie?

b) Stelle die Ausgaben in einem Kreisdiagramm dar.

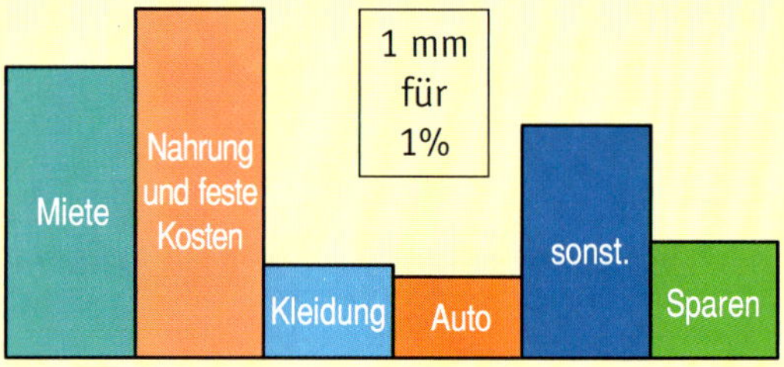

13. Zeichne das Dreieck mit den Eckpunkten A(1 | 1) B (7 | 2) C(5 | 6) in ein Koordinatensystem (1 cm Längeneinheit). Konstruiere den Punkt M, der von allen drei Eckpunkten gleich weit entfernt ist.

14. Berechne den unbekannten Winkel β.

a)

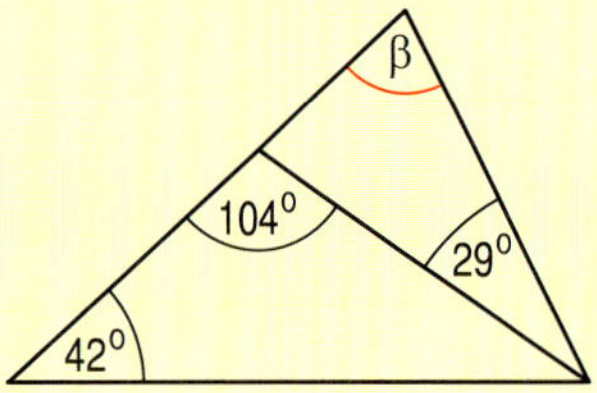

b)

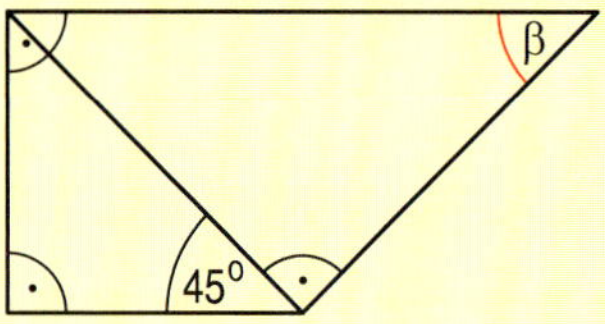

15. a) Zeichne zwei Rechtecke mit einem Flächeninhalt von 24 cm^2, und notiere die Seitenlängen.

b) Zeichne zwei Dreiecke mit einem Umfang von 18 cm, und notiere jeweils die Seitenlängen.

16. Zeichne das Dreieck mit den Eckpunkten A(2 | 1) B(10 | 4) C(2 | 10) in ein Koordinatensystem (1 cm Längeneinheit). Miss benötigte Längen, und berechne

a) den Flächeninhalt, b) den Umfang.

17. Zeichne die Punkte A(2 | 1) B(7 | 3) C(7 | 11) D(2 | 9) in ein Koordinatensystem (1 cm Längeneinheit), und verbinde sie zu einem Viereck ABCD. Miss benötigte Längen, und berechne

a) den Flächeninhalt, b) den Umfang.

18. Zeichne zwei verschiedene Schrägbilder eines Quaders mit den Kantenlängen 6 cm, 5 cm, 4 cm. Schreibe die Maße an deine Zeichnung.

19. Eine quaderförmige Tischplatte aus Eichenholz ist 2,5 m lang, 1,2 m breit und 3 cm dick. Wie viel Kilogramm wiegt die Tischplatte? 1 cm^3 Eichenholz wiegt 0,7 g.

20. Der Eintritt ins Museum kostet pro Person 2,50 €. Dazu kommen für die ganze Gruppe 15,00 € für eine Gruppenführung.

a) Berechne den Gesamtpreis für 10, 20 und 25 Personen, und notiere die Preise in einer Tabelle.

b) Ist die Zuordnung Personenzahl → Gesamtpreis proportional? Begründe.

21. Ein faires Glücksrad hat 2 rote, 3 grüne und 5 blaue Felder. Wie groß ist bei einmaligem Drehen die Wahrscheinlichkeit a) für „grün", b) für „grün oder blau"?

22. Welche Zahl ist es? Von einer Zahl wird 19 subtrahiert; wenn man dann dieses Ergebnis verdreifacht, erhält man 54.

23. Für zwei Tafeln Schokolade und drei Trinkpäckchen bezahlt Tim 2,43 €. Ein Trinkpäckchen kostet 0,29 €. Wie viel kostet eine Tafel Schokolade?

Lösungen der TÜV-Seiten

Seite 23

1. a) $\frac{4}{5}$ b) $1\frac{1}{3}$ c) $\frac{8}{10}$ d) $\frac{1}{4}$ e) $\frac{1}{6}$ f) $\frac{3}{5}$

2. a) $1\frac{1}{6}$ b) $1\frac{7}{20}$ c) $\frac{34}{35}$ d) $\frac{4}{15}$ e) $\frac{7}{12}$ f) $\frac{1}{10}$

3. a) $6\frac{9}{10}$ b) $2\frac{7}{20}$ c) $4\frac{13}{21}$

4. a) 1,9 b) 3,3 c) 5,4 d) 3,2 e) 0,7 f) 1,8

5. a) 5,45 b) 10,671 c) 20,293 d) 5,38 e) 7,18 f) 5,85

6. a) 434,98 b) 400,09 c) 669,40

7. a) $\frac{3}{20}$ b) $\frac{27}{110}$ c) $\frac{20}{63}$ d) $\frac{1}{7}$ e) $\frac{1}{12}$ f) $\frac{1}{12}$

8. a) $1\frac{1}{6}$ b) $3\frac{1}{2}$ c) $2\frac{11}{12}$ d) $3\frac{1}{2}$ e) 2 f) $\frac{1}{2}$

9. a) 8 b) 12 c) 9 d) $1\frac{3}{7}$ e) $2\frac{1}{4}$ f) $1\frac{1}{2}$

10. a) 4 513,2 b) 83,2 c) 0,0915 d) 0,6304 e) 0,01783 f) 0,0419

11. a) 9,581 b) 43,2696 c) 1 341,681 d) 420,4872 e) 3,83112 f) 0,357035

12. a) 26,7 b) 5,62 c) 1,082 d) 0,056 e) 0,852 f) 0,054

13. $A = 601{,}55\ m^2$

14. 14 Tage

Seite 51

1. a) 62 (kg) b) 65 (km) c) 11 (g) d) 13 (€) e) 2 (kg) f) 36 (g)

2.

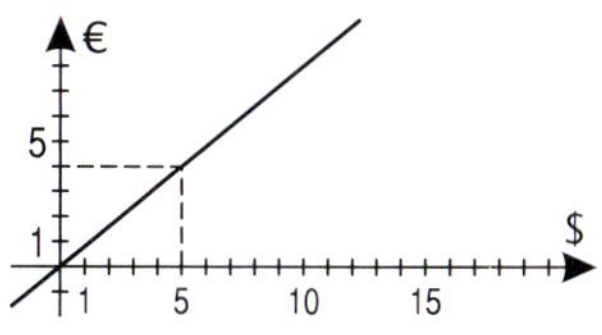

a) 9,60 € (2,40 €; 6,40 €)
b) 25 $ (16,25 $; 7,50 $)

3.

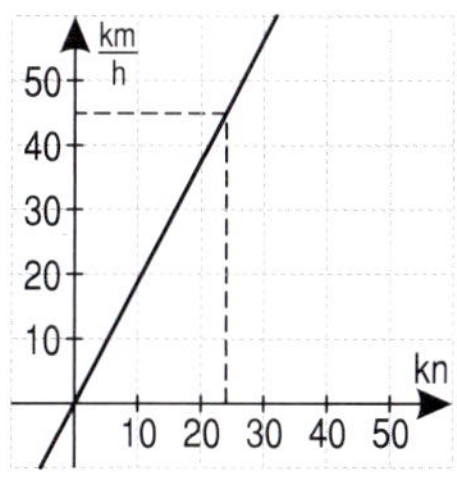

a) ungefähr 65 $\frac{km}{h}$ (exakt: 65,625 $\frac{km}{h}$)
b) ungefähr 21 kn (exakt: 21,3 kn)

4. proportionale Zuordnung; 6 € für 12 Brötchen.

5. proportionale Zuordnung; 8 Flaschen kosten 20,00 €.

6. a) 22 (cm) b) 9 (h) c) 63 (h) d) 750 (km) e) 4 f) 5 (Tage)

7. antiproportionale Zuordnung; 64 Seiten mit je 40 Zeilen.

8. antiproportionale Zuornung;
2 000 Scheine zu je 20 €.

9. a) antiproportionale Zuordnung, 50 6er-Beutel. b) proportionale Zuordnung; 5 Karten kosten 32,50 €

Seite 75

1. a) b) Hier keine Zeichnung, sondern Konstruktionsbeschreibung: Kreise mit gleichem Radius um A und B schlagen. Gerade durch die Schnittpunkte zeichnen.

2. a) Hier keine Zeichnung, sondern Konstruktionsbeschreibung: Kreis um den Scheitelpunkt des Winkels zeichnen, Kreise um die Schnittpunkte mit den Schenkeln zeichnen. Strahl vom Scheitelpunkt durch den Schnittpunkt ziehen.

3. a) SSS b) WSW c) SWS d) SsW

4.

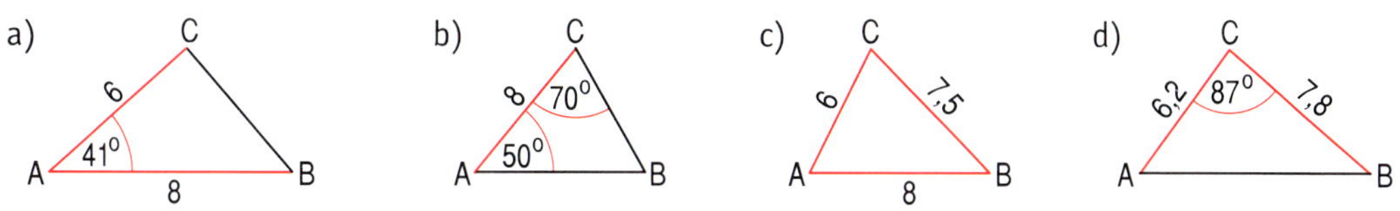

5. a) 48° b) 53° c) 39° d) 26° e) 48°

6. a) gleichseitig b) rechtwinklig c) gleichschenklig, spitzwinklig d) gleichseitig e) gleichschenklig, stumpfwinklig f) gleichseitig

7. a)
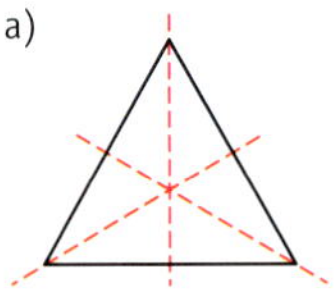
b)
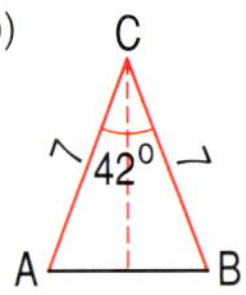

8.
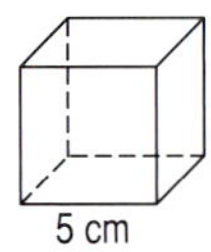

9.
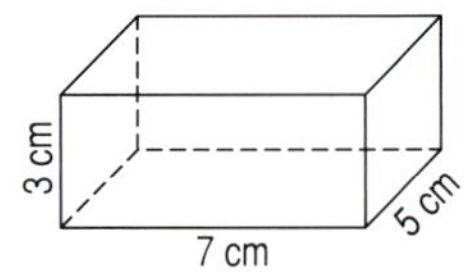

Seite 99

1. a) $\frac{4}{100}$ b) $\frac{12}{100}$ c) $\frac{86}{100}$ d) $\frac{10}{100}$ **2.** a) 14 % b) 3 % c) 50 % d)23 % e) 50 % f) 75 % g) 40 % f) 35 %

3. a) 15 € b) 30 € c) 13,5 kg d) 10 kg e) 7 m f) 36,4 m g) 18 € h) 12 €

4. 75 Mitarbeiterinnen

5. a) 9 % b) 42 % c) 21 % d) 16 % e) 20 % f) 30 % g) 25 % h) 50 % **6.** 20 %

7. a) 900 € b) 900 € c) 300 kg d) 700 kg e) 1 400 kg f) 2 500 € g) 3 600 m h) 1 200 €

8. 20 m **9.** 33,60 € **10.** 1 190 €

11. Unterkunft: 63,5 % (229°), Verpflegung: 18,8 % (68°), Ausflüge: 14,2 % (51°), Sonstiges: 90 €, entspricht 3,5 % (12°)

Seite 125

1.
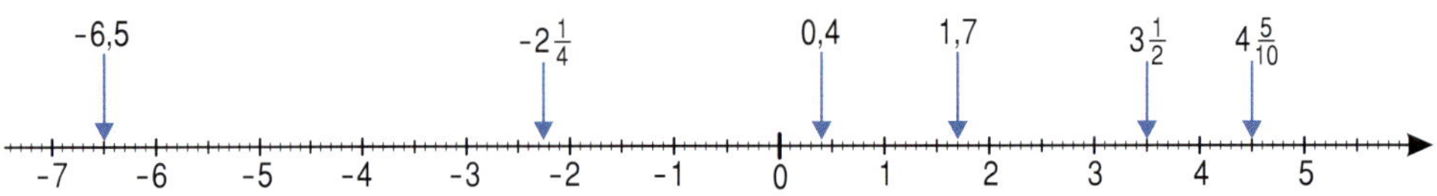

2. a → −2,7; b → 1,5; c → 3; d → −0,7; e → −1,5; f → 0,4; g → 2,2; h → −2; i → 0,7; k → −0,1

3. $|-7| = 7$; Gegenzahl 7; $|5\frac{1}{4}| = 5\frac{1}{4}$; Gegenzahl $-5\frac{1}{4}$; $|0{,}6| = 0{,}6$; Gegenzahl −0,6; $|-2{,}54| = 2{,}54$; Gegenzahl 2,54;
$|-6\frac{5}{10}| = 6\frac{5}{10}$; Gegenzahl $6\frac{5}{10}$

4. 8,5 und −8,5 **5.** a) −16; −12; −8; −4; 0; 4 b) 8; 5; 2; −1; −4; −7

6. a) −2; −60; 59 b) 87; −124; −28 **7.** a) −31,7; $3\frac{7}{8}$ b) 51,5; $-4\frac{13}{20}$

8. a) −25; 70; 11 b) −21,8; 34,1; 28,8 **9.** a) −33; −36 b) −17; 7

10. a) −52 b) −72 c) −135 d) 136 e) −72 f) 57 g) 75 h) 132 i) −240

11. a) 25 b) −24 c) 1,2 d) −7 e) −9 f) −5

12. a) 12 − 24 = −12 b) 10 + 36 = 46 c) 48 − 120 = −72 d) −60 + 108 = 48

13. a) −7,9 b) − 150 c) $-\frac{44}{55} = -\frac{4}{5}$ d) $\frac{2}{9}$

Seite 145

1. a) A = 980 cm^2; u = 126 cm b) A = 88 cm^2; u = 43 cm c) A = 38,5 cm^2; u = 25,4 cm

2. a) A = 144 cm^2; u = 48 cm b) A = 3 025 mm^2; u = 220 mm c) A = 31,36 dm^2; u = 22,4 dm
d) A = 0,64 m^2; u = 3,2 m e) A = 0,5929 m^2; u = 3,08 m f) A = $\frac{1}{4}$ m^2, u = 2 m

3. a) a = 2 cm b) a = 8 cm c) a = 30 m d) a = 13 cm e) a = 80 m f) a = $\frac{1}{2}$ km

4. a) A = 14 cm^2 b) A = 20 cm^2 **5.** A = 30 cm^2; u = 30 cm (Das Dreieck ist rechtwinklig.)

6. a) V = 126 cm^3 b) V = 45 cm^3 c) V = 85 cm^3 **7.** V = 166,375 cm^3 **8.** a = 50 cm

9. a) O = 797 cm^2 b) O = 537 cm^2 c) O = 247,6 dm^2 **10.** O = 1 014 cm^2

Seite 159

1. a) 9; 1 b) −4; 12 c) 0; 8 **2.** a) 0 b) 15 c) 6

3. a) Kosten y, $y = 90 + 20 \cdot x$ (in €) b) für 6 Monate: 210 €; 10 Monate: 290 €; 15 Monate: 390 €.

4. a) a = 4 b) x = 2 c) b = 4 d) y = 12 e) z = 4 f) x = 9 g) a = −2 h) z = −18

5. a) $a \xrightarrow{\cdot 17} 51$; $3 \xleftarrow{: 17} 51$ **a = 3**
b) $x \xrightarrow{-19} 35$; $54 \xleftarrow{+19} 35$ **x = 54**
c) $z \xrightarrow{\cdot 8} \square \xrightarrow{+14} 86$; $9 \xleftarrow{: 8} 72 \xleftarrow{-14} 86$ **z = 9**
d) $b \xrightarrow{: 4} \square \xrightarrow{+13} 20$; $28 \xleftarrow{\cdot 4} 7 \xleftarrow{-13} 20$ **b = 28**

6. a) $2 \cdot x - 8 = 2$; x = 5 b) $6 \cdot x + 18 = 60$; x = 7 **7.** a) $2x + 5 = 7$; x = 1 b) $8 + 4y = -8$; y = −4 c) $16z - 49 = -1$; z = 3

8. a) $(x + 9) \cdot 2$; für x = 2 → 22 b) $(3 \cdot x - 3) \cdot 8$; für x = 2 → 24

9. Hier ohne Operatoren: a) x = 7 b) a = 72 c) z = 3 d) y = 81 e) b = 2 f) x = 5 g) y = 6 h) a = 8

10. a) $(x - 8) \cdot 6 = 30$; x = 13 b) $(2 \cdot x - 10) \cdot 3 = 24$; x = 9 **11.** –

Seite 175

1. 43,8 m **2.** 7,3 s **3.** Durchschnitt: 3,3

4. a) $\frac{3}{8}$ b) $\frac{1}{4}$ c) $\frac{1}{4}$ d) $\frac{1}{8}$ **5.** a) $\frac{5}{8}$ b) $\frac{3}{16}$ c) $\frac{1}{4}$ **6.** $\frac{3}{4}$

7. a) Mittelwert: 3,56 Erwartungswert: 3,5 b) jede ca. 33-mal c) zu erwarten: 100-mal; aufgetreten: 106-mal

Lösungen der Diagnosetests

Seite 24

Grundaufgaben

1. a) $\frac{4}{9}$ b) $1\frac{1}{40}$ c) 9,63 d) 7,22 **2.** a) $\frac{7}{15}$ b) $\frac{5}{18}$ c) $\frac{1}{6}$ d) $1\frac{7}{8}$

3. a) 0,6259 b) 6,2 c) 0,16037 d) 0,391 **4.** a) 2,0831 b) 0,7585 c) 53,2 d) 2,09

5. 13,20 €

Wahlaufgaben

1. a) $7\frac{5}{6}$ b) $4\frac{19}{30}$ c) $1\frac{1}{2}$ d) $8\frac{4}{9}$ **2.** $\frac{5}{12}$

3. a) Ü: 150 + 90 + 50 = 200; genau: 290,35 €
b) Ü: 40 + 50 + 50 = 140; genau: 141,65 €

4. $\frac{1}{4}$ **5.** a) 4 Stücke; Rest: 50 cm b) 7 Stücke; Rest: 25 cm

6.

a)	b)	c)	d)
3 537,3	32 724	44 165	90 576
3,5373	327,24	44,165	0,90576
3,5373	0,32724	0,44165	905,76
3,5373	327,24	4,4165	0,090576

7. 15 Fahrten **8.** 39,818 km **9.** nach 28 h **10.** Fläche 25,2 m²; Kosten pro m²: 37,55 € bzw. 38,25 €

Seite 52

Grundaufgaben

1. a) 5 640 €
b) 6 Stunden

2. a)

Strecke (km)	7	4	**21**
Zeit (min)	28	**16**	84

b) Wie lange braucht man für 4 km?
Wie weit kommt man in 84 min?

3. Je 14 Fahrten

4. 70 €

5.

Personen	Gewinn in €
2	90 000
3	60 000
4	45 000
6	30 000

Wahlaufgaben

1.

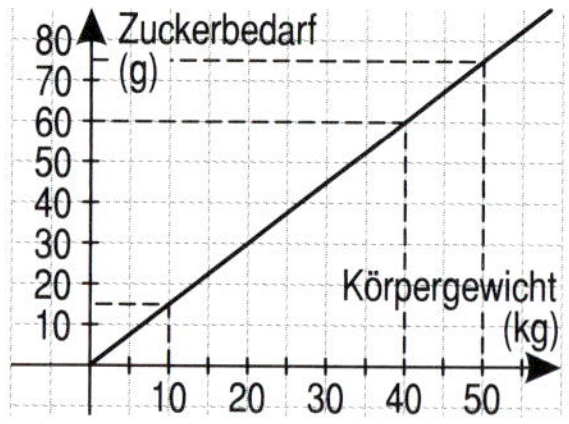

Zuckerbedarf bei
40 kg Körpergewicht: 60 g
50 kg Körpergewicht: 75

2. a) proportionale Zuordnung b) sonstige Zuordnung
c) antiproportionale Zuordnung d) sonstige Zuordnung

3. a) 63 *l* b) 30 min

4.

Länge (cm)	120	30	5	0,5
Anzahl	**2**	**8**	**48**	**480**

5. a) über 7 Tage (7,38) b) 1,5 Stunden

6. 27 Bretter

7. a) Paketgebühren sind keine proportionale Zuordnung. Alle Pakete, die weniger als 5 kg wiegen, kosten 6,70 €.
b) 40,20 € (falls die Fracht auf 6 Pakete aufgeteilt werden kann)

Seite 76

Grundaufgaben

1. a) Konstruktionsbeschreibung: Zwei gleich große Kreise um A und um B zeichnen. Eine Gerade durch die Schnittpunkte der Kreise legen.
b) Konstruktionsbeschreibung: Kreis um den Scheitelpunkt zeichnen. Zwei gleich große Kreise um die Schnittpunkte des ersten Kreises mit den Schenkeln schlagen. Strahl vom Scheitelpunkt durch die entstehenden Schnittpunkte ziehen.

2.

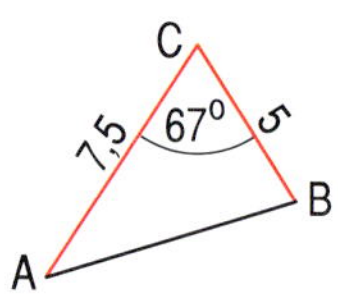

3.

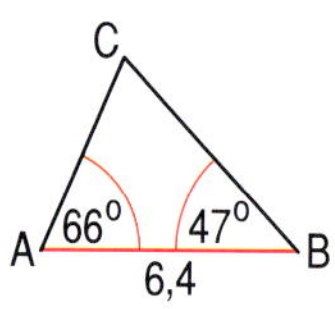

4. a) 53° b) 26°

5. a) rechtwinklig und gleichschenklig
b) rechtwinklig

Wahlaufgaben

1.

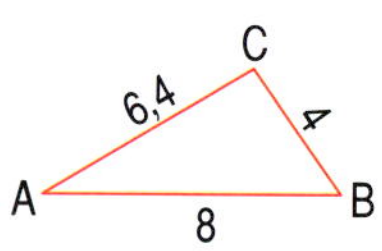

2. a) $\alpha + \beta > 180°$. b) a + b = 8 cm < c

3. ca. 5,8 km

4. ca. 50 m

5. a) 77° b) 38°

6. 30°, 60° und 90°

7.

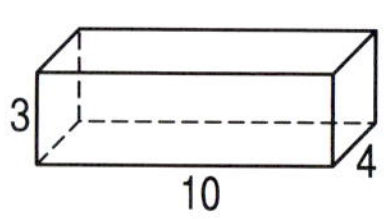

8.

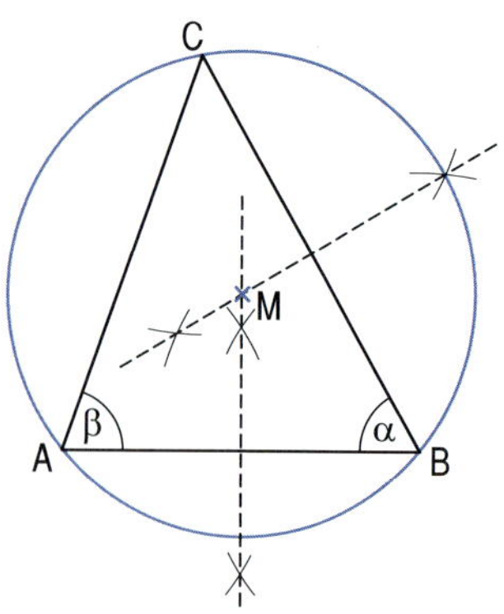

9. ca. 25 Seemeilen

Seite 100

Grundaufgaben

1. a) $\frac{1}{5}$ b) 75 % **2.** a) 70 l b) 18 € **3.** a) 5 % b) 15 %

4. A 35 %, B 20 %, C 20 %, D 25 % **5.** a) Ermäßigung um 5,40 € b) Ermäßigter Preis 30,60 €

Wahlaufgaben

1. a) 30 % – Diagramm A; 45 % – C; 52 % – F; 94 % – D

2. a) 49 % ≈ $\frac{1}{2}$; $\frac{1}{2}$ von 3 000 € = 1 500 € **3.** a) 17% b) 83% **4.** 207,20 €

b) 11 % ≈ $\frac{1}{10}$; $\frac{1}{10}$ von 1 kg = 100 g

5.

oder

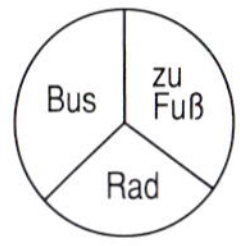

Zeichnung von Lehrer/Lehrerin kontrollieren lassen.

6. a) 40 km b) 26 km **7.** a) 260 € b) 1 400 kg **8.** a) 842,80 € **9.** a) 166 g b) 2,49 kg

10. Insgesamt 50 Stimmen; Tobias 6 (12 %), Markus 15 (30 %), Nina 10 (20 %), Marion 16 (32 %)
a) Marion wird Klassensprecherin, Markus kam auf Platz 2. b) 3 ungültige Stimmen

Seite 126

Grundaufgaben

1. a) $10° \underline{-\,15°} = -5°$ b) $-2° \underline{-\,15°} = -17°$ c) $-12° \underline{+\,5°} = -7°$ d) $24° \underline{-\,39°} = -15°$

2. a) 1 b) –162 c) –64 d) –19

3. a) –76 b) –6,4; 6,4 **4.** a) –48 b) 7 c) 104 d) –8 **5.**

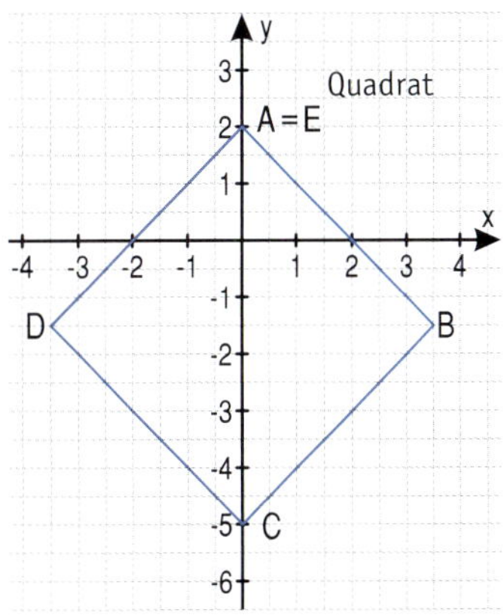

Wahlaufgaben

1. –135 (€); –795 (€); 257 (€); 257 (€)

2. a) 0 b) –24

3. A'(–5|–3); B'(–1|–4,5); C'(–2|–1)

4. a) 0 b) $\frac{2}{3}$

5. a) $12 \cdot (-6) - (-48) = -24$ b) $(-10 \cdot 5) : (-10 : 5) = 25$

6. a) gewonnen: 1 750 €; verloren: 2 300 € b) 2 150 €

7. 20 Möglichkeiten

Seite 146

Grundaufgaben

1. a) 13 500 mm^2 b) 23,5 m^2 c) 12,5 cm^2 d) 255 l **2.** A = 90 cm^2, u = 46 cm

3. A = 72,6 cm^2 **4.** V = 84 cm^3 O = 118 cm^2

5. V = 27 dm^3 = 27 l; man muss 54-mal den Messbecher füllen und umgießen.

Wahlaufgaben

1. a) 8 m b) A = 3 m^2, Bedarf 54 kg

2. Trapez, $A = \frac{2 + 2{,}5}{2} \cdot 7 = 15{,}75\ cm^2$

3. h = 3 cm; Markus hat recht.

4. $A = 15{,}96\ cm^2$

5. a) a = 5 cm; $V = 125\ cm^3$

6. 48 *l*

7. $V = 2{,}925\ dm^3$, also fast 3 *l*.

8. 1004,5 ml, also fast genau 1 *l*.

Seite 160

Grundaufgaben

1. a) $187 - x$ b) $1 \cdot x + 4 \cdot y$

2. a) $x = 4 \rightarrow 21$; $x = -2 \rightarrow 27$
b) $x = 4 \rightarrow 29$; $x = -2 \rightarrow 11$

3. a) $x + 4$ b)

Thomas	2	4	9	12
Till	6	8	13	16

4. a) a = 6 b) y = –5

5. $3 \cdot x + 9 = 30$ x = 7

Wahlaufgaben

1. a) $u = x + x + y + y = 2 \cdot x + 2 \cdot y$ b) $A = x \cdot y$

2. $u = x + x + 5 + x + x + 5 = 4 \cdot x + 10$

3. a) 85; 117 b) 116; 932

4. Term: $6 \cdot x + 35$

Anzahl	20	24	30	36
Gewicht (g)	155	179	215	251

5. a) x = 3 b) x = 6

6. Terme ② und ④

7. $(5 \cdot x + 17) \cdot 3 = 81$ x = 2

8. $3 \cdot 1{,}20 + 2 \cdot x = 6{,}40$ x = 1,40 €

9. $14 \cdot x + 35 = 623$, x = 42 €

10. a) $2 \cdot x + 2 \cdot y + 14$ b) $2 \cdot z + 26$

Seite 176

Grundaufgaben

1. 3 m **2.** 2,88 ≈ 2,9 **3.** $\frac{1}{6}$ **4.** $\frac{3}{20}$

5. a) $\frac{1}{3}$ b) Wahrscheinlichkeit für „gelb“: $\frac{1}{2}$; relative Häufigkeit: 0,47, also kleiner.

Wahlaufgaben

1. 15,725 °C **2.** 4,70 m **3.** a) $\frac{5}{8}$ b) $\frac{1}{2}$ **4.** $\frac{1}{16}$

5. a) $\frac{35}{80} = 43{,}75\%$ b) $\frac{4}{10} = 40\% = 0{,}4$

6. z. B. 3 € + 3 € + 5 € + 5 € oder 2,50 € + 6,00 € + 3,50 € + 4,00 €

Lösungen der Diagnosearbeit

Seite 180

Grundaufgaben

1. Rechnung: $3 \cdot 9\frac{1}{2} = 28\frac{1}{2}$ Antwort: Tinas Vater ist 28,5 Jahre alt.

2. Rechnung: $1\frac{1}{2} : \frac{1}{4} = \frac{3}{2} : \frac{1}{4} = 6$ Antwort: 6 Gläser.

3. a) 6 600 € b) 12 m

4. a) 160 Bahnen b) 5 Maschinen (genau: $4\frac{1}{2}$ Maschinen; es ist aber nur ganzzahlige Lösung sinnvoll.)

5. a) 25 Mitglieder b) 75%

6. a)

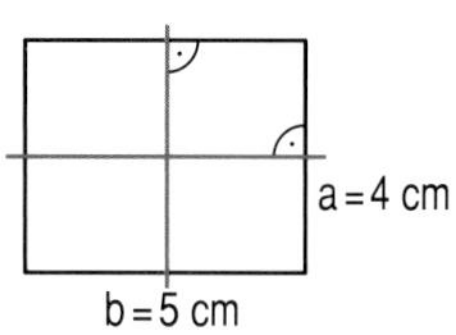

b) $5\ cm^2$

7. a) $\gamma = 88°$ b) $\alpha = 50°$

8. a) $A = 22{,}5\ m^2$ b) $A = 13{,}5\ m^2$

9. a) $V = 1282{,}5\ cm^3$ b) $O = 876\ cm^2 = 8{,}76\ dm^2$

10. a) x = 4,5 b) x = 11

Seite 181

Wahlaufgaben (es werden die 10 besten Aufgaben gewertet)

1. a) $6\frac{1}{12}$ b) $1\frac{9}{10}$ c) 5 d) $\frac{8}{9}$

2. Rechnung: 4,5 – 0,7 – 0,83 – 2,14 = 0,83 Antwort: Es dürfen noch 0,83 t = 830 kg zugeladen werden.

3. a) –5 b) 14 c) 22 d) $\frac{5}{6}$

4. a) 8 Gruppen zu je 3 Schülern.

b)

Anzahl Gruppen	1	2	3	4	6	8	12	24
Anzahl Schüler pro Gruppe	24	12	8	6	4	3	2	1

5. Rechnung: $\frac{4,75}{2,5} \cdot 6,5 = 12,35$. Antwort: Die 6,5 kg-Packung zu 11,70 € ist günstiger.

6. a) Nicht sinnvoll lösbar; Jan könnte die Durchschnittsgeschwindigkeit nicht halten.
b) 1800 *l* (proportionale Zuordnung)
c) 5 Eier müssen auch 3 Minuten lang kochen.
d) 4,5 km in 15 Min. (proportionale Zuordnung). Vorausgesetzt, Irene fährt gleichmäßig.

7. Rechnung: Stundenlohn: (69 – 12) : 6 = 9,5, also 9,50 € pro Stunde

8. 1. Diktat: $\frac{5}{125}$ = 4% Fehler; 2. Diktat: $\frac{8}{160}$ = 5% Fehler.
Im 1. Diktat hatte Corinna auch relativ weniger Fehler.

9. a) 400 Antworten
b)

Reiseziel	Anzahl	p%
verreisen nicht	88	22%
Deutschland	180	45%
Europa	96	24%
außerhalb Europas	36	9%
insgesamt	400	

10. Gleichung: 6 x = 4 x + 30; x = 15. Die Zahl ist 15.

11. a) Computer 46%, Fahrrad 24%, CD-Player 12%, andere 10%, ohne 8%
b) 8 % = 68 Schüler
100 % = 850 Schüler
Fahrrad: 24 % von 850 = 204

Seite 182

12. a) Miete 25%, Nahrung etc. 30%, Kleidung 8%, Auto 7%, Sonstiges 20%, Sparen 10%
25% = 650 €, 100% = 2 600 €; Das Gesamteinkommen ist 2 600 €.

b)

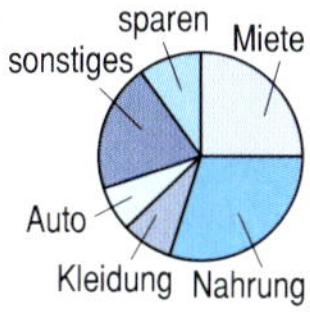

13.

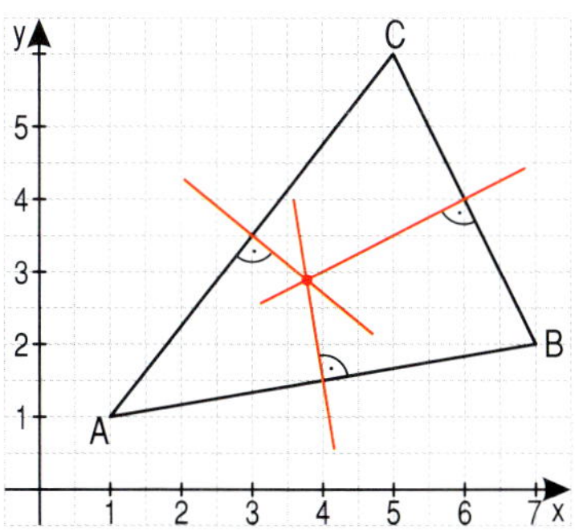

Zeichung kontrollieren lassen!

A(1|1) B(7|2) C(5|6)

14. a) β = 75° b) β = 45°

15. a) z.B. a = 4 cm, b = 6 cm oder
a = 1,5 cm, b = 16 cm
b) z.B. a = 8 cm, b = 6 cm, c = 4 cm.

16.

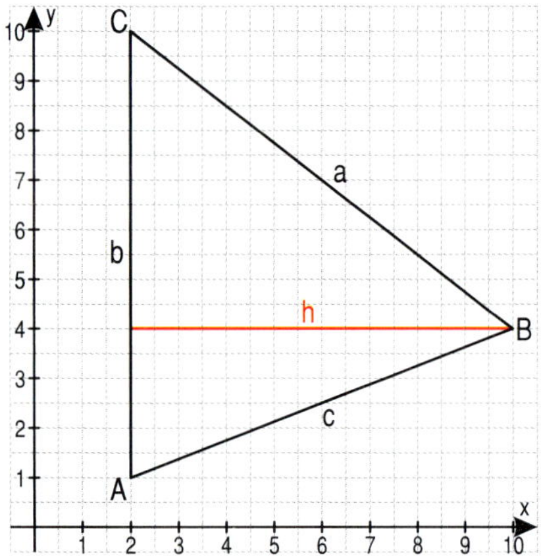

Seitenlängen: a = 10 cm
b = 9 cm
c = 8,5 cm
Höhe: h = 8 cm

a) $A = \frac{1}{2} \cdot 9 \cdot 8\ \text{cm}^2 = 36\ \text{cm}^2$
b) u = 27,5 cm

17.

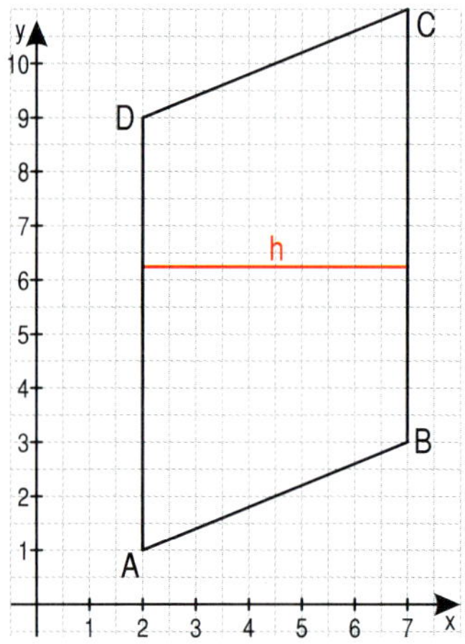

Seitenlänge: $\overline{AD} = 8$ cm, $\overline{AB} = 5{,}4$ cm, Höhe h = 5 cm
a) $A = 8 \cdot 5 = 40\ \text{cm}^2$
b) u = 26,8 cm

Zeichnung kontrollieren lassen!

18. Es gibt 6 verschiedene Schrägbilder, je nachdem, welche Quaderseite man als Vorderseite wählt, und je nachdem, wie man sie dreht.

19. Volumen $V = 250 \cdot 120 \cdot 3\ \text{cm}^3 = 90\,000\ \text{cm}^3$
Gewicht $m = 90\,000 \cdot 0{,}7\ \text{g} = 63\,000\ \text{g} = 63\ \text{kg}$

20. a)

Personen x	10	20	25
Kosten 15 + 2,5 · x	40 €	65 €	77,50 €

b) Nicht proportional, da z.B. der Eintritt für 20 Personen nicht doppelt so groß ist wie für 10 Personen.

21. a) $0{,}3 = \frac{3}{10} = 30\%$ b) $0{,}8 = \frac{8}{10} = 80\%$

22. Gleichung: $(x - 19) \cdot 3 = 54$; die Zahl ist 37.

23. $2 \cdot x + 3 \cdot 0{,}29 = 2{,}43$ $x = 0{,}78$
Eine Tafel Schokolade kostet 0,78 €.

Bildquellenverzeichnis

Formeln

Geometrie

In jedem Dreieck ist die Winkelsumme 180°.

Im Dreieck schneiden sich

- die drei Winkelsenkrechten in einem Punkt. Er ist der Mittelpunkt eines Kreises, der durch alle Eckpunkte des Dreiecks geht.
- die drei Winkelhalbierenden in einem Punkt. Er ist der Mittelpunkt eines Kreises, der alle Dreieckseiten berührt.

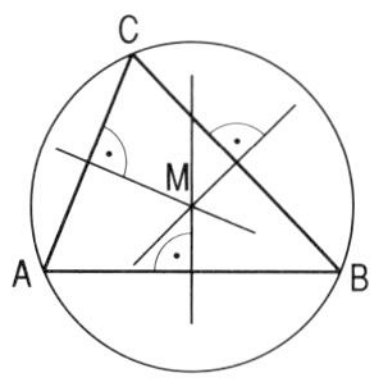

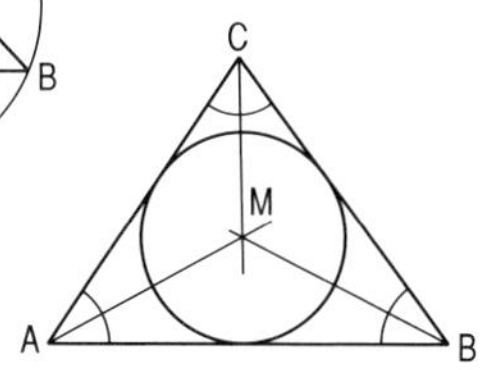

Rechteck:	Dreieck:
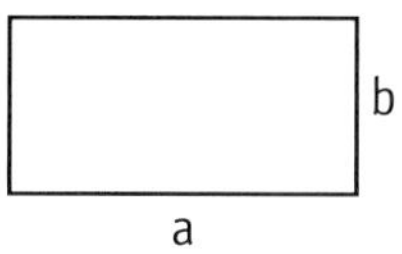 Flächeninhalt: $A = a \cdot b$ Umfang: $u = 2 \cdot a + 2 \cdot b$	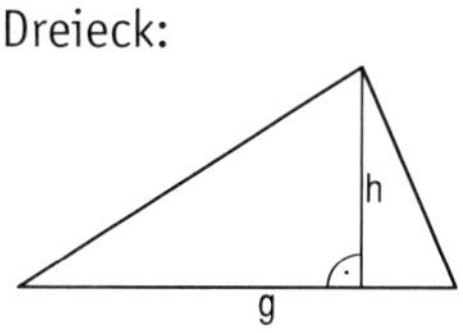 Flächeninhalt: $A = \frac{g \cdot h}{2}$

Würfel	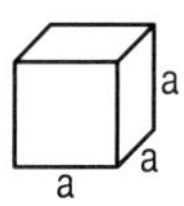 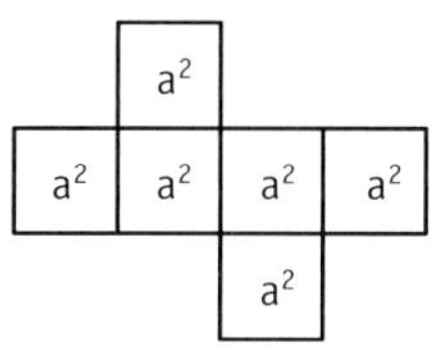	Volumen: $V = a \cdot a \cdot a = a^3$ Oberfläche: $O = 6 \cdot a^2$
Quader	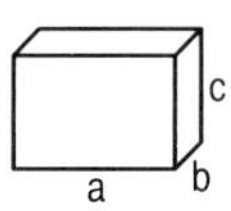 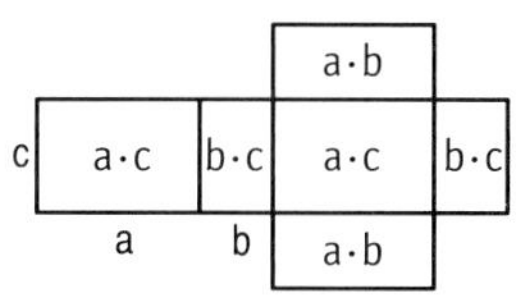	Volumen: $V = a \cdot b \cdot c$ Oberfläche: $V = 2 \cdot (a \cdot b + a \cdot c + b \cdot c)$

Stochastik

Bei einem Zufallsversuch mit gleichwahrscheinlichen Ausfällen gilt für die Wahrscheinlichkeit p eines Ereignisses

$$p\ (\text{Ereignis}) = \frac{\text{Anzahl der günstigen Ausfälle}}{\text{Anzahl aller möglichen Ausfälle}}$$

Beispiel:
Die Wahrscheinlichkeit, mit einem fairen 6er-Würfel eine 1 oder eine 6 zu würfeln, ist:

$$p\ (1 \text{ oder } 6) = \frac{2}{6} = \frac{1}{3} \approx 33\%$$

Stichwortverzeichnis

Addition
- ganze Zahlen 109, 110, 125
- von Brüchen 12, 23
- von Dezimalbrüchen 13, 23

absolute Häufigkeit 168
antiproportional 42, 43, 44, 51

Baumdiagramm 166
Betrag 107, 125
Bruchteil 8
Brüche
- Addition und Subtraktion 12, 23
- Multiplikation 14, 15, 23
- Division 14, 16, 23

Brutto 92

Darstellung, grafische 26, 28
Dezimalbrüche
- Addition und Subtraktion 13, 23
- Multiplikation 18, 19, 20, 23
- Division 18, 19, 21, 23

Diagramm
- Baum- 166
- Kreis- 94, 99
- Säulen- 173
- Streifen- 93

Dichte 40
Distributivgesetz 122, 125
Division
- von Brüchen 14, 16, 23
- von Dezimalbrüchen 18, 19, 21, 23
- von ganzen Zahlen 118, 120, 125

Dreieckskonstruktionen
- mit dem Computer 66
- WSW 62, 75
- SWS 63, 75
- SSS 64, 75
- SsW 65, 75

Dreieckstypen 67, 75
Dreisatz 32, 43, 83, 85, 86
Durchschnitt 167, 175
Dynamische Geometriesoftware 55, 58, 66

Ereignis 170, 175

Flächeninhalt
- des Dreiecks 132, 145
- des Quadrats 128, 145
- des Rechtecks 128, 145

ganze Zahl 105, 125
- Addition 110
- Subtraktion 112
- Multiplikation 118, 119, 125
- Division 118, 120, 125

Gegenzahl 107, 125
Geschwindigkeit 39
gleichschenklig 67, 75
gleichseitig 67, 75
Gleichung 154, 159
- lösen 155, 156, 159

grafische Darstellung 26, 28
Grundwert 82, 86, 99

Häufigkeit 168
Hochachse 28, 54

Kehrbruch 16, 23
Klammern 114, 122, 125
kongruente Formen 71
Koordinaten 54
Koordinatensystem 28, 54, 108
Kreisdiagramm 94, 99

Mittelsenkrechte 56, 75
Mittelwert 167, 175
Multiplikation
- von Brüchen 14, 15, 23
- von Dezimalbrüchen 18, 19, 20, 23
- von ganzen Zahlen 118, 119, 125

negative Zahlen 105
Nebenwinkel 59
Netto 92

Oberfläche des Quaders 10, 142, 145
Ordnen 106, 157, 159

positive Zahl 105
Preiserhöhung 89
Preisnachlass 89
Produktgleichheit 44
proportional 30, 31, 32, 38, 51
Prozentsatz 78, 80, 85, 99
Prozentwert 82, 83, 99
Prüfziffer 164

Quader 140, 142, 145
Quadrat 128
Quotientengleichheit 37, 38

rationale Zahlen 105, 125
- Addition und Subtraktion 110, 112, 125
- Betrag 107, 125
- Multiplikation und Division 118, 119, 120, 125
- Ordnen 106
- Vergleichen 106
- Vervielfachen und Teilen 118

Rechteck 128, 131
Rechtsachse 28, 54
rechtwinklig 67, 75
relative Häufigkeit 168

Säulendiagramm 165
Scheitelwinkel 59
Schrägbild 73, 75
Skonto 90
spitzwinklig 67
Streifendiagramm 93
stumpfwinklig 67
Stundenlohn 37
Stückpreis 37
Stufenwinkel 59
Subtraktion
- von Brüchen 12, 23
- von Dezimalbrüchen 13, 23
- von ganzen Zahlen 112, 125

Summen multiplizieren 122, 125

Tabelle 28
Tabellenkalkulation 91, 155, 163
Taschenrechner 177, 178, 179
Temperatur 103, 104
Term 151, 154, 159
- ordnen und zusammenfassen 157, 159

Umfang 128, 145
Umkehroperator 156
umgekehrt proportional 42

Variable 151, 154, 159
Volumen 10
- des Quaders 140, 145
- des Würfels 145

Vorzeichen 104, 105, 107, 125

Wahrscheinlichkeit 170, 175
Wechselwinkel 59
Winkelhalbierende 57, 75
Winkelpaare 59
Winkelsumme 60, 75

x-Achse 54
x-Koordinate 54

y-Achse 54
y-Koordinate 54

Zahl
- ganze 105, 107, 125
- negative 105, 125
- positive 105, 125
- rationale 105, 125

Zahlengerade 105, 106, 107
Zufallsversuch 168, 170
Zuordnung
- grafische Darstellung 26, 28, 31, 51
- proportionale 30, 31, 32, 38, 51
- antiproportionale 42, 43, 44, 51

Zusammenfassen 157, 159
zusammengesetzte Flächen 131
zusammengesetzte Körper 144

Maßeinheiten

Kilometer		Meter		Dezimeter		Zentimeter		Millimeter
1 km	=	1000 m						
		1 m	=	10 dm	=	100 cm	=	1000 mm
				1 dm	=	10 cm	=	100 mm
						1 cm	=	10 mm

Quadratkilometer		Hektar		Ar		Quadratmeter
1 km²	=	100 ha	=	10 000 a		
		1 ha	=	100 a	=	10 000 m²
				1 a	=	100 m²

Quadratmeter		Quadratdezimeter		Quadratzentimeter		Quadratmillimeter
1 m²	=	100 dm²	=	10 000 cm²		
		1 dm²	=	100 cm²	=	10 000 mm²
				1 cm²	=	100 mm²

Kubikmeter		Kubikdezimeter		Kubikzentimeter		Kubikmillimeter
1 m³	=	1000 dm³				
		1 dm³	=	1000 cm³		
				1 cm³	=	1000 mm³

1 dm³ = 1 *l*

Hektoliter		Liter		Zentiliter		Milliliter
1 hl	=	100 *l*				
		1 *l*	=	100 cl	=	1000 ml
				1 cl	=	10 ml

Tonne		Kilogramm		Gramm		Milligramm
1 t	=	1000 kg				
		1 kg	=	1000 g		
				1 g	=	1000 mg

Tag		Stunde		Minute		Sekunde
1 d	=	24 h				
		1 h	=	60 min		
				1 min	=	60 s

Vorsilben für Maßeinheiten

Vorsilbe	Zeichen	Vielfaches der Maßeinheit	Vorsilbe	Zeichen	Vielfaches der Maßeinheit
Deka	da	10	Dezi	d	0,1
Hekto	h	100	Zenti	c	0,01
Kilo	k	1000	Milli	m	0,001
Mega	M	1 000 000	Mikro	µ	0,000 001
Giga	G	1 000 000 000	Nano	n	0,000 000 001
Tera	T	1 000 000 000 000	Pico	p	0,000 000 000 001